U0121091

中华家训经典全书

（增订本）

下

陈明——主编
张舒　丛伟——注

中国文史出版社

袁采：袁氏世范（节选）

袁采，生卒年不详，字君载，南宋信安人，宋孝宗隆兴元年（1163）进士。曾任乐清、政和县令，以刚直廉明著称，官至监登文鼓院。《袁氏世范》是袁采的治家格言录，《四库全书总目》称其为："于立身处世之道，反覆详尽。所以砥砺末俗者，极为笃挚。虽家塾训蒙之书，意求通俗，词句不免于鄙浅。然大要明白切要，使览者易知易从，固不失为《颜氏家训》之亚也。"《袁氏世范》内容分为睦亲、处己和治家三部分，主要讲述读书修身、人伦纲常、治家理财、处世方式等方面的道理。该书语言通俗平易，娓娓道来，如话家常，营造出一种和睦的家庭氛围和安定的社会氛围。此书虽不深谈为政治国之法，而只就睦亲、处己、治家等事情发表自己的见解，但对治国安邦大有作用。此外，《袁氏世范》虽然以儒家之道为依据，但其思想很开明，字里行间透露着深刻的哲理，值得借鉴和学习。这里节选《袁氏世范》的主要部分，略加注释解读。本文采用台湾商务印书馆的《影印文渊阁四库全书》作为底本。

原　序

思所以为善，又思所以使人为善者，君子之用心也。三衢袁公君载，德足而行成，学博而文富。以论思献纳之姿，屈试一邑，学道爱人之政，武城弦歌[1]不是过矣。一日出所为书若干卷示镇曰："是可以厚人伦而美习俗，吾将版行于兹邑。子其为我是正而为之序。"镇熟读详味者数月。一曰睦亲；二曰处己；三曰治家，皆数十条目。其言则精确而详尽，其意则敦厚而委曲。习而行之，诚可以为孝悌，为忠恕，为善良，而有士君子之行矣。然是书也，岂唯可以施之乐清？达诸四海可也。岂唯可以行之一时？垂诸后世可也。噫！公为一邑而切切焉欲以为己者。为人如此，则他日致君泽民，其思所以兼善天下之心盖可知矣。镇于公为太学同舍生，今又蒙赖于桑梓[2]。荷意不鄙，乃敢冠以骫骳之文[3]。而欲目是书曰“世范”，可乎？君载讳采。

淳熙戊戌[4]中元日 承议郎新权通判隆兴军府事刘镇序

【注释】

[1] 武城弦歌：出自《论语·阳货》：“子之武城，闻弦歌之声，夫子莞尔而笑曰：‘割鸡焉用牛刀。’子游对曰：‘昔者偃也闻诸夫子曰：君子学道则爱人，小人学道则易使也。’”指孔子弟子子游任武城宰，以弦歌来教化民众。[2] 桑梓：古时人们常在屋旁栽种桑树和梓树。后借指家乡。　[3] 骫骳之文：指卑下之文。此表谦词。　[4] 淳熙戊戌：1178年。

同年郑公景元贻书谓余曰：“昔温国公尝有意于是，止以《家范》名其书，不曰：‘世’也。若欲为一世之范模，则有箕子之书[1]。在今恐名之者未必人不以为谄，而受之者或以为僭，宜从其旧目。”此真确论，正契余心，敢不敬从，且刊其言于左，使见之者知其不为府判刘公之云云而私变其说也。

采　谨书

【注释】

[1] 箕子之书：指《尚书·洪范》，为商末周初贤良箕子传授于周武王。

第一睦亲

性不可以强合

人之至亲，莫过于父子兄弟。而父子兄弟有不和者，父子或因于责善[1]，兄弟或因于争财。有不因责善、争财而不和者，世人见其不和，或就其中分别是非而莫名其由[2]。盖人之性，或宽缓，或褊急，或刚暴，或柔懦，或严重，或轻薄，或持检，或放纵，或喜闲静，或喜纷拏[3]，或所见者小，或所见者大，所禀自是不同。父必欲子之性合于己，子之性未必然；兄必欲弟之性合于己，弟之性未必然。其性不可得而合，则其言行亦不可得而合。此父子兄弟不和之根源也。况凡临事之际，一以为是，一以为非，一以为当先，一以为当后，一以为宜急，一以为宜缓，其不齐如此。若互欲同于己，必致于争论，争论不胜，至于再三，至于十数[4]，则不和之情自兹而启，或至于终身失欢[5]。若悉[6]悟此理，为父兄者通情于子弟，而不责[7]子弟之同于己；为子弟者，仰承于父兄，而不望父兄惟己之听，则处事之际，必相和协，无乖争之患。孔子曰："事父母，几谏[8]，见志不从[9]，又敬不违[10]，劳而不怨。"此圣人教人和家之要术也，宜孰思[11]之。

【注释】

[1] 责善：以好的标准严格要求。 [2] 莫名其由：找不到理由。 [3] 纷拏：纷争。 [4] 十数：数十次，虚指，言多次。 [5] 失欢：失和。 [6] 悉：尽。 [7] 不责：不要求。 [8] 几谏：委婉地劝谏。 [9] 不从：不听从。 [10] 不违：不抵触。 [11] 孰思：认真思考。

人必贵于反思

人之父子，或不思各尽其道，而互相责备者，尤启不和之渐也。若各能反思，则无事矣。为父者曰："吾今日为人之父，盖前日尝为人之子矣。凡吾前日事亲之道，每事尽善，则为子者得于见闻，不待教诏而知效。倘吾前日事亲之道有所未善，将以责其子，得不有愧于心！”为子者曰：“吾今日为人之子，则他日亦当为人之父。今吾父之抚育我者如此，畀付[1]我者如此，亦云厚矣。他日吾之待其子，不异于吾之父，则可俯仰无愧。若或不及，非惟有负于其子，亦何颜以见其父？”然世之善为人子者，常善为人父，不能孝其亲者，常欲虐其子。此无他，贤者能自反[2]，则无往而不善；不贤者不能自反，为人子则多怨，为人父则多暴。然则自反之说，惟贤者可以语此。

【注释】

[1] 畀付：给予。　[2] 自反：反躬自省。

父子贵慈孝

慈父固多败子，子孝而父或不察。盖中人之性，遇强则避，遇弱则肆[1]。父严而子知所畏，则不敢为非；父宽则子玩易[2]，而恣其所行矣。子之不肖，父多优容；子之愿悫[3]，父或责备之无已。惟贤智之人即无此患。至于兄友而弟或不恭，弟恭而兄或不友；夫正而妇或不顺，妇顺而夫或不正，亦由此强即彼弱，此弱即彼强，积渐[4]而致之。为人父者，能以他人之不肖子喻[5]己子；为人子者，能以他人之不贤父喻己父，则父慈而子愈孝，子孝而父益慈，无偏胜[6]之患矣。至于兄弟、夫妇，亦各能以他人之不及者喻之，则何患不友、恭、正、顺者哉！

【注释】

[1] 肆：放肆。　[2] 玩易：习以为常，毫无约束。　[3] 愿悫：诚实谨慎。

[4] 积渐：逐渐积累。　[5] 喻：比较。　[6] 偏胜：此强彼弱。

父兄不可辩曲直

子之于父，弟之于兄，犹卒伍[1]之于将帅，胥吏[2]之于官曹[3]，奴婢之于雇主，不可相视如朋辈，事事欲论曲直。若父兄言行之失，显然不可掩，子弟止可和言几谏。若以曲理[4]而加之，子弟尤当顺受，而不当辩。为父兄者又当自省。

【注释】

[1] 卒伍：士兵。 [2] 胥吏：小吏。 [3] 官曹：长官。 [4] 曲理：不公之理。

人贵能处忍

人言居家久和者，本于能忍。然知忍而不知处忍之道，其失尤多。盖忍或有藏蓄之意。人之犯我，藏蓄而不发，不过一再而已。积之既多，其发也，如洪流之决，不可遏矣。不若随而解之[1]，不置胸次。曰：此其不思尔。曰：此其无知尔。曰：此其失误尔。曰：此其所见者小尔。曰：此其利害宁几何。不使之入于吾心，虽日犯我者十数，亦不至形于言而见于色。然后，见忍之功效为甚大，此所谓善处忍者。

【注释】

[1] 随而解之：随时化解。

亲戚不可失欢

骨肉之失欢，有本于至微而终至不可解者。止由失欢之后，各自负气，不肯先下尔。朝夕群居，不能无相失。相失之后，有一人能先下气，与之话言，则彼此酬复[1]，遂如平时矣。宜深思之。

【注释】

[1] 酬复：应答，言和睦。

家长尤当奉承

兴盛之家，长幼多和协，盖所求皆遂[1]，无所争矣。破荡之家，妻孥[2]未尝有过，而家长每多责骂者，衣食不给，触事不谐，积忿无所发，惟可施于妻孥之前而已。妻孥能知此，则尤当奉承。

【注释】

[1] 遂：满足。　[2] 妻孥（nú）：妻子儿女。

顺适老人意

年高之人，作事有如婴孺[1]，喜得钱财微利，喜受饮食、果实小惠，喜与孩童玩狎[2]。为子弟者，能知此而顺适其意，则尽其欢矣。

【注释】

[1] 婴孺：幼儿。　[2] 玩狎：玩耍。

孝行贵诚笃

人之孝行，根于诚笃[1]。虽繁文末节不至，亦可以动天地、感鬼神。尝见世人有事亲不务诚笃，乃以声音笑貌缪为恭敬者，其不为天地鬼神所诛则幸矣，况望其世世笃孝而门户昌隆者乎！苟能知此，则自此而往，与物应接，皆不可不诚。有识君子，试以诚与不诚者较其久远，效验孰多?

【注释】

[1] 诚笃：诚恳笃实。

人不可不孝

人当婴孺之时，爱恋父母至切。父母于其子婴孺之时，爱念尤厚，抚育无所不至。盖由气血初分，相去未远，而婴孺声音笑貌自能取爱于人。亦造物者设为自然之理，使之生生不穷。虽飞走微物[1]亦然，方其子初脱胎卵之际，乳饮哺啄必极其爱。有伤其子，则护之不顾其身。然人于既长之后，分[2]稍严而情稍疏。父母方求尽其慈，子方求尽其孝。飞走之属稍长则母子不相识认，此人之所以异于飞走也。然父母于其子幼之时，爱念抚育，有不可以言尽者。子虽终身承颜致养，极尽孝道，终不能报其少小爱念抚育之恩，况孝道有不尽者。凡人之不能尽孝道者，请观人之抚育婴孺，其情爱如何，终当自悟。亦犹天地生育之道，所以及人者至广至大，而人之报天地者何在？有对虚空焚香跪拜，或召羽流[3]斋醮上帝，则以为能报天地，果足以报其万分之一乎？况又有怨咨[4]乎天地者，皆不能反思之罪也。

【注释】

[1]飞走微物：飞禽走兽、昆虫之类。　[2]分：本分、职分。　[3]羽流：道士。　[4]怨咨：怨恨嗟叹。

父母不可妄憎爱

人之有子，多于婴孺之时爱忘其丑。恣其所求，恣其所为。无故叫号，不知禁止，而以罪保母。陵轹[1]同辈，不知戒约，而以咎他人。或言其不然，则曰小未可责。日渐月渍[2]，养成其恶，此父母曲爱之过也。及其年齿渐长，爱心渐疏，微有疵失，遂成憎怒，摭[3]其小疵以为大恶。如遇亲故[4]，装饰巧辞，历历陈数，断然[5]以大不孝之名加之。而其子实无他罪，此父母妄憎之过也。爱憎之私，多先于母氏，其父若不知此理，则徇其母氏之说，牢不可解。为父者须详察此。子幼必待以严，子壮无薄其爱。

【注释】

[1]陵轹（lì）：欺压、欺侮。 [2]渍：浸。 [3]摭：摘取。 [4]亲故：亲戚故友。 [5]断然：武断地。

子弟须使有业

人之有子，须使有业。贫贱而有业，则不至于饥寒；富贵而有业，则不至于为非。凡富贵之子弟，耽酒色，好博弈，异衣服，饰舆马[1]，与群小为伍，以至破家者，非其本心之不肖，由无业以度日，遂起为非之心。小人赞其为非，则有馎[2]啜钱财之利，常乘间而翼成[3]之。子弟痛宜省悟。

【注释】

[1]舆马：车马。 [2]馎：美食。 [3]翼成：助长。

子弟不可废学

大抵富贵之家教子弟读书，固欲其取科第[1]及深究圣贤言行之精微。然命有穷达，性有昏明，不可责其必到，尤不可因其不到而使之废学。盖子弟知书，自有所谓无用之用者存焉。史传载故事，文集妙词章，与夫阴阳、卜筮、方技[2]、小说，亦有可喜之谈，篇卷浩博，非岁月可竟。子弟朝夕于其间，自有资益，不暇他务。又必有朋旧业儒者，相与往还谈论，何至饱食终日，无所用心，而与小人为非也。

【注释】

[1]科第：科场名次。 [2]方技：研究养生、医药的学问。

教子当在幼

人有数子，饮食、衣服之爱不可不均一；长幼尊卑之分，不可不严谨；贤否是非之迹，不可不分别。幼而示之以均一，则长无争财之患；幼而责之以严谨，则长无悖慢[1]之患；幼而教之以是非分别，则长无为恶之患。今人之于子，喜者其爱厚，而恶者其爱薄。初不均平，何以保其他日无争？少或犯长，而长或陵少，初不训责，何以保其他日不悖？贤者或见恶，而不肖者或见爱，初不允当，何以保其他日不为恶？

【注释】

[1] 悖慢：违逆不敬。

父母爱子贵均

人之兄弟不和而至于破家者，或由于父母憎爱之偏，衣服饮食，言语动静，必厚于所爱而薄于所憎。见爱者意气日横，见憎者心不能平。积久之后，遂成深仇。所谓爱之，适所以害之也。苟父母均其所爱，兄弟自相和睦，可以两全，岂不甚善！

父母常念子贫

父母见诸子中有独贫者，往往念之，常加怜恤，饮食衣服之分或有所偏私，子之富者或有所献，则转以与之。此乃父母均一之心。而子之富者或以为怨，此殆[1]未之思也，若使我贫，父母必移此心于我矣。

【注释】

[1] 殆：大概。

父母多爱幼子

同母之子，而长者或为父母所憎，幼者或为父母所爱，此理殆不可晓。窃尝细思其由，盖人生一二岁，举动笑语自得人怜，虽他人犹爱之，况父母乎？才三四岁至五六岁，恣性啼号，多端乖劣，或损动器用，冒犯危险，凡举动言语皆人之所恶。又多痴顽，不受训诫，故虽父母亦深恶之。方其长者可恶之时，正值幼者可爱之日，父母移其爱长者之心而更爱幼者，其憎爱之心从此而分，遂成迤逦[1]。最幼者当可恶之时，下无可爱之者，父母爱无所移，遂终爱之，其势或如此。为人子者，当知父母爱之所在。长者宜少让，幼者宜自抑。为父母者又须觉悟，稍稍回转，不可任意而行，使长者怀怨而幼者纵欲，以致破家可也。

【注释】

[1] 迤逦：连绵不绝。

舅姑当奉承

凡人之子，性行不相远，而有后母者，独不为父所喜。父无正室而有宠婢者亦然。此固父之昵于私爱，然为子者要当一意承顺，则天理久而自协。凡人之妇，性行不相远，而有小姑[1]者独不为舅姑[2]所喜。此固舅姑之爱偏，然为儿妇者要当一意承顺，则尊长久而自悟。或父或舅姑终于不察，则为子为妇无可奈何，加敬之外，任之而已。

【注释】

[1] 小姑：丈夫之妹。　　[2] 舅姑：公婆。

同居贵怀公心

兄弟子侄同居至于不和，本非大有所争。由其中有一人设心不公，为己稍重，虽是毫末，必独取于众，或众有所分，在己必欲多得。其他心不能平，遂启争端，破荡家产。驯小得而致大患。若知此理，各怀公心，取于私则皆取于私，取于公则皆取于公。众有所分，虽果实之属，直不数十文，亦必均平，则亦何争之有！

同居长幼贵和

兄弟子侄同居，长者或恃其长，陵轹卑幼。专用其财，自取温饱，因而成私。簿书[1]出入不令幼者预知，幼者至不免饥寒，必启争端。或长者处事至公，幼者不能承顺，盗取其财，以为不肖之资，尤不能和。若长者总持大纲，幼者分干细务，长必幼谋，幼必长听，各尽公心，自然无争。

【注释】

[1] 簿书：账册。

兄弟贫富不齐

兄弟子侄贫富厚薄不同，富者既怀独善之心，又多骄傲；贫者不生自勉之心，又多妒嫉，此所以不和。若富者时分惠其余，不恤[1]其不知恩；贫者知自有定分，不望其必分惠，则亦何争之有！

【注释】

[1] 不恤：不担心。

分析财产贵公当

朝廷立法，于分析[1]一事非不委曲详悉，然有果是窃众营私，却于典卖契中，称系妻财置到[2]，或诡名[3]置产，官中不能尽行根究。又有果是起于贫寒，不因父祖资产自能奋立，营置财业。或虽有祖宗财产，不因于众，别自殖立私产，其同宗之人必求分析。至于经县、经州、经所在官府累十数年，各至破荡而后已。若富者能反思，果是因众成私，不分与贫者，于心岂无所慊[4]！果是自置财产，分与贫者，明则为高义，幽则为阴德，又岂不胜如连年争讼，妨废家务，及资备裹粮，资绝证佐，与嘱托吏胥，贿赂官员之徒废耶？贫者亦宜自思，彼实窃众，亦由辛苦营运以至增置[5]，岂可悉分有之？况实彼之私财，而吾欲受之，宁不自愧？苟能知此，则所分虽微，必无争讼之费也。

【注释】

[1] 分析：分配财产。 [2] 妻财置到：妻子私产。 [3] 诡名：化名。 [4] 慊：愧疚。 [5] 增置：增值。

同居不必私藏金宝

人有兄弟子侄同居，而私财独厚，虑有分析之患者，则买金银之属而深藏之，此为大愚。若以百千金银计之，用以买产，岁收必十千。十余年后，所谓百千者，我已取之，其分与者，皆其息也，况百千又有息焉！用以典质营运，三年而其息[1]一倍，则所谓百千者，我已取之，其分与者，皆其息也。况又三年再倍，不知其多少，何为而藏之箧笥[2]，不假[3]此收息以利众也。余见世人有将私财假于众，使之营家而止取其本者，其家富厚，均及兄弟子侄，绵绵不绝，此善处心之报也。

亦有窃盗众财，或寄妻家，或寄内外姻亲之家，终为其人用过，不敢取索及取索而不得者多矣。亦有作妻家、姻亲之家置产，为其人所掩有者多矣。亦有作妻名置产，身死而妻改嫁，举以自随者亦多矣。

凡百君子，幸详鉴此，止须存心。

【注释】

[1] 息：利息。 [2] 箧笥：藏物的竹器。 [3] 假：使用。

兄弟贵相爱

兄弟义居[1]，固世之美事。然其间有一人早亡，诸父与子侄其爱稍疏，其心未必均齐。为长而欺瞒其幼者有之，为幼而悖慢其长者有之。顾见义居而交争者，其相疾有甚于路人。前日之美事，乃甚不美矣。故兄弟当分，宜早有所定。兄弟相爱，虽异居异财，亦不害为孝义。一有交争，则孝义何在？

【注释】

[1] 义居：世代同居。

同居相处贵宽

同居之人，有不贤者，非理以相扰，若间或一再，尚可与辩。至于百无一是，且朝夕以此相临，极为难处。同乡及同官亦或有此，当宽其怀抱，以无可奈何处之。

友爱弟侄

父之兄弟，谓之伯父、叔父，其妻，谓之伯母、叔母。服制[1]减于父母一等者，盖谓其抚字[2]教育有父母之道，与亲父母不相远。而兄弟之子谓之犹子[3]，亦谓其奉承报孝，有子之道，与亲子不相远。故幼而无父母者，苟有伯叔父母，则不至无所养；老而无子孙者，苟有犹子，则不至于无所归。此圣王制礼立法之本意。

今人或不然，自爱其子，而不顾兄弟之子。又有因其无父母，欲兼其财，百端以扰害之，何以责其犹子之孝？故犹子亦视其伯叔父母如仇雠[4]矣。

【注释】

[1] 服制：丧服制度。　[2] 抚字：抚养。　[3] 犹子：侄子侄女。　[4] 仇雠：仇人。

和兄弟教子善

人有数子，无所不爱，而于兄弟则相视如仇雠。往往其子因父之意遂不礼于伯父、叔父者。殊不知己之兄弟即父之诸子，己之诸子，即他日之兄弟。我于兄弟不和，则我之诸子更相视效，能禁其不乖戾[1]否？

子不礼于伯叔父，则不孝于父亦其渐也。故欲吾之诸子和同，须以吾之处兄弟者示之。欲吾子之孝于己，须以其善事伯叔父者先之。

【注释】

[1] 乖戾：违背抵触。

背后之言不可听

凡人之家，有子弟及妇女，好传递言语，则虽圣贤同居，亦不能不争。且人之做事不能皆是，不能皆合他人之意，宁免其背后评议？背后之言，人不传递，则彼不闻知，宁有忿争[1]？惟此言彼闻，则积成怨恨。况两递其言，又从而增易之，两家之怨至于牢不可解。惟高明之人有言不听，则此辈自不能离间其所亲。

【注释】

[1] 忿争：纷争。

亲戚不宜频假贷

房族亲戚邻居，其贫者财有所阙[1]，必请假[2]焉。虽米、盐、酒、醋计钱不多，然朝夕频频，令人厌烦。

如假借衣服、器用，既为损污，又因以质钱[3]。借之者历历在心，日望其偿；其借者非惟不偿，又行常自若，且语人曰：“我未尝有纤毫假贷于他。”此言一达，岂不招怨怒。

【注释】

[1] 阙：缺。 [2] 假：借。 [3] 质钱：换钱。

亲旧贫者随力周济

应亲戚故旧有所假贷，不若随力给与之。言借，则我望其还，不免有所索。索之既频，而负偿“冤主”反怒曰：“我欲偿之，以其不当频索，则姑已之。”方其不索，则又曰：“彼不下气问我，我何为而强还之！”故索亦不偿，不索亦不偿，终于交怨而后已。

盖贫人之假贷，初无肯偿之意，纵有肯偿之意，亦由何得偿？或假贷作经营，又多以命穷计绌[1]而折阅[2]。方其始借之时，礼甚恭，言甚逊，其感恩之心可指日以为誓。至他日责偿之时，恨不以兵刃相加。凡亲戚故旧，因财成怨者多矣。

俗谓：“不孝怨父母，欠债怨财主。”不若念其贫，随吾力之厚薄，举以与[3]之。则我无责偿之念，彼亦无怨于我。

【注释】

[1] 计绌：经营不善。 [2] 折阅：赔本。 [3] 与：给予。

子弟常宜关防

子弟有过，为父祖者多不自知，贵宦尤甚。盖子孙有过，多掩蔽父祖之耳目。外人知之，窃笑而已，不使其父祖知之。至于乡曲贵宦，人之进见有时，称道盛德之不暇，岂敢言其子孙之非！况又自以子孙为贤，而以人言为诬，故子孙有弥天之过而父祖不知也。间有家训稍严，而母氏犹有庇其子之恶，不使其父知之。

子弟贪缪勿使仕宦

子弟有愚缪[1]贪污者，自不可使之仕宦。古人谓治狱多阴德，子孙当有兴者。谓利人而人不知所自则得福。今其愚缪，必以狱讼事悉委胥辈[2]改易事情，庇恶陷善，岂不与阴德相反！古人又谓我多阴谋，道家所忌。谓害人而人不知所自，则得祸。今其贪污，必与胥辈同谋，货鬻[3]公事，以曲为直，人受其冤无所告诉，岂不谓之阴谋。士大夫试历数乡曲三十年前宦族，今能自存者仅有几家？皆前事所致也。有远识者必信此言。

【注释】

[1] 愚缪：愚笨。　[2] 胥辈：小吏。　[3] 货鬻：出售。

家业兴替系子弟

同居父兄子弟善恶贤否相半，若顽很刻薄不惜家业之人先死，则其家兴盛未易量也；若慈善长厚勤谨之人先死，则其家不可救矣。谚云："莫言家未成，成家子未生；莫言家未破，破家子未大。"亦此意也。

男女不可幼议婚

人之男女，不可于幼小之时便议婚姻。大抵女欲得托，男欲得偶，若论目前，悔必在后。盖富贵盛衰，更迭不常；男女之贤否，须年长乃可见。若早议婚姻，事无变易固为甚善，或昔富而今贫，或昔贵而今贱，或所议之婿流荡[1]不肖，或所议之女很戾不检[2]。从其前约则难保家，背其前约则为薄义，而争讼由之以兴，可不戒哉！

【注释】

[1] 流荡：放荡。　[2] 很戾不检：乖戾、不检点。

议亲贵人物相当

男女议亲，不可贪其阀阅[1]之高，资产之厚。苟人物不相当，则子女终身抱恨，况又不和而生他事者乎！

【注释】

[1] 阀阅：功绩和经历，指地位。

媒妁之言不可信

古人谓周人恶媒，以其言语反复。绐[1]女家则曰男富，绐男家则曰女美。近世尤甚。绐女家则曰男家不求备礼，且助出嫁遣之资；绐男家则厚许其所迁[2]之贿，且虚指数目。若轻信其言而成婚，则责恨见欺，夫妻反目，至于仳离[3]者有之。大抵嫁娶固不可无媒，而媒者之言不可尽信。如此，宜谨察于始。

【注释】

[1] 绐（dài）：欺骗。　[2] 所迁：嫁资。　[3] 仳（pǐ）离：离散。

分给财产务均平

父祖高年，怠于管干[1]，多将财产均给子孙。若父祖出于公心，初无偏曲，子孙各能勠力[2]，不事游荡，则均给之后，既无争讼，必致兴隆。若父祖缘有过房[3]之子，缘有前母后母之子，缘有子亡而不爱其孙，又有虽是一等子孙，自有憎爱，凡衣食财物所及，必有厚薄，致令子孙力求均给，其父、祖又于其中暗有轻重，安得不起他日争端。

【注释】

[1] 管干：管事。　[2] 勠力：尽力。　[3] 过房：过继。

遗嘱公平维[1]后患

遗嘱之文皆贤明之人为身后之虑。然亦须公平，乃可以保家。如劫于悍妻黠妾[2]，因于后妻爱子中有偏曲厚薄，或妄立嗣，或妄逐子，不近人情之事，不可胜数，皆所以兴讼[3]破家也。

【注释】

[1] 维：想，考虑。　[2] 悍妻黠妾：剽悍、狡猾的妻妾。　[3] 兴讼：打官司。

遗嘱之文宜预为

父祖有虑子孙争讼者，常欲预为遗嘱之文，而不知风烛[1]不常，因循[2]不决，至于疾病危笃，虽心中尚了然，而口不能言，手不能动，饮恨而死者多矣。况有神识昏乱者乎！

【注释】

[1] 风烛：喻将死之人。　[2] 因循：拖沓。

第二处己

人之智识有高下

人之智识固有高下，又有高下殊绝者。高之见下，如登高望远，无不尽见；下之视高，如在墙外欲窥墙里。若高下相去差近犹可与语；若相去远甚，不如勿告，徒费口颊[1]尔。譬如弈棋，若高低止较三五着，尚可对弈，国手与未识筹局[2]之人对弈，果何如哉？

【注释】

[1] 口颊：口舌。　[2] 筹局：棋局。

处富贵不宜骄傲

富贵乃命分偶然，岂宜以此骄傲乡曲！若本自贫窭[1]，身致富厚，本自寒素，身致通显，此虽人之所谓贤，亦不可以此取尤[2]于乡曲。若因父祖之遗资而坐享肥浓[3]，因父祖之保任而驯致通显[4]，此何以异于常人！其间有欲以此骄傲乡曲，不亦羞而可怜哉！

【注释】

[1] 贫窭：贫穷。　[2] 取尤：招致罪尤。　[3] 肥浓：优越的生活。

[4] 通显：通达显要的境地。

礼不可因人分轻重

世有无知之人，不能一概礼待乡曲。而因人之富贵贫贱设为高下等级。见有资财有官职者则礼恭而心敬。资财愈多，官职愈高，则恭敬又加焉。至视贫者、贱者，则礼傲而心慢，曾不少顾恤。殊不知彼之富贵，非我之荣，彼之贫贱，非我之辱，何用高下分别如此！长厚有识君子必不然也。

穷达自两途

操履[1]与升沉[2]，自是两途。不可谓操履之正，自宜荣贵，操履不正，自宜困厄。若如此，则孔、颜应为宰辅，而古今宰辅达官，不复小人矣。盖操履自是吾人当行之事，不可以此责效于外物。责效不效，则操履必怠，而所守或变，遂为小人之归矣。今世间多有愚蠢而享富贵，智慧而居贫寒者，皆自有一定之分，不可致诘[3]。若知此理，安而处之，岂不省事。

【注释】

[1] 操履：节操德行。　[2] 升沉：官职升降。　[3] 致诘：追问深究。

世事更变皆天理

世事多更变，乃天理如此。今世人往往见目前稍稍荣盛，以为此生无足虑，不旋踵[1]而破坏者多矣。大抵天序[2]十年一换甲，则世事一变。今不须广论久远，只以乡曲十年前、二十年前比论目前，其成败兴衰何尝有定势！世人无远识，凡见他人兴进及有如意事则怀妒，见他人衰退及有不如意事则讥笑。同居及同乡人最多此患。若知事无定势，则自虑之不暇，何暇妒人笑人哉！

【注释】

[1] 旋踵：掉转脚跟，形容时间极短。　　[2] 天序：天干。

人生劳逸常相若

应高年飨[1]富贵之人，必须少壮之时尝尽艰难，受尽辛苦，不曾有自少壮飨富贵安逸至老者。早年登科及早年受奏补[2]之人，必于中年龃龉[3]不如意，却于暮年方得荣达。或仕宦无龃龉[3]，必其生事窘薄，忧饥寒，虑婚嫁。若早年宦达，不历艰难辛苦，及承父祖生事之厚，更无不如意者，多不获高寿。造物乘除之理类多如此。其间亦有始终飨富贵者，乃是有大福之人，亦千万人中间有之，非可常也。今人往往机心巧谋，皆欲不受辛苦，即飨富贵至终身。盖不知此理，而又非理计较，欲其子孙自小安然飨大富贵，尤其蔽惑也，终于人力不能胜天。

【注释】

[1] 飨：享受。　　[2] 奏补：奏荫，袭封。　　[3] 龃龉：不顺利。

忧患顺受则少安

人生世间，自有知识以来，即有忧患不如意事。小儿叫号，皆其意有不平者。自幼至少至壮至老，如意之事常少，不如意之事常多。虽大富贵之人，天下之所仰羡以为神仙，而其不如意处各自有之，与贫贱人无异，特其所忧虑之事异尔。故谓之缺陷世界，以人生世间无足心[1]满意者。能达此理而顺受之，则可少安。

【注释】

[1] 足心：内心满足。

谋事难成则永久

凡人谋事，虽日用至微[1]者，亦须龃龉而难成，或几成而败，既败而复成。然后，其成也永久平宁，无复后患。若偶然易成，后必有不如意者。造物微机不可测度如此，静思之则见此理，可以宽怀。

【注释】

[1] 日用至微：日常生活中极小之事。

性有所偏在救失

人之德性出于天资者，各有所偏。君子知其有所偏，故以其所习为而补之，则为全德之人。常人不自知其偏，以其所偏而直情[1]径行，故多失。《书》[2]言九德，所谓宽、柔、愿、乱、扰、直、简、刚、强者，天资也；所谓栗、立、恭、敬、毅、温、廉、塞、义者，习为也。此圣贤之所以为圣贤也。后世有以性急而佩韦[3]、性缓而佩弦[4]者，亦近此类。虽然，己之所谓偏者，苦不自觉，须询之他人乃知。

【注释】

[1] 直情：纵情。 [2]《书》：《尚书》。 [3] 佩韦：佩戴韦皮。 [4] 佩弦：佩戴丝弦。

人行有长短

人之性行虽有所短，必有所长。与人交游，若常见其短，而不见其长，则时日不可同处；若常念其长，而不顾其短，虽终身与之交游可也。

人不可怀慢伪妒疑之心

处己接物，而常怀慢心、伪心、妒心、疑心者，皆自取轻辱于人，盛德君子所不为也。慢心之人自不如人，而好轻薄人。见敌己[1]以下之人，及有求于我者，面前既不加礼，背后又窃讥笑。若能回省其身，则愧汗浃背矣。伪心之人言语委曲，若甚相厚，而中心乃大不然。一时之间人所信慕，用之再三则踪迹露见，为人所唾去矣。妒心之人常欲我之高出于人，故闻有称道人之美者，则忿然不平，以为不然；闻人有不如人者，则欣然笑快，此何加损于人，只厚怨耳。疑心之人，人之出言，未尝有心，而反复思绎[2]曰："此讥我何事？此笑我何事？"则与人缔怨，常萌于此。贤者闻人讥笑，若不闻焉，此岂不省事！

【注释】

[1] 敌己：与自己相当。　[2] 思绎：思量。

人贵忠信笃敬

言忠信，行笃敬[1]，乃圣人教人取重于乡曲之术。盖财物交加，不损人而益己，患难之际，不妨人而利己，所谓忠也。有所许诺，纤毫必偿，有所期约，时刻不易，所谓信也。处事近厚，处心诚实，所谓笃也。礼貌卑下，言辞谦恭，所谓敬也。若能行此，非惟取重于乡曲，则亦无人而不自得。然敬之一事，于己无损，世人颇能行之，而矫饰假伪，其中心则轻薄，是能敬而不能笃者，君子指为谀佞[2]，乡人久亦不归重也。

【注释】

[1] 笃敬：笃实恭敬。　[2] 谀佞：谄谀奸佞。

厚于责己而薄责人

忠、信、笃、敬，先存其在己者，然后望其在人。如在己者未尽，而以责人，人亦以此责我矣。今世之人能自省其忠、信、笃、敬者盖寡，能责人以忠、信、笃、敬者皆然也。虽然，在我者既尽，在人者亦不必深责。今有人能尽其在我者固善矣，乃欲责人之似己，一或不满吾意，则疾之已甚，亦非有容德者，只益贻怨[1]于人耳！

【注释】

[1] 贻怨：结怨。

处事当无愧心

今人有为不善之事，幸其人之不见不闻，安然自肆，无所畏忌。殊不知人之耳目可掩，神之聪明不可掩。凡吾之处事，心以为可，心以为是，人虽不知，神已知之矣。吾之处事，心以为不可，心以为非，人虽不知，神已知之矣。吾心即神，神即祸福，心不可欺，神亦不可欺。《诗》曰："神之格思，不可度思，矧可射思。"[1]释者以谓"吾心以为神之至也"，尚不可得而窥测，况不信其神之在左右，而以厌射[2]之心处之，则亦何所不至哉？

【注释】

[1]"神之格思，不可度思，矧可射思"：神的到来是不可测度的，怎么可以厌恶呢？语出《诗经·大雅·荡之什·抑》。　[2] 厌射：厌恶。厌射：通"厌斁"。

为恶祷神为无益

人为善事而未遂，祷之于神，求其阴助，虽未见效，言之亦无愧。至于为恶事而未遂，亦祷之于神，求其阴助，岂非欺罔！如谋为盗贼而祷之于神，争讼无理而祷之于神，使神果从其言而幸中，此乃贻怒于神，开其祸端耳。

公平正直人之当然

凡人行己公平正直者，可用此以事神，而不可恃此以慢神；可用此以事人，而不可恃此以傲人。虽孔子亦以敬鬼神、事大夫、畏大人为言，况下此者哉！彼有行己不当理者，中有所慊[1]，动辄知畏，犹能避远灾祸，以保其身。至于君子而偶罹于灾祸者，多由自负以召致之耳。

【注释】

[1] 慊：不满，怨恨。

悔心为善之几

人之处世，能常悔往事之非，常悔前言之失，常悔往年之未有知识，其贤德之进，所谓长日加益，而人不自知也。古人谓“行年六十，而知五十九之非”者，可不勉哉！

恶事可戒而不可为

凡人为不善事而不成，正不须怨天尤人，此乃天之所爱，终无后患。如见他人为不善事常称意者，不须多羡，此乃天之所弃。待其积恶深厚，从而殄灭[1]之。不在其身，则在其子孙。姑少待之，当自见也。

【注释】

[1] 殄灭：消灭，灭绝。

小人当敬远

人之平居，欲近君子而远小人者，君子之言多长厚端谨，此言先入于吾心，及吾之临事，自然出于长厚端谨矣；小人之言多刻薄浮华，此言先入于吾心，及吾之临事，自然出于刻薄浮华矣。且如朝夕闻人尚气[1]好凌人之言，吾亦将尚气好凌人而不觉矣；朝夕闻人游荡、不事绳检之言，吾亦将游荡、不事绳检而不觉矣。如此非一端，非大有定力，必不免渐染之患也。

【注释】

[1] 尚气：盛气。

老成之言更事多

老成之人，言有迂阔，而更事为多。后生虽天资聪明，而见识终有不及。后生例以老成为迂阔，凡其身试见效之言欲以训后生者，后生厌听而毁诋者多矣。及后生年齿渐长，历事渐多，方悟老成之言可以佩服，然已在险阻艰难备尝之后矣。

君子有过必思改

圣贤犹不能无过，况人非圣贤，安得每事尽善！人有过失，非其父兄，孰肯诲责；非其契爱[1]，孰肯谏谕。泛然相识，不过背后窃议之耳。君子惟恐有过，密访人之有言，求谢而思改。小人闻人之有言，则好为强辩，至绝往来，或起争讼者有矣。

【注释】

[1] 契爱：亲朋。

言语贵简当

言语简寡，在我，可以少悔；在人，可以少怨。

觉人不善知自警

不善人虽人所共恶，然亦有益于人。大抵见不善人则警惧，不至自为不善。不见不善人则放肆，或至自为不善而不觉。故家无不善人，则孝友之行不彰；乡无不善人，则诚厚之迹不著。譬如磨石，彼自销损耳，刀斧资之以为利。老子云：“不善人乃善人之资。”谓此尔。若见不善人而与之同恶相济及与之争为长雄，则有损而已，夫何益？

正己可以正人

勉人为善，谏人为恶，固是美事。先须自省：若我之平昔自不能为人，岂惟人不见听，亦反为人所薄；且如己之立朝[1]可称，乃可诲人以立朝之方；己之临政有效，乃可诲人以临政之术；己之才学为人所尊，乃可诲人以进修之要；己之性行为人所重，乃可诲人以操履之详；己能身致富厚，乃可诲人以治家之法；己能处父母之侧而谐和无间，乃可诲人以至孝之行。苟惟不然，岂不反为所笑？

【注释】

[1] 立朝：立于朝堂，指为政。

浮言不足恤

人之出言至善，而或有议之者；人有举事至当，而或有非之者。盖众心难一，众口难齐如此。君子之出言举事，苟揆[1]之吾心，稽[2]之古训，询之贤者，于理无碍，则纷纷之言皆不足恤[3]，亦不必辩。自古圣贤，当代宰辅，一时守令，皆不能免，况居乡曲，同为编氓[4]，尤其无所畏，或轻议己，亦何怪焉！大抵指是为非，必妒忌之人，及素有仇怨者。此曹[5]何足以定公论，正当勿恤勿辩也。

【注释】

[1] 揆：揣测。　[2] 稽：参考。　[3] 恤：忧虑。　[4] 编氓：编民。指普通民众。　[5] 此曹：这些人。

谀巽之言多奸诈

人有善诵我之美，使我喜闻而不觉其谀者，小人之最奸黠者也。彼其面谀我而我喜，及其退与他人语，未必不窃笑我为他所愚也。人有善揣人意之所向，先发其端，导而迎之，使人喜其言与己暗合者，亦小人之最奸黠者也。彼其揣我意而果合，及其退与他人语，又未必不窃笑我为他所料也。此虽大贤亦甘受其侮而不悟，奈何？

凡事不为已甚

人有詈[1]人而人不答者，人必有所容也。不可以为人之畏我，而更求以辱之，为之不已。人或起而我应，恐口噤[2]而不能出言矣。人有讼人而人不校[3]者，人必有所处[4]也。不可以为人之畏我，而更求以攻之。为之不已，人或出而我辩，恐理亏而不能逃罪矣。

【注释】

[1] 詈（lì）：骂。　[2] 口噤：闭口。　[3] 校：计较。　[4] 处：处事。

言语虑后则少怨尤

亲戚故旧，人情厚密之时，不可尽以密私之事语之，恐一旦失欢，则前日所言，皆他人所凭以为争讼之资。至有失欢之时，不可尽以切实之语加之，恐忿气既平之后，或与之通好结亲，则前言可愧。

大抵忿怒之际，最不可指其隐讳之事，而暴其父祖之恶。吾之一时怒气所激，必欲指其切实而言之，不知彼之怨恨深入骨髓。古人谓“伤人之言，深于矛戟”是也。俗亦谓“打人莫打膝，道人莫道实”。

与人言语贵和颜

亲戚故旧，因言语而失欢者，未必其言语之伤人，多是颜色辞气暴厉，能激人之怒。且如谏人之短，语虽切直，而能温颜下气，纵不见听，亦未必怒。

若平常言语，无伤人处，而词色俱厉，纵不见怒，亦须怀疑。古人谓“怒于室者色于市”，方其有怒，与他人言，必不卑逊。他人不知所自，安得不怪！故盛怒之际与人言语尤当自警。前辈有言：“诫酒后语，忌食时嗔，忍难忍事，顺自强人。”常能持此，最得便宜。

与人交游贵和易

与人交游，无问高下，须常和易，不可妄自尊大，修饰边幅。若言行崖异，则人岂复相近！然又不可太亵狎[1]，樽酒[2]会聚之际，固当歌笑尽欢，恐嘲讥中触人讳忌，则忿争兴焉。

【注释】

[1] 亵狎：亲热随便。　[2] 樽酒：举杯饮酒。

才行高人自服

行高人自重，不必其貌之高；才高人自服，不必其言之高。

居官居家本一理

士大夫居家能思居官之时，则不至干请[1]把持而挠时政；居官能思居家之时，则不至狠愎暴恣[2]而贻人怨。不能回思者皆是也。故见任官[3]每每称寄居官[4]之可恶，寄居官亦多谈见任官之不韪[5]，并与其善者而掩之也。

【注释】

[1] 干请：行贿。　[2] 暴恣：暴躁恣睢。　[3] 见任官：现任官员。

[4] 寄居官：前任官员。　[5] 不韪：不是，过错。

小人难责以忠信

忠信二事，君子不守者少，小人不守者多。且如小人以物市[1]于人，敝恶之物，饰为新奇；假伪之物，饰为真实。如绢帛之用胶糊，米麦之增湿润，肉食之灌以水，药材之易以他物。巧其言词，止于求售，误人食用，有不恤也。其不忠也类如此。

负人财物，久而不偿。人苟索之，期以一月，如期索之，不售。又期以一月，如期索之，又不售。至于十数期而不售如初。工匠制器，要其定资，责其所制之器，期以一月，如期索之，不得。又期以一月，如期索之，又不得。至于十数期而不得如初。其不信也类如此，其他不可悉数。

小人朝夕行之，略不之怪。为君子者往往忿疐[2]，直欲深治之，至于殴打论讼。若君子自省其身，不为不忠不信之事，而怜小人之无知。及其间有不得已而为自便之计，至于如此，可以少置之度外也。

【注释】

[1] 市：出售。　　[2] 忿疐（zhì）：也写作“贫懥”。发怒的意思。

衣服不可侈异

衣服举止异众，不可游于市，必为小人所侮。

礼义制欲之大闲

饮食，人之所欲，而不可无也，非理求之，则为饕为馋；男女，人之所欲，而不可无也，非理狎之，则为奸为淫；财物，人之所欲，而不可无也，非理得之，则为盗为贼。

人惟纵欲，则争端起而狱讼兴。圣王虑其如此，故制为礼以节人之饮食、男女，制为义以限人之取与。君子于是三者，虽知可欲而不敢轻形于言，况敢妄萌于心！小人反是。

见得思义则无过

圣人云：“不见可欲，使心不乱。”[1]此最省事之要术。盖人见美食而必咽，见美色而必凝视，见钱财而必起欲得之心，苟非有定力者，皆不免此。惟能杜其端源，见之不顾，则无妄想，无妄想则无过举矣。

【注释】

[1] 不见可欲，使心不乱：出自《老子》。不显露那些引起欲望的东西，使心不迷乱。

子弟当谨交游

世人有虑子弟血气未定，而酒色博弈之事，得以昏乱其心，寻至于失德破家，则拘之于家，严其出入，绝其交游，致其无所见闻，朴野蠢鄙，不近人情。

殊不知此非良策，禁防一驰，情窦顿开，如火燎原不可扑灭。况拘之于家，无所用心，却密为不肖之事，与外出何异？不若时其出入，谨其交游，虽不肖之事习闻既熟，自能识破，必短愧[1]而不为。纵试为之，亦不至于朴野蠢鄙，全为小人之所摇荡也。

【注释】

[1] 短愧：惭愧。

兴废有定理

起家之人见所作事无不如意，以为智术巧妙如此，不知其命分偶然，志气洋洋，贪多图得。又自以为独能久远，不可破坏，岂不为造物者所窃笑。盖其破坏之人或已生于其家，曰“子”曰“孙”，朝夕环立于侧者，皆他日为父祖破坏生事之人，恨其父祖目不及见耳。前辈有建宅第，宴工匠于东庑[1]曰：“此造宅之人。”宴子弟于西庑曰：“此卖宅之人。”后果如其言。近世士大夫有言：“目所可见者，谩尔[2]经营；目所不及见者，不须置之谋虑。”此有识君子知非人力所及，其胸中宽泰与蔽迷之人如何？

【注释】

[1] 东庑：正房东边的廊屋。古代以东为上首，位尊。 [2] 谩尔：犹言聊复尔尔，姑且如此。

节用有常理

人有财物，虑为人所窃，则必缄縢扃镉[1]封识之甚严。虑费用之无度而致耗散，则必算计较量，支用之甚节。然有甚严而有失者，盖百日之严，无一日之疏，则无失；百日严而一日不严，则一日之失与百日不严同也。

有甚节而终至于匮乏者，盖百事节而无一事之费，则不至于匮乏；百事节而一事不节，则一事之费与百事不节同也。

所谓百事者，自饮食衣服、屋宅园馆、舆马仆御、器用玩好，盖非一端。丰俭随其财力，则不谓之费；不量财力而为之，或虽财力可办，而过于侈靡，近于不急[2]，皆妄费也。年少主家事者宜深知之。

【注释】

[1] 缄縢扃镉（jiōng jué）：缄，以绳捆扎。扃镉，门窗或箱箧上的关锁。

[2] 近于不急：做不急需的事情。

居官居家本一理

居官当如居家，必有顾藉[1]；居家当如居官，必有纲纪。

【注释】

[1] 顾藉：凭借依据。

周急贵乎当理

人有患难不能济，困苦无所诉，贫乏不自存，而其人朴讷怀愧[1]不能言于人者，吾虽无余，亦当随力周助[2]。此人纵不能报，亦必知恩。

若其人本非窘乏，而以干谒[3]为业，挟持便佞[4]之术，遍谒贵人富人之门，过州干州，过县干县，有所得则以为己能，无所得则以为怨仇。在今日则无感德之心，在他日则无报德之事。正可以不恤不顾待之，岂可割吾之不敢用以资人之不当用？

【注释】

[1] 朴讷怀愧：质朴腼腆。　[2] 周助：帮助。　[3] 干谒：对人有所求而请见。　[4] 便（pián）佞：巧言令色。

不可轻受人恩

居乡及在旅，不可轻受人之恩。方吾未达[1]之时，受人之恩，常在吾怀，每见其人，常怀敬畏。而其人亦以有恩在我，常有德色。及吾荣达之后，遍报则有所不及，不报则为亏义。故虽一饭一缣[2]，亦不可轻受。前辈见人仕宦，而广求知己。戒之曰："受恩多，则难以立朝。"宜详味此。

【注释】

[1] 未达：未曾显达。　[2] 缣：绢帛。

受人恩惠当记省

今人受人恩惠多不记省，而有所惠于人，虽微物亦历历在心。古人言：施人勿念，受施勿忘。诚为难事。

报怨以直乃公心

圣人言："以直报怨。"最是中道，可以通行。大抵以怨报怨，固不足道，而士大夫欲邀长厚之名者，或因宿仇，纵奸邪而不治，皆矫饰[1]

不近人情。圣人之所谓“直”者，其人贤，不以仇而废之；其人不肖，不以仇而庇之。是非去取，各当其实。以此报怨，必不至递相酬复，无已时也。

【注释】

[1] 矫饰：伪装。

第三治家

宅舍关防贵周密

人之居家，须令垣墙高厚，藩篱周密，窗壁门关坚牢，随损随修。如有水窦[1]之类，亦须常设格子，务令新固，不可轻忽。虽窃盗之巧者，穴墙剪篱，穿壁决关，俄顷可辨。比之颓墙败篱、腐壁敝门以启盗者有间矣。且免奴婢奔窜及不肖子弟夜出之患。如外有窃盗，内有奔窜及子弟生事，纵官司为之受理，岂不重费财力！

【注释】

[1] 水窦：通向院外的水沟。

山居须置庄佃

居止或在山谷村野僻静之地，须于周围要害去处置立庄屋，招诱丁多之人居之。或有火烛、窃盗，可以即相救应。

夜间防盗宜警急

凡夜犬吠，盗未必至，亦是盗来探试，不可以为他而不警。夜间遇物有声，亦不可以为鼠而不警。

夜间逐盗宜详审

夜间觉有盗，便须直言“有盗”，徐起逐之，盗必且窜。不可乘暗击之，恐盗之急以刃伤我，及误击自家之人。若持烛见盗，击之犹庶几，若获盗而已受拘执，自当准法，无过殴伤[1]。

【注释】

[1] 无过殴伤：不要过度殴伤。

富家少蓄金帛免招盗

多蓄之家，盗所觊觎，而其人又多置什物，喜于矜耀，尤盗之所垂涎也。富厚之家若多储钱谷，少置什物，少蓄金宝丝帛，纵被盗亦不多失。前辈有戒其家：“自冬夏衣之外，藏帛以备不虞，不过百匹。”此亦高人之见，岂可与世俗言！

刻剥招盗之由

劫盗虽小人之雄，亦自有识见。如富人平时不刻剥，又能乐施，又能种种方便，当兵火扰攘之际，犹得保全，至不忍焚掠污辱者多。盗所快意于劫杀之家，多是积恶之人。富家各宜自省。

失物不可猜疑

家居或有失物，不可不急寻。急寻，则人或投之僻处，可以复收，则无事矣。不急，则转而出外，愈不可见。又不可妄猜疑人，猜疑之当，则人或自疑，恐生他虞[1]；猜疑不当，则正窃者反自得意。况疑心一生，则所疑之人揣其行坐辞色皆若窃物，而实未尝有所窃也。或已形于言，或妄有所执治，而所失之物偶见，或正窃者方获，则悔将若何？

【注释】

[1] 他虞：其他忧虑。

睦邻里以防不虞

居宅不可无邻家，虑有火烛，无人救应。宅之四围，如无溪流，当为池井，虑有火烛，无水救应。又须平时抚恤邻里有恩义。有士大夫平时多以官势残虐邻里，一日为仇人刃其家，火其屋宅。邻里更相戒曰："若救火，火熄之后，非惟无功，彼更讼我，以为盗取他家财物，则狱讼未知了期。若不救火，不过杖一百而已。"邻里甘受杖而坐视其大厦为煨烬[1]，生生之具[2]无遗。此其平时暴虐之效也。

【注释】

[1] 煨烬：灰烬。 [2] 生生之具：维生所需。

火起多从厨灶

火之所起，多从厨灶。盖厨屋多时不扫，则埃墨易得引火，或灶中有留火，而灶前有积薪接连，亦引火之端也。夜间最当巡视。

焙物宿火宜儆戒

烘焙物色过夜，多致遗火。人家房户，多有覆盖宿火而以衣笼罩其上，皆能致火，须常戒约。

田家致火之由

蚕家屋宇低隘，于炙簇[1]之际，不可不防火。农家储积粪壤，多为茅屋，或投死灰于其间，须防内有余烬未灭，能致火烛。

【注释】

[1] 炙簇：养蚕工序，以火烘烤聚蚕的茳把。

致火不一类

茅屋须常防火；大风须常防火；积油物、积石灰须常防火。此类甚多，切须询究。

小儿不可带金宝

富人有爱其小儿者，以金银宝珠之属饰其身。小人有贪者，于僻静处坏其性命而取其物，虽闻于官而寘[1]于法，何益？

【注释】

[1] 寘：置。

小儿不可临深

人之家居，井必有干，池必有栏，深溪急流之处，峭险高危之地，机关触动之物，必有禁防，不可令小儿狎而临之。脱有疏虞，归怨于人，何及？

亲宾不宜多强酒

亲宾相访，不可多虐以酒。或被酒夜卧，须令人照管。往时括苍[1]有困客以酒，且虑其不告而去，于是卧于空舍而钥其门，酒渴索浆不得，则取花瓶水饮之。次日启关而客死矣。其家讼于官。郡守汪怀忠究其一时舍中所有之物，云“有花瓶，浸旱莲花”。试以旱莲花浸瓶中，取罪当死者试之，验，乃释之。又有置水于案而不掩覆，屋有伏蛇遗毒于水，客饮而死者。凡事不可不谨如此。

【注释】

[1] 括苍：括苍山，浙江省地名。

仆厮当取勤朴

人家有仆，当取其朴直谨愿，勤于任事，不必责其应对进退之快人意。人之子弟不知温饱所自来者，不求自己德业之出众，而独欲仆者峭黠之出众，费财以养无用之人，固未甚害，生事为非，皆此辈导之也。

轻诈之仆不可蓄

仆者而有市井浮浪子弟之态，异巾[1]美服，言语矫诈，不可蓄也。蓄仆之久，而骤然如此，闺阃[2]之事，必有可疑。

【注释】

[1] 异巾：奇装。　　[2] 闺阃（kǔn）：指家中女眷。

人物之性皆贪生

飞禽走兽之与人，形性虽殊，而喜聚恶散，贪生畏死，其情则与人同。故离群则向人悲鸣，临庖则向人哀号。为人者既忍而不知顾，反怒其鸣号者有矣。胡不反己以思之？物之有望于人，犹人之有望于天也。物之鸣号有诉于人，而人不之恤，则人之处患难、死亡、困苦之际，乃欲仰首叫号，求天之恤耶！大抵人居病患不能支持之时，及处囹圄不能脱去之时，未尝不反复究省平日所为，某者为恶，某者为不是，其所以改悔自新者，指天誓日可表。至病患平宁及脱去罪戾，则不复记省，造罪作恶无异往日。余前所言，若言于经历患难之人，必以为然。犹恐痛定之后不复记省，彼不知患难者，安知不以吾言为迂？

求乳母令食失恩

有子而不自乳，使他人乳之，前辈已言其非矣。况其间求乳母于未产之前者，使不举己子而乳我子。有子方婴孩，使舍之而乳我子，其己子呱呱而泣，至于饿死者。有因仕宦他处，逼勒牙家[1]诱赚良人之妻，使舍其夫与子而乳我子，因挟以归乡，使其一家离散，生前不复相见者。士夫递相庇护，国家法令有不能禁，彼独不畏于天哉？

【注释】

[1] 牙家：牙婆。旧时以介绍人口买卖为业而从中取利的妇女。

钱谷不可多借人

有轻于举债者，不可借与，必是无籍[1]之人，已怀负赖[2]之意。凡借人钱谷，少则易偿，多则易负。故借谷至百石，借钱至百贯，虽力可还，亦不肯还，宁以所还之资为争讼之费者多矣。

【注释】

[1] 无籍：不可靠。　　[2] 负赖：赖账。

债不可轻举

凡人之敢于举债者，必谓他日之宽余可以偿也。不知今日之无宽余，他日何为而有宽余？譬如百里之路，分为两日行，则两日皆办；若欲以今日之路使明日并行，虽劳苦而不可至。凡无远识之人，求目前宽余而挪积在后者，无不破家也。切宜鉴此！

税赋宜预办

凡有家产，必有税赋，须是先截留输纳[1]之资，却将盈余分给日用。岁入或薄，只得省用。不可侵支输纳之资，临时为官中所迫，则举债认息，或托揽户兑纳[2]而高价算还，是皆可以耗家。大抵曰贫曰俭自是贤德，又是美称，切不可以此为愧。若能知此，则无破家之患矣。

【注释】

[1] 输纳：纳税。　[2] 兑纳：代缴。

造桥修路宜助财力

乡人有纠率钱物以造桥、修路及打造渡船者，宜随力助之，不可谓舍财不见获福而不为。且如造路既成，吾之晨出暮归，仆马无疏虞，及乘舆马、过渡桥，而不至惴惴[1]者，皆所获之福也。

【注释】

[1] 惴惴：担惊受怕。

起造宜以渐经营

起造屋宇，最人家至难事。年齿长壮，世事谙历，于起造一事犹多不悉，况未更事？其不因此破家者几希。盖起造之时，必先与匠者谋。匠者唯恐主人惮费而不为，则必小其规模，节其费用。主人以为力可以办，锐意为之，匠者则渐增广其规模，至数倍其费，而屋犹未及半。主人势不可中辍，则举债鬻产；匠者方喜兴作之未艾，工镪[1]之益增。余尝劝人起造屋宇须十数年经营，以渐为之，则屋成而家富自若。盖先议基址，或平高就下，或增卑为高，或筑墙穿池，逐年渐为之，期以十余年而后成。次议规模之高广，材木之若干，细至椽，桷、篱、壁、竹、木之属，必籍其数，逐年买取，随即斫削[2]，期以十余年而毕备。次议瓦石之多少，皆预以余力积渐而储之。虽僦雇[3]之费，亦不取办于仓卒，故屋成而家富自若也。

【注释】

[1] 工镪（qiǎng）：工钱。 [2] 斫削：削砍，整理。 [3] 僦雇：雇车船载运。

许衡：训子诗

许衡（1209—1281），字仲平，世称鲁斋先生。元代儒者，理学家、思想家。官至集贤大学士兼国子祭酒。许衡少年勤学，学识渊博。此篇训子诗是许衡为其儿子所作，在此诗中，许衡告诫儿子要学习古人的廉洁和真淳，辛勤耕耘，不可以苟且度日，无论出仕为官还是身为平民，都要心系国家和百姓。本文采用吉林文史出版社整理出版的《许衡集》作为引文底本。

干戈恣烂漫[1]，无人救时屯[2]。

中原竟失鹿[3]，沧海变飞尘。

我自揣何能，能存乱后身。

遗芳籍远祖，阴理出先人[4]。

俯仰意油然，此乐难拟伦。

家无担石储[5]，心有天地春。

况对汝二子，岂复知吾贫。

大儿愿如[6]古人淳，小儿愿如古人真。

平生乃亲多苦辛，愿汝苦辛过乃亲。

身居畎亩思致君，身在朝廷思济民[7]。

但期磊落忠信存，莫图苟且[8]功名新。

斯言殆可书诸绅[9]。

【注释】

[1] 干戈恣烂漫：时局动荡。　[2] 无人救时屯：无人出来挽救危局。屯，周易卦象。屯的上卦为坎，坎为云，下卦为震，震为雷。在此借指时局艰难。[3] 中原竟失鹿：指蒙元入主中原。　[4] 遗芳籍远祖，阴理出先人：指自己依靠祖先的护佑才能苟存至今。　[5] 家无担石储：家中没有粮食储存。[6] 愿如：期待像。　[7] 身居畎亩思致君，身在朝廷思济民：指身处乡野则要思报效国家，而身在朝廷为官则要思惠及平民。　[8] 苟且：敷衍了事，马虎。　[9] 书诸绅：出自《论语·卫灵公》："子张书诸绅。"在此指将这些话书写下来牢牢记住。

郑文融：郑氏规范

郑文融，字太和，别字顺卿。生卒年不详，婺州（今浙江金华）浦江人。郑氏家族世称义门，自宋初到明初，世代共同生活，守护《诗》《书》《礼》《乐》《易》之教和家规家法。《郑氏规范》即为郑氏家族的家规或家训。在此家训中，我们可以看到郑氏家族的治家智慧。由于世代共同生活，家族人丁兴旺，治家的难度可想而知。但是，郑氏家族却能够在这种情况下编写家规或家训，长辈起到遵守家训的表率作用，同时教化子侄恪守仁义孝悌之道，取得了良好的效果。《郑氏规范》非常注重对于后辈子孙的教育，家训的主要内容即是对于子孙日常一言一行的谆谆告诫。同时，中国古代的大家庭往往以祠堂为祭祀祖先、施行家政的地点。围绕祠堂所进行的冠、婚、丧及祭礼也是《郑氏规范》所要规约的重要内容。《郑氏规范》仿照宋代大儒朱熹的《家礼》所作，可以说是对于朱熹家礼在实践层面中的展开。郑氏在治家方面取得了很大的成绩，形成了良好的家风。因此，明太祖朱元璋亲手书写“孝义家”三字对此进行了表彰。在郑氏规范中，我们既可以了解中国古代大家族的家庭状态，也可以通过其处理家中人关系的方式上获得很大的启示。本篇所选版本为《丛书集成初编》本。

第一条　立祠堂一所，以奉先世神主，出入必告。正至朔望[1]必参，俗节必荐[2]时物。四时祭祀，其仪式并遵《文公家礼》[3]。然各用仲月[4]望日行事，事毕更行会拜之礼。

第二条　时祭之外，不得妄祀徼[5]福。凡遇忌辰，孝子当用素衣致祭。不作佛事，象钱寓马[6]亦并绝之。是日不得饮酒、食肉、听乐，夜则出宿于外。

第三条　祠堂所以报本[7]，宗子当严洒扫扃钥之事[8]，所有祭器服不许他用。（祭器服，如深衣、席褥、盘盏、碗碟、椅桌、盥盆之类。）

第四条　祭祀务在孝敬，以尽报本之诚。其或行礼不恭，离席自便，与夫跛倚[9]、欠伸、哕噫[10]、嚏咳，一切失容之事[11]，督过[12]议罚。督过不言，众则罚之。

第五条　拨常稔[13]之田一百五十亩，（世远逐增），别蓄其租，专充祭祀之费。其田券印“义门郑氏祭田”六字，字号步亩亦当勒石祠堂之左，俾[14]子孙永远保守。有言质鬻[15]者以不孝论。

【注释】

[1] 朔望：农历每月初一谓朔，农历每月十五谓望。　[2] 荐：放置、摆放。　[3]《文公家礼》：指上文中的《朱熹家礼》　[4] 仲月：每个季节的第二个月。　[5] 徼：求。　[6] 象钱寓马：祭祖时所用的纸人纸马、冥钱一类。　[7] 报本：指报本反始。报本：报答恩惠；反始：归功到根源。出自《礼记郊特牲》：“唯社，丘乘共粢盛，所以报本反始也。”　[8] 宗子当严洒扫扃钥之事：宗子，古代宗法制度称大宗的嫡长子；扃（jiōng）：从外面关门的闩、钩等。　[9] 跛倚：站立不正，一只脚斜依。　[10] 哕噫：打呃、叹气。　[11] 失容之事：失态之事。　[12] 督过：监察、责成。　[13] 稔：庄稼成熟。　[14] 俾（bǐ）：使。　[15] 质鬻：抵押与卖出。

第六条　子孙入祠堂者，当正衣冠，即如祖考在上，不得嬉笑、对语、疾步[1]。晨昏皆当致恭而退。

第七条　宗子上奉祖考，下壹宗族[2]。家长当竭力教养，若其不肖，当遵横渠张子[3]之说，择次贤者易之。

第八条　诸处茔冢，岁节及寒食、十月朔，子孙须亲展省[4]，(妇人不与)。近茔竹树不许剪拜[5]，各处庵宇更当葺治[6]。至于作冢制度，已有《家礼》可法，不必过奢。

第九条　坟茔年远，其有平塌浅露者，宗子当择洁土益[7]之，更立石深刻名氏，勿致湮灭难考。

第十条　四月一日，系初迁之祖[8]遂阳府君降生之朝，宗子当奉神主于有序堂，集家众行一献礼[9]，复击鼓一十五声，令子弟一人朗诵谱图[10]一过，曰明谱会。圆揖而退。

【注释】

[1]疾步：快步走。　[2]壹：一致；凝聚。　[3]横渠张子：张载，北宋大儒。字子厚，河南人，后迁家陕西横渠镇，学者称横渠先生。　[4]展省：察看。[5]剪拜：砍倒。　[6]各处庵宇更当葺治：庵，圆形草屋；葺，修整。[7]益：增加、巩固。　[8]初迁之祖：指郑氏家族最初迁到此地的祖先。[9]献礼：酒礼的仪式。　[10]谱图：记述氏族或宗族世系的图表。

第十一条　朔望，家长率众参谒[1]祠堂毕，出坐堂上，男女分立堂下，击鼓二十四声，令子弟一人唱云："听，听，听，凡为子者必孝其亲，为妻者必敬其夫，为兄者必爱其弟，为弟者必恭其兄。听，听，听，毋徇私以妨大义，毋怠惰以荒厥事，毋纵奢侈以干天刑，毋用妇言以间和气，毋为横非以扰门庭，毋耽曲糵[2]以乱厥性。有一于此，既殒尔德，复隳尔胤[3]。眷[4]兹祖训，实系废兴。言之再三，尔宜深戒。听，听，听。"众皆一揖，分东西行而坐。复令子弟敬诵孝悌故实一过，会揖而退。

第十二条　每旦[5]，击钟二十四声，家众俱兴。四声咸盥漱，八声入有序堂。家长中坐，男女分坐左右，令未冠子弟[6]朗诵男女训戒之辞。《男训》云："人家盛衰，皆系乎积善与积恶而已。何谓积善？居家则孝悌，处事则仁恕，凡所以济人者皆是也；何谓积恶？恃已之势以自强，克人之财以自富，凡所以欺心者皆是也。是故能爱子孙者遗之善，不爱子孙者遗之恶。《传》曰：‘积善之家必有余庆，积不善之家必有余殃[7]。’天理昭然，各宜深省。”《女训》云：“家之和与不和，皆系妇人之贤否。何谓贤？事舅姑[8]以孝顺，奉丈夫以恭敬，待娣姒[9]以温和，接子孙以慈爱，如此之类是也；何谓不贤？淫狎[10]妒忌，恃强凌弱，摇鼓是非，纵意徇私，如此之类是也。天道甚近，福善祸淫，为妇人者不可不畏。”诵毕，男女起，向家长一揖，复分左右行，会揖而退。九声，男会膳[11]于同心堂，女会膳于安贞堂。三时并同。其不至者，家长规之。

第十三条　家长[12]总治一家大小之务，凡事令子弟分掌，然须谨守礼法以制其下。其下有事，亦须咨禀[13]而后行，不得私假，不得私与。

第十四条　家长专以至公无私为本，不得徇偏[14]。如其有失，举家随而谏之。然必起敬起孝，毋妨和气。若其不能任事，次者佐[15]之。

第十五条　为家长者当以诚待下，一言不可妄[16]发，一行不可妄为，庶[17]合古人以身教之之意。临事之际，毋察察而明，毋昧昧而昏[18]，须以量容人，常视一家如一身可也。

【注释】

[1] 参谒：晋见上级或所尊敬的人；瞻仰尊敬的人的遗容、陵墓等。　[2] 曲蘖：制酒的药料，这里代指酒。　[3] 复隳尔胤：隳，毁坏；胤，后代。[4] 眷：怀念；牢记。　[5] 旦：早晨。　[6] 未冠子弟：未行冠礼的年轻后辈；指未成年的后辈。　[7] 这句话出自《周易·坤·文言》。　[8] 舅姑：指公婆。　[9] 娣姒：妯娌。　[10] 淫狎：淫，放纵；狎，不庄重。[11] 膳：饭食、进食。　[12] 家长：指主持家庭事务的人。　[13] 咨禀：咨询、禀报。　[14] 徇偏：曲从私心。　[15] 佐：协助、辅助。[16] 妄：轻易。　[17] 庶：希望。　[18] 察察而明、昧昧而昏：指在小事上聪明，但在大事上糊涂。

第十六条　家中产业文券，既印“义门公堂产业子孙永守”等字，仍书字号。置立《砧基簿》，书告官印押，续置当如此法。家长会众封藏，不可擅开。不论长幼，有敢言质鬻者，以不孝论。

第十七条　子孙倘有私置田业、私积货泉[1]，事迹显然彰著[2]，众得言之家长，家长率众告于祠堂，击鼓声罪而榜[3]于壁。更邀其所与亲朋，告语之。所私即便拘纳公堂[4]。有不服者，告官以不孝论。其有立心无私、积劳于家者，优礼遇之，更于《劝惩簿》上明记其绩，以示于后。

第十八条　子孙赌博无赖及一应违于礼法之事，家长度[5]其不可容，会众罚拜以愧之。但长一年者，受三十拜；又不悛[6]，则会众痛箠[7]之；又不悛，则陈于官而放绝之。仍告于祠堂，于宗图上削其名，三年能改者复之。

第十九条　凡遇凶荒事故[8]，或有阙支[9]，家长预为区划[10]，不使匮乏。

第二十条　朔望二日，家长检点一应大小之务。有不笃行[11]者议罚；诸簿籍过日不结算及失时[12]不具呈者，亦量情议罚。

【注释】

[1] 货泉：财物。泉：钱币。　[2] 彰著：显露、明显。　[3] 榜：张贴。[4] 公堂：家中处理家庭重要事务的场所。　[5] 度：根据其程度估计。[6] 悛：悔改。　[7] 箠：用鞭子打。　[8] 凶荒事故：指灾祸。　[9] 阙支：不足、入不敷出。　[10] 区划：划拨财物接济。　[11] 不笃行：不切实履行。　[12] 失时：不按时。

第二十一条　内外屋宇、大小修造工役，家长常加检点。委人用工，毋致损坏。

第二十二条　每岁掌事子弟交代[1]，先须谒祠堂，书祝致告，次拜家长，然后领事。

第二十三条　设典事二人，以助家长行事。必选刚正公明、材堪[2]治家、为众人之表率者为之，并不论长幼、不限年月。凡一家大小之务，无不预[3]焉。每夜须了诸事，方许就寝。违者，家长议罚。

第二十四条　每夜会聚之际，典事对众商榷，何日可行某事，书之于籍。上半月所书，下半月行之；下半月所书，次上半月行之，庶无迂滞[4]之患。（事当即行者弗拘。）

第二十五条　择端严公明、可以服众者一人，监视[5]诸事。（四十以上方可，然必二年一轮。）有善公言之，有不善亦公言之。如或知而不言，与言而非实，众告祠堂，鸣鼓声罪，而易置[6]之。

【注释】

[1] 交代：移交经手事务。　[2] 材堪：才能足以胜任。　[3] 预：参与。
[4] 迂滞：缓慢、停滞。　[5] 监视：监督管理。　[6] 易置：更换、设立。

第二十六条　监视莅[1]事，告祠堂毕，集家众于有序堂，先拜尊长四拜，次受卑幼[2]四拜，然后鸣鼓，细说家规，使肃听之。

第二十七条　监视纠正一家之是非，所以为齐家之则，而家之盛衰系焉，不可顾忌不言。在上者，必当犯颜直谏[3]，谏若不从，悦[4]则复谏；在下者则教以人伦大义，不从则责，又不从则挞[5]。

第二十八条　立《劝惩簿》，令监视掌之，月书功过，以为善善恶恶[6]之戒。有沮[7]之者，以不孝论。

第二十九条　造二牌，一刻“劝”字，一刻“惩”字，下空一截，用纸写贴。何人有功，何人有过，既上《劝惩簿》，更上牌中，挂会揖处，三日方收，以示赏罚。

第三十条　设主记[8]一人，以会货泉谷粟出纳之数。凡谷匣收满，主记封记，不许擅开，违者量轻重议罚。如遇开支，主记不亲视，罚亦如之。钥匙皆主记收，遇开支则渐次付之，支讫[9]，复还主记。

【注释】

[1] 莅：临。 [2] 卑幼：后辈。 [3] 犯颜直谏：指敢于冒犯尊长的威严而直言相劝。 [4] 悦：心情好转。 [5] 挞：用鞭棍等打人。 [6] 善善恶恶：奖善惩恶。 [7] 沮：阻止；败坏。 [8] 主记：掌管家族收支。[9] 讫：结束、截止。

第三十一条 选老成有知虑[1]者通掌门户之事。输纳赋租，皆禀家长而行。至于山林陂[2]池防范之务，与夫增拓田业之勤，计会财息[3]之任，亦并属之。

第三十二条 立家之道，不可过刚，不可过柔，须适厥中。凡子弟，当随掌门户者轮去州邑练达世故，庶无懵暗[4]不谙事机之患。若年过七十者，当自保绥[5]，不宜轻出。

第三十三条 增拓产业，长上必须与掌门户者详其物与价等，然后行之。或掌门户者他出，必俟其归，方可交易。然又预使子弟亲去看视肥瘠及见在文凭无差，切不可鲁莽，以为子孙之害。

第三十四条 凡置产业，即时书于《受产簿》中，不许过于次日，仍用招人佃种[6]。其或失时不行，家长朔望检点议罚。

第三十五条 增拓产业，彼则出于不得已，吾则欲为子孙悠久之计，当体究果直几缗[7]，尽数还足。不可与驵侩[8]交谋，潜萌侵人利己之心，否则天道好还，纵得之，必失之矣。交券务极分明，不可以物货逋负[9]相准。或有欠者，后当索偿，又不可以秋税[10]暗附他人之籍，使人倍输官府，积祸非轻。

【注释】

[1] 选老成有知虑：老成，朴实、稳重；知虑，见识和谋略。 [2] 陂：池。 [3] 计会财息：家族中的财物之事。 [4] 懵暗：昏聩、糊涂。[5] 绥：安。 [6] 佃种：出租耕种土地。 [7] 缗（mín）：古代穿铜钱

用的绳子；指成串的铜钱。　[8] 驵侩：经纪人。　[9] 逋负：逃欠。这里指逃欠赋税。　[10] 秋税：秋收后以粮食交纳。

第三十六条　每年之中，命二人掌管新事，所掌收放钱粟之类；又命二人掌管旧事，所掌冠婚丧祭及饮食之类。然皆以六月而代[1]，务使劳逸适均。

第三十七条　新旧管轮当，须视为切已之事。计会经理，自二十五岁至六十岁止。过此血气既衰，当优遇之，毋任以事。

第三十八条　新旧管皆置《日簿》，每日计其所入几何，所出几何，总结于后，十日一呈监视。果无私滥[2]，则监视书其下，曰："体验无私"。后若显露，先责监视，次及新旧管。

第三十九条　新管置一《总租簿》，明写一年逐色谷若干石，总计若干石，又新置田若干石。此是一定之额，却于当年十二月望日，以所收者与前谷总较之，便知实欠多少，以凭催索。后索到者，别书于《畸零簿》，至交代时，却入《总租簿》内通算。

第四十条　新管所收谷麦，每匣收讫，即结总数报于主记。置《租赋簿》，令其亲书"某号匣系某人于某年月日收何等谷麦若干石"。量出之时，亦须置簿，书写"某匣舂磨自某日支起至某日用毕"，以凭稽[3]考。

【注释】

[1] 代：轮换。　[2] 私滥：过度胡乱使用。　[3] 稽：考察。

第四十一条　新管所收谷麦，必当十分用心，及时收晒，免致蒸烂；收支明白，不至亏折；关防[1]勤谨，不至透失。赏则及之，若有前弊[2]，罚本年衣资绵线不给。如遇称收繁冗，则拨子弟分收之。

第四十二条　佃人用钱货折租者，新管当逐项收贮，别附于簿，每日纳诸家长。至交代时通结大数，书于《总租簿》，云"收到佃家钱货若干，总记租谷若干”。如以禽畜之类准折者，则付与旧管，支钱入账，不可与杂色钱[3]同收。

第四十三条　田地有荒芜者，新管逐年招佃。或遇坍[4]江冲决，亦即书簿，以俟开垦。开垦既毕，复入原簿，免致失于照管。

第四十四条　田租既有定额，子孙不得别增数目。所有逋租亦不可起息，以重困里党之人[5]。但务及时勤索，以免亏折。

第四十五条　佃家劳苦不可备陈，试与会计之，所获何尝补其所费。新管当矜怜痛悯[6]，不可纵意过求，设使尔欲既遂，他人谓何。否则贻[7]怒造物，家道弗延。除正租外，所有佃麦、佃鸡之类，断不可取。

【注释】

[1] 关防：防备，防范。　[2] 弊：欺骗、欺诈。　[3] 杂色钱：正税之外的附加税。　[4] 坍：坍塌。　[5] 里党之人：同乡之人。　[6] 矜怜痛悯：顾惜怜悯。　[7] 贻：赠给、遗留。

第四十六条　邻族分岁[1]之饮，旧管于冬至后排日为之。

第四十七条　男女六十者，礼宜异膳。旧管尽心奉养，务在合宜。违者罚之。

第四十八条　新管簿书不分明者，不许交代。一应催督钱谷[2]，须是先时逐项详注已未收索之数，于交代日分明条说，并承账人交付。虽累更新管，要如出于一手，庶不使人欺隐。旧管簿书不分明者，亦不许交代。

第四十九条　所用监视及新旧管，其有才干优长、不可遽[3]代者，听众人举留。

第五十条　设羞服长[4]一人，专掌男女衣资事。宜先措置[5]，夏衣之给，须在四月；冬衣之给，须在九月。不得临时猝办[6]，如或过时不给，家长罚之。（凡生男女，周岁则给。）

【注释】

[1] 分岁：除夕。 [2] 钱谷：钱币、谷物。常借指赋税。 [3] 遽：仓促。 [4] 羞服长：掌管饮食衣物的职务。 [5] 措置：安排。 [6] 猝办：匆忙办理。

第五十一条　男子衣资，一年一给[1]；十岁以上者半其给，给以布；十六岁以上者全其给，兼以帛[2]；四十岁以上者优其给，给以帛。仍皆给裁制之费。若年至二十者，当给礼衣一袭[3]。巾履[4]则一年一更。

第五十二条　妇人衣资，照依前数，两年一给之。女子及笄[5]者，给银首饰一副。

第五十三条　每岁羞服长除给男女衣资外，更于四时祭后一日，俵散[6]诸妇履材及油泽、脂粉、针花之属。

第五十四条　各房染段[7]，羞服长斟酌为之，仍置簿书之，毋使多寡不均。

第五十五条　子孙须令饱暖，方能保全义气。当令廉谨有为者[8]以掌羞服之事，务要合宜，而无不足之叹。

【注释】

[1] 一年一给：供应一次。 [2] 帛：丝织物。 [3] 袭：一套衣服。 [4] 巾履：巾，裹头的织物；履，鞋。 [5] 及笄：已经成年的女子。 [6] 俵散：分发。 [7] 染段：布匹、绸缎。 [8] 廉谨有为者：廉洁、谨慎、有才能的人。

第五十六条　设掌膳二人，以供家众膳食之事，务要及时烹爨[1]，不许干预旧管杂役，亦须一年一轮。

第五十七条　择廉谨子弟二人，收掌钱货。所出所入，皆明白附簿。或有折陷[2]者，勒[3]其本房衣资首饰补还公堂。

第五十八条　择廉干子弟二人，以掌营运[4]之事。岁终会算，统计其数，呈于家长。监视严加关防，察其私滥[5]。

第五十九条　子孙以理财为务者[6]，若沉迷酒色、妄肆费用以致亏陷，家长覆实罪之，与私置私积[7]者同。

第六十条　委人启肆[8]，皆公堂给本与之，一年一度，新管为之结算，其子钱[9]纳诸公堂。

【注释】

[1] 爨（cuàn）：灶；烧火做饭。　[2] 折陷：亏损、损失。　[3] 勒：强制。　[4] 营运：家族经济的运营、经管。　[5] 私滥：私自乱用。　[6] 这句话是指上文所说的掌管家族财物、经济运营的本家族人。　[7] 私置私积：私自管藏家族的财物。　[8] 肆：铺子。　[9] 子钱：利息。

第六十一条　畜牧树艺[1]，当令一人专掌之。须置簿书写数目，以凭稽考。然须常加点检，务要增益。如或失时不办，本人本年衣资不给[2]。

第六十二条　设知宾二人，接奉谈论、提督[3]茶汤、点视[4]床帐被褥，务要合宜。

第六十三条　亲宾往来，掌宾客者禀于家长，当以诚意延款[5]，务合其宜。虽至亲，亦宜宿于外馆[6]。

第六十四条　亲朋会聚若至十人，旧管不许于夜中设宴。时有小酌[7]，亦不许至一更，昼则不拘。

第六十五条　亲姻馈送[8]，一年一度，非常吊庆则不拘。此切不可过奢，又不可视贫而加薄，视富而加厚。

【注释】

[1] 畜牧树艺：指家族中的家禽、家畜、林木和园艺。　[2] 不给：指不供给。　[3] 提督：提示、监督。　[4] 点视：清点、察看。　[5] 延款：邀请和

招待。 [6] 外馆：招待宾客用的专门房屋。 [7] 小酌：小型宴饮。[8] 馈送：赠送。

第六十六条 子弟未冠者，学业未成，不听食肉，古有是法。非惟有资于勤苦，抑欲其识齑盐之味[1]。

第六十七条 子弟未冠者不许以字行，不许以第称，庶几[2]合于古人责成之意。

第六十八条 子弟年十六以上，许行冠礼[3]，须能暗记四书五经正文，讲说大义方可行之。否则，直至二十一岁。弟若先能，则先冠，以愧之。

第六十九条 子弟当冠，须延[4]有德之宾，庶可责以成人之道。其仪式尽遵《文公家礼》。

第七十条 子弟已冠而习学者，每月十日一轮，挑背已记之书，及谱图、家范之类。初次不通，去巾一日；再次不通，则倍之；三次不通，则分紒[5]如未冠时，通则复之。

【注释】

[1] 齑盐之味：齑，姜、蒜碎末。"齑盐布帛" 以喻田舍之家的清苦生计。 [2] 庶几：大致，差不多。 [3] 冠礼：成人礼。 [4] 须延：需要邀请。 [5] 分紒：分开束发所成之髻。

第七十一条 女子年及笄[1]，母为选宾行礼，制辞[2]字之。

第七十二条 婚姻乃人道之本。亲迎、醮啐、奠雁、授绥之礼[3]，人多违之。今一去时俗之习，其仪式并遵《文公家礼》。

第七十三条 婚嫁必须择温良有家法者，不可慕富贵以亏[4]择配之义。其豪强、逆乱、世有恶疾者，毋得与议。

第七十四条 立嘉礼庄一所，拨田一千五百亩，世远逐增，别储其租，令廉干子弟掌之，专充婚嫁诸费。男女各以谷一百五十石[5]为则。

第七十五条　娶媳须以嗣亲[6]为重，不得享宾，不得用乐，违者罚之。入门四日，婿妇同往妇家，行谒见之礼[7]。

【注释】

[1] 及笄：满十五岁。《礼记内则》："(女子)十有五年而笄。"　[2] 制辞：按照某种格式写成的文辞。　[3] 亲迎、醮啐、奠雁、授绥之礼：亲迎，夫婿亲自到女家迎新娘到家；醮啐，婚礼时简单饮酒仪节；奠雁，新郎到女家迎亲，用雁作见面礼，后泛指迎亲时献上贽礼；授绥，把绳子交给登车的人，指女家将新娘和女婿送上婚车。　[4] 亏：损害。　[5] 石：中国市制容量单位，十斗为一石。　[6] 嗣亲：感亲年衰老，代至也。故"娶妇之家，泪不举手，思嗣亲也。"　[7] 谒见之礼：指夫婿同女子回女方家拜见长辈之礼。

第七十六条　娶妇三日，妇则见于祠堂，男则拜于中堂，行受家规之礼。先拜四拜，家长以家规授之，嘱其谨守勿失，复四拜而去。又以房匾授之，使其揭[1]于房闼之外，以为出入观省，会茶而退。

第七十七条　子孙当娶时，须用同身寸制深衣[2]一袭，巾履各一事，仍令自藏，以备行礼之用。

第七十八条　子孙有妻子者，不得更置侧室，以乱上下之分，违者责之。若年四十无子者，许置一人，不得与公堂坐。

第七十九条　女子议亲，须谋于众，其或父母于幼年妄自许人者，公堂不与妆奁[3]。

第八十条　女适人[4]者，若有外孙弥月之礼[5]，惟首生者与之，余并不许，但令人以食味慰问之。

【注释】

[1] 揭：挂。房闼：房门。　[2] 深衣：古代上衣、下裳相连缀的一种服装。

为古代诸侯、大夫、士家居常穿的衣服，也是庶人的常礼服。　[3] 妆奁：财物、嫁妆。　[4] 适人：嫁人。　[5] 弥月之礼：满月礼。

第八十一条　甥婿初归，除公堂依礼与之，不得别有私与，诸亲并同。

第八十二条　姻家[1]初见，当以币帛为贽，不用银斝[2]。他有馈者，此亦不受。

第八十三条　丧礼久废，多惑于释老之说[3]，今皆绝之。其仪式遵《文公家礼》。

第八十四条　子孙临丧，当务尽礼，不得惑于阴阳，非礼拘忌，以乖[4]大义。

第八十五条　丧事不得用乐。服[5]未阕[6]者不得饮酒食肉，违者不孝。

【注释】

[1] 姻家：儿女亲家。　[2] 斝（jiǎ）：古代装酒的器具，圆口三足。　[3] 释老之说：指佛教与道教。　[4] 乖：违反。　[5] 服：服丧。　[6] 阕：结束。

第八十六条　子孙器识可以出仕者，颇资勉之。既仕，须奉公勤政，毋踏贪黩[1]，以忝[2]家法。任满交代，不可过于留恋；亦不宜恃贵自尊，以骄宗族。仍用一遵家范，违者以不孝论。

第八十七条　子孙倘有出仕者，当蚤[3]夜切切以报国为务。忧恤下民，实如慈母之保赤子；有申理者，哀矜恳恻，务得其情，毋行苛虐。又不可一毫妄取于民。若在任衣食不能给者，公堂资而勉之；其或廪禄[4]有余，亦当纳之公堂，不可私于妻孥[5]，竞为华丽之饰，以起不平之心。违者天实临之。

第八十八条　子孙出仕，有以赃墨[6]闻者，生则于《谱图》上削去其名，死则不许入祠堂。如被诬指者[7]则不拘此。

第八十九条　宗人实共一气所生，彼病则吾病，彼辱则吾辱，理势然也。子孙当委曲[8]庇覆，勿使失所，切不可恃势凌铄[9]以忝厥其祖。更于缺食之际，揆其贫者，月给谷六斗，直至秋成住给。其不能婚嫁者，助之。

第九十条　为人之道，舍教其何以先？当营义方[10]一区，以教宗族之子弟，免其束修[11]。

【注释】

[1] 贪黩：贪污滥用。　[2] 忝：辱没。　[3] 蚤：同“早”。　[4] 廪禄：俸禄。　[5] 妻孥：妻子和儿女。　[6] 赃墨：贪赃枉法。　[7] 被诬指者：被诬陷的族人。　[8] 委曲：殷勤周至。庇覆：保护。　[9] 凌铄：欺压。　[10] 义方：家族教育的场所。　[11] 束修：干肉，此处指学费。

第九十一条　宗族无所归者，量拨房屋以居之。更劝勿用火葬，无地者听埋义冢[1]之中。

第九十二条　立义冢一所。乡邻死亡委无子孙者，与给榰椟[2]埋之；其鳏寡[3]孤独果无自存者，时赒给之。

第九十三条　宗人无子，实坠厥祀，当择亲近者为继立之，更少[4]资之。

第九十四条　宗人苦寒，深当悯恻。其果无衾与絮者，子孙当量力而资助之。

第九十五条　祖父所建义祠[5]，奉宗族之无后者。立春祭先祖毕，当令子孙设馔祭之，更为修理，毋致隳坏。

【注释】

[1] 义冢：古时埋葬无主尸骨的坟地。　[2] 榰椟：小棺材。　[3] 鳏寡：指老年丧妻或丧父的人。　[4] 更少：并且稍许。　[5] 义祠：指收纳无

后代人灵位的地方。

第九十六条　立春当行会族之礼[1]，不问亲疏，户延一人，食品以三进为节。

第九十七条　里党[2]或有缺食，裁量出谷借之，后催原谷归还，勿收其息。其产子之家，给助粥谷二斗五升。

第九十八条　展药市一区，收贮药材。邻族疾病，其症彰彰可验，如疟痢痈疖[3]之类，施药与之。更须诊察寒热虚实，不可慢易[4]。此外不可妄与，恐致误人。

第九十九条　桥圮路淖[5]，子孙倘有余资，当助修治，以便行客。或遇隆暑，又当于通衢[6]设汤茗一二处，以济渴者。自六月朔至八月朔止。

第一百条　里党之痒疴疾痛，吾子孙当深念之。彼不自给，况望其馈遗我乎？但有一毫相赠，亦不可受，违者必受天殃[7]。

【注释】

[1] 会族之礼：合族祭祀祖先的仪式。　[2] 里党：乡里之人。　[3] 疟痢痈疖：疟，疟疾；痢，痢疾；痈，化脓；疖，皮肤病。　[4] 慢易：缓慢、忽视。　[5] 桥圮路淖：桥面坍塌、道路泥泞。　[6] 通衢：道路。　[7] 天殃：天降之灾。

第一百零一条　拯救宗族里党一应等务，令监视置《推仁簿》逐项书之，岁终于家长前会算。其或沽名[1]失实及执吝不肯支者，天必绝之。此吾拳拳真切之言，不可不谨，不可不慎。

第一百零二条　子孙须恂恂孝友[2]，实有义家气象。见兄长，坐必起立，行必以序，应对必以名，毋以尔我[3]，诸妇并同。

第一百零三条　子孙之于尊长，咸以正称，不许假名易姓。

第一百零四条　兄弟相呼，各以其字冠于兄弟之上；伯叔之命侄亦然，侄子称伯叔，则以行称，继之以父；夫妻亦当以字行，诸妇娣姒[4]相呼并同。

第一百零五条　子侄虽年至六十者，亦不许与伯叔连坐[5]，违者家长罚之，会膳不拘。

【注释】

[1] 沽名：博取功名、名誉。　[2] 恂恂孝友：恂恂，恭敬；孝友，善父母为孝，善兄弟为友。　[3] 毋以尔我：不可以用你我这样的代词相互称呼对方。[4] 娣姒：古代称丈夫的嫂子或年长之妾。　[5] 连坐：这里指同坐一排座位。

第一百零六条　卑幼[1]不得抵抗尊长，一日之长皆是。其有出言不逊、制行悖戾[2]者，姑诲之。诲之不悛者，则重箠之。

第一百零七条　子孙受长上诃责[3]，不论是非，但当俯首默受，毋得分理。

第一百零八条　子孙固当[4]竭力以奉尊长，为尊长者亦不可挟此自尊。攘拳奋袂[5]，忿言秽语，使人无所容身，甚非教养之道。若其有过，反复喻戒[6]之；甚不得已者，会众箠之，以示耻辱。

第一百零九条　子孙黎明闻钟即起。监视置《夙兴簿》，令各人亲书其名，然后就所业。或有托故不书者，议罚。

第一百十条　子孙饮食，幼者必后于长者。言语亦必有序伦[7]，应对宾客，不得杂以俚谷方言。

【注释】

[1] 卑幼：晚辈。　[2] 悖戾：违背常理，行动暴戾。　[3] 诃责：提点、训导。　[4] 固当：本来、原本。　[5] 攘拳奋袂：攘，卷起；袂，袖子。[6] 喻戒：劝诫、警示。　[7] 序伦：伦常次序。

第一百一十一条　子孙不得谑浪败度[1]、免巾徒跣[2]。凡诸举动，不宜掉臂跳足以陷轻儇[3]。见宾客亦当肃行祗揖，不可参差错乱。

第一百一十二条　子孙不得目观非礼之书[4]，其涉戏谑淫亵之语者，即焚毁之，妖幻符咒之属并同。

第一百一十三条　子孙不得从事交结[5]，以保助闾里为名而恣行己意，遂致轻冒刑宪[6]，隳圮[7]家业。故吾再三言之，切宜刻骨。

第一百一十四条　子孙毋习吏胥[8]，毋为僧道，毋狎屠竖[9]，以坏乱心术。当时以“仁义”二字铭心镂骨，庶或有成。

第一百一十五条　广储书籍，以惠子孙，不许假人[10]，以至散逸。仍识卷首云：“义门书籍，子孙是教；鬻及借人，兹为不孝。”

【注释】

[1] 谑浪败度：谑浪，行为放荡；败度，败坏规则。　[2] 免巾徒跣：脱掉头巾，赤裸两脚。　[3] 宜掉臂跳足以陷轻儇：掉臂跳足，手舞足蹈、动作轻佻；掉臂，甩动胳膊；轻儇，轻佻。　[4] 非礼之书：淫荡的书、灾异妖幻的书。　[5] 交结：交往不良之人。　[6] 刑宪：法令、道德。　[7] 隳圮：摧毁、败坏。　[8] 吏胥：这里指官府中的不良官吏。　[9] 屠竖：屠夫、仆人。　[10] 假人：借给外人。

第一百一十六条　延迎礼法之士，庶几有所观感[1]，有所兴起。其于问学，资益非小。若哤词[2]幻学之流，当稍款之，复逊辞[3]以谢绝之。

第一百一十七条　小儿五岁者，每朔望参祠讲书，及忌日奉祭，可令学礼。(入小学者当预四时祭祀。)每日早膳后，亦随众到书斋祗揖。须值祠堂者及斋长举明[4]，否则罚之；其母不督[5]，亦罚之。

第一百一十八条　子孙自八岁入小学，十二岁出就外傅[6]，十六岁入大学[7]，聘致明师训饬[8]。必以孝悌忠信为主，期抵于道。若年至二十一岁，其业无所就者，令习治家理财。向学有进者弗拘[9]。

第一百一十九条　子孙年十二，于正月朔则出就外傅。见灯不许入中门[10]，入者箠之。

第一百二十条　子孙为学，须以孝义切切为务[11]。若一向偏滞词章[12]，深所不取[13]。此实守家第一事，不可不慎。

【注释】

[1] 观感：感慨、感悟。　[2] 哤词：杂乱言语。　[3] 逊辞：谦逊和委婉的言辞。　[4] 举明：说明。　[5] 督：监督、督促。　[6] 就外傅：家族的子弟到达一定的年龄，就要到外边去找老师学习功课。　[7] 大学：以儒家经典为主要内容的学习课程。　[8] 训饬：训导、整顿。　[9] 弗拘：不为其设置限制。　[10] 中门：连接前院与后院的门户。　[11] 切切为务：务必以此为要道。　[12] 偏滞词章：拘泥于词章的学问。　[13] 深所不取：十分不可为其他人所取法或仿效。

第一百二十一条　子孙年未二十五者，除棉衣用绢帛[1]外，余皆衣布。除寒冻用蜡履外，其余遇雨皆以麻履。从事三十里内并须徒步。初到亲姻家者不拘。

第一百二十二条　子孙年未三十者，酒不许入唇；壮者[2]虽许少饮，亦不宜沉酗杯酌[3]，喧呶鼓舞[4]，不顾尊长，违者箠之。若奉延宾客，唯务诚悫[5]，不必强人以酒[6]。

第一百二十三条　子孙当以和待乡曲[7]，宁我容人，毋使人容我。切不可先操忿人之心；若累相凌逼[8]，进退不已者，当理直之。

第一百二十四条　秋成谷价廉平之际，籴[9]五百石，别为储蓄；遇时缺食，依原价粜给[10]乡邻之困乏者。

第一百二十五条　子孙不得惑于邪说，溺于淫祀[11]，以徼福于鬼神[12]。

【注释】

[1] 绢帛：丝织物。 [2] 壮者：三十岁的成年男子。 [3] 沉酗杯酌：过量饮酒。 [4] 喧呶鼓舞：喧哗吵闹。 [5] 诚悫（què）：诚实，谨慎。 [6] 强人以酒：强行劝客人喝酒。 [7] 乡曲：乡亲、街坊和邻里。 [8] 累相凌逼：屡次侮辱、欺凌。 [9] 籴：买入粮食。 [10] 原价粜给：以原来的价格卖出粮食。 [11] 淫祀：不和礼仪规定的祭祀。 [12] 邀福于鬼神：向鬼神求得福佑。

第一百二十六条　子孙不得修造异端[1]祠宇，妆塑土木形象。

第一百二十七条　子孙处事接物，当务诚朴，不可置纤巧之物[2]，务以悦人，以长华丽之习。

第一百二十八条　子孙不得与人眩奇斗胜[3]两不相下。彼以其奢，我以吾俭，吾何害哉！

第一百二十九条　既称义门，进退皆务尽礼。不得引进倡优[4]，讴词献妓[5]，娱宾狎客，上累祖宗之嘉训，下教子孙以不善。甚非小失，违者家长箠之。

第一百三十条　家业之成，难如升天，当以俭素是绳是准[6]。唯酒器用银外，子孙不得别造，以败我家。

【注释】

[1] 异端：不符合正统天人信仰的神灵。 [2] 纤巧之物：精致、小巧的物品。 [3] 眩奇斗胜：炫耀新奇的物品以争胜。 [4] 倡优：古代称以音乐歌舞或杂技戏谑娱人的艺人。 [5] 讴词献妓：吟唱不良的作品，邀请歌舞艺人。 [6] 是绳是准：准绳和规范。

第一百三十一条　俗乐[1]之设，诲淫长奢，切不可令子孙听，复习肆之[2]，违者家长箠之。

第一百三十二条　棋枰、双陆、词曲、虫鸟之类，皆足以蛊心惑志[3]，废事败家，子孙当一切弃绝之。

第一百三十三条　子孙不得畜养飞鹰猎犬，专事佚游[4]，亦不行恣情取餍，以败家事。违者以不孝论。

第一百三十四条　吾家既以孝义表门，所习所行，无非积善之事。子孙皆当体此[5]，不得妄肆威福[6]，图胁人财，侵凌人产，以为祖宗积德之累，违者以不孝论。

第一百三十五条　子孙受人贽帛[6]，皆纳之公堂，后与回礼。

【注释】

[1] 俗乐：世俗性的曲目和剧作。　[2] 复习肆之：又去练习或从事这样的事情。　[3] 蛊心惑志：迷惑心智。　[4] 佚游：逸游。放纵游荡而无节制。　[5] 体此：体会、体悟这些道理。　[6] 妄肆威福：放肆并作威作福、欺凌他人。　[6] 贽帛：财物、礼品。

第一百三十六条　子孙不得无故设席[1]，以致滥支[2]。唯酒食是议，君子不取。

第一百三十七条　子孙不得私造饮馔，以徇口腹之欲，违者姑诲之；诲之不悛，则责之。产者、病者[3]不拘。

第一百三十八条　凡遇生朝，父母舅姑存者，酒果三行；亡者则致恭祠堂，终日追慕[4]。

第一百三十九条　寿辰既不设筵，所有袜履，亦不可受，徒蠹[5]女工，无益于事。

第一百四十条　家中燕饷[6]，男女不得互相献酬[7]，庶几有别。若家长、舅姑礼宜馈食者非此。

【注释】

[1] 设席：开设酒席。 [2] 滥支：滥用开支。 [3] 产者、病者：有身孕的女子或病中的人。 [4] 追慕：追思。 [5] 徒蠹：徒劳地浪费。 [6] 燕饷：宴会。 [7] 男女不得互相献酬：男女之间不可以轻易敬酒和回敬，指男女有别。

第一百四十一条 各房用度杂物，公堂总买而均给之，不可私托邻族，越分竞买[1]鲜巧之物，以起乖争[2]。

第一百四十二条 家众有疾，当痛念之，延[3]良医以救疗之。

第一百四十三条 居室既多，守夜当轮用已娶子弟，终夜鸣磬[4]以达旦，仍鸣小磬，周行居室者四次。所过之处，随手启闭门扃，务在谨严，以防偷窃。有故不在家者，次轮当者续之。

第一百四十四条 防虞[5]之事，除守夜及就外傅者，别设一人，谨察风烛，扫拂灶尘。凡可以救灾之工具，常须增置，若篮油系索之属。更列水缸于房闼之外，冬月用草结盖，以护寒冻。复于空地造屋，安置薪炭。所有辟蚊蒿烬[6]亦弃绝之。

第一百四十五条 旱暵[7]之时，子弟不得吝惜陂塘之水，以妨灌注。

【注释】

[1] 越分竞买：超过规定而争相购买。 [2] 乖争：纷争。 [3] 延：聘请。 [4] 磬（qìng）：古代打击乐器，形状像曲尺，用玉、石制成，可悬挂。 [5] 虞：忧虑、忧患。 [6] 蒿烬：蒿，驱蚊之植物；烬，余灰。 [7] 暵（hàn）：干枯、干旱。

第一百四十六条 诸妇必须安祥恭敬，奉舅姑以孝，事丈夫以礼，待娣姒以和。然无故不出中门，夜行以烛[1]，无烛则止。如其淫狎，即宜屏放[2]。若有妒忌长舌者，姑诲之；诲之不悛，则责之；责之不悛，则出之。

第一百四十七条　诸妇媟言[3]无耻及干预阃[4]外事者，当罚拜以愧之。

第一百四十八条　诸妇初来，何可便责以吾家之礼？限半年，皆要通晓家规大意。或有不教者，罚其夫。初来之妇，一月之外，许用便服。

第一百四十九条　诸妇服饰，毋事华靡[5]，但务雅洁。违则罚之。更不许其饮酒，年过五十者勿拘。

第一百五十条　诸妇之家，贫富不同，所用器物，或有或无。家长量度给之，庶不致缺用。

【注释】

[1] 夜行以烛：携带蜡烛夜行。　[2] 屏放：驱逐出家门。　[3] 媟言：罗唆、语言轻慢。　[4] 阃（kǔn）：内室，指妇女。　[5] 华靡：雍容奢华。

第一百五十一条　诸妇主馈[1]，十日一轮，年至六十者免之。新娶之妇，与假三月；三月之外，即当主馈。主馈之时，外则告于祠堂，内则会茶以闻于众。托故不至者，罚其夫。膳堂所有锁匙及器皿之类，主馈者次第交之。

第一百五十二条　诸妇工作，当聚一处，机杼[2]纺织，各尽所长，非但别其勤惰，且革其私。

第一百五十三条　主母之尊，欲使家众悦服，不可使侧室为之，以乱尊卑[3]。

第一百五十四条　每岁畜蚕，主母分给蚕种与诸妇，使之在房畜饲。待成熟时，却就蚕屋上箔[4]，须令子弟直宿[5]，以防风烛。所得之茧，当聚一处抽缫[6]。更预先抄写各房所畜多寡之数，照什一之法[7]赏之。

第一百五十五条　诸妇每岁所治丝棉之类，羞服长同主母称量付诸妇，共成段匹。羞服长复著其铢两于簿，主母则催督而成之。诸妇能自织造者，羞服长先用什一之法赏之，然后给散于众。

【注释】

[1] 主馈：主持膳食之事。馈，膳食。 [2] 机杼：织布机。杼，织布梭子；指纺织之事。 [3] 尊卑：长幼之序。 [4] 箔：蚕箔，禾草编成。 [5] 直宿：夜里值班。 [6] 抽缲：抽茧出丝。 [7] 什一之法：十分之一、十取其一。

第一百五十六条　诸妇每岁公堂于九月俵散木棉，使成布匹。限以次年八月交收，通卖货物[1]，以给一岁衣资之用。公堂不许侵使。或有故意制造不佳及不登数者，则准给本房。甚者住其衣资不给；病者不拘。有能依期而登数者，照什一之法赏之，其事并系羞服长主之。

第一百五十七条　诸妇育子，不得接受邻族鸡子彘胃之类，旧管日周给之。

第一百五十八条　诸妇育子，苟无大故[2]，必亲乳之，不可置乳母，以饥人之子。

第一百五十九条　诸妇之于母家，二亲存者，礼得归宁。无者不许。其有庆吊势不可已者，但令人往。

第一百六十条　诸妇亲姻颇多，除本房至亲与相见外，余并不许。可相见者亦须子弟引导，方入中门，见灯不许。违者会众罚其夫。（主母不拘。）

【注释】

[1] 货物：购买物品。 [2] 苟无大故：如果没有重大原因。

第一百六十一条　妇人亲族有为僧道者，不许往来。

第一百六十二条　朔望后一日，令诸孙聚揖之时，直说古《列女传》[1]，使诸妇听之。

第一百六十三条　世人生女，往往多致淹没[2]。纵曰女子难嫁，荆钗布裙[3]有何不可？诸妇违者议罚。

第一百六十四条　女子年及八岁者，不许随母到外家。余虽至亲之家，亦不许往，违者重罚其母。

第一百六十五条　少母但可受自己子妇跪拜，其余子弟不过长揖。诸妇亦同。有违之者，监视议罚。（死后忌日亦同。）

第一百六十六条　男女不共圊溷[4]，不共湢浴[5]，以谨其嫌。春冬则十日一浴，夏秋不拘。

第一百六十七条　男女不亲授受[6]，礼之常也。诸妇不得用刀镊工剃面[7]。

第一百六十八条　庄妇类多无识之人，最能翻斗是非。若非高明，鲜有不遭其聋瞽[8]，切不可纵其来往。岁时展贺，亦不可令入房闼[9]。

【注释】

[1]《列女传》：最初为西汉刘向所作，后世有增删。记录古代妇女的言行和事迹的史书。　[2]淹没：指淹溺女婴。　[3]荆钗布裙：指女子朴素的着装。　[4]圊溷：厕所。　[5]湢浴：洗漱的地方。　[6]男女不亲授受：语出《孟子·离娄上》："淳于髡曰：'男女授受不亲，神情民？'孟子曰：'礼也。'"原指男女不能互相亲手递受物品，后指异性之间应该保持一定的距离。　[7]用刀镊工剃面：请理发匠修脸。　[8]聋瞽：蛊惑。　[9]房闼：房门。

方孝孺：家人箴

方孝孺（1357—1402），字希直，一字希古，浙江宁海人。明代大儒、思想家、理学家。明代建文帝（1399—1402）在位时期重臣。靖难之役后，建文帝败亡，方孝孺因拒绝与朱棣合作，而被朱棣“诛十族”。方孝孺以身殉节，为后世所称颂。明末大儒黄宗羲将方孝孺列于《明儒学案》的卷首，并这样评价方的为人为学：“先生禀绝世之资，慨焉以斯文自任。既而时命不惧，遂以九死成就一个是，完天下万世之责。其扶持世教，信乎不愧千秋正学也。”

《家人箴》是方孝孺为家族之人所作的规劝之言。其主要内容为劝戒家族中人勤勉自持、相敬相亲、敬重祖先、与人为善等。本文风格平实，义理中正。方孝孺德行光正，其文亦影响深远，泽被后世。本文采用浙江古籍出版社整理出版的《方孝孺集》作为选文底本。

论治[1]者常大天下而小一家。然政行乎天下者，世未尝乏；而教洽乎家人者，自昔以为难。岂小者固难，而大者反易哉？盖骨肉之间，恩胜而礼不行，势近而法莫举。自非有德而躬化[2]，发言制行，有以信服乎人，则其难诚有甚于治民者[3]。是以圣人之道，必察乎物理，诚其念虑，以正其心，然后推之修身；身既修矣，然后推之齐家；家既可齐，而不优于为国与天下者，无有也。故家人者，君子之所尽心，而治天下之准也。安可忽哉？余病乎德，无以刑乎家[4]，然念古之人自修有箴戒之义，因为箴[5]以攻己缺，且与有志者共勉焉。

【注释】

[1] 治：治理。　[2] 自非有德而躬化：自己不是有德性又能亲身实践。　[3] 则其难诚有甚于治民者：那么这样来看，治家真是要比治国还要难。　[4] 余病乎德，无以刑乎家：我自身在德行上尚不完善，不可以作为家族的行为表率。此句为作者表谦之句。　[5] 箴：古代的一种文体，用以告诫规劝他人。

正伦

人有常伦，而汝不循[1]，斯为匪人[2]。天使之然，而汝舍旃[3]，斯为悖天。天乎汝弃，人乎汝异[4]，曷不思邪？天以汝为人，而忍自绝，为禽兽之归[5]邪？

【注释】

[1] 循：遵循。　[2] 匪人：不是人。　[3] 旃（zhān）：文言助词，是“之焉”的连读。　[4] 天乎汝弃，人乎汝异：你放弃天道，又自绝人道。　[5] 为禽兽之归：沦落到成为禽兽的境地。

重祀

身乌乎生[1]，祖考之遗；汝哺汝歠[2]，祖考之资。此而可忘，孰不可为？尚严享祀[3]，式敬且时[4]。

【注释】

[1] 身乌乎生：指身体哪里来。　[2] 歠（chuò）：饮、喝。　[3] 尚严享祀：严格地遵行祭祀祖先之礼。　[4] 式敬且时：意思是祭祀要恭敬而且按时。

谨礼

纵肆怠忽，人喜其佚[1]，孰知佚者，祸所自出。率礼无愆[2]，人苦其难，孰知难者，所以为安。嗟时之人[3]，惟佚之务[4]，尊卑无节，上下失度。谓礼为伪，谓敬不足行，悖理越伦，卒取祸刑。逊让之性，天实锡[5]汝，汝手汝足，能俯兴拜跪，曷为自贼，恣傲不恭人。或不汝诛，天宁汝容[6]。彼有国与民[7]，无礼犹败；矧予眇微[8]，奚时弗戒[9]。由道在己，岂诚难邪？敬兹天秩[10]，以保室家。

【注释】

[1] 佚：放纵。　[2] 率礼无愆：遵行礼义没有差错。　[3] 嗟时之人：可叹现在的人。　[4] 惟佚之务：只想着放纵。　[5] 锡：同“赐”。　[6] 或不汝诛，天宁汝容：人不诛杀你，上天难道会容忍你吗？　[7] 彼有国与民：那些有国家和人民的人，指统治者。　[8] 矧予眇微：况且我们身份低微。　[9] 奚时弗戒：怎么能不时时警戒呢？　[10] 天秩：上天定下的秩序，指礼法制度。

务学

无学之人，谓学为可后。苟为不学，流为禽兽。吾之所受，上帝之衷[1]，学以明之，与天地通。尧舜[2]之仁，颜孟[3]之智，圣贤盛德，学焉则至。夫学，可以为圣贤、侔[4]天地，而不学，不免与禽兽同归。乌可不择所之乎？噫！

【注释】

[1] 上帝之衷：指上天的心。　[2] 尧舜：上古时代的圣王贤君。　[3] 颜孟：颜回和孟子。　[4] 侔（móu）：等同。

笃行

位不若人，愧耻以求。行不合道，恬不加修。汝德之凉[1]，侥幸高位。秖[2]为贱辱，畴汝之贵[3]。孝弟乎家，义让乎乡。使汝无位，谁不汝臧[4]。古人之学，修己而已，未至圣贤，终身不止。是以其道硕大，光明化行邦国，万世作程[5]。汝曷弗效，易自满足，无以过人，人宁汝服？及今尚少，不勇于为，迨其将老，虽悔何追？

【注释】

[1] 凉：低劣。　[2] 秖：通“祗”，只。　[3] 畴汝之贵：畴：等同。指那些无德且侥幸获得高官的人与那些贫贱的人同样低微。　[4] 臧：称颂。[5] 程：规则，模范。

自省

言恒患不能信，行恒患不能善，学恒患不能正，虑恒患不能远；改过患不能勇，临事患不能辨，制义患乎巽懦[1]，御人患乎刚褊[2]。汝之所患，岂特[3]此耶？夫焉可以不勉。

【注释】

[1] 巽懦：卑顺、怯懦。　[2] 刚褊（biǎn）：褊，狭小。固执狭隘。[3] 岂特：难道只是……？

绝私

厚己薄人，固为自私。厚人薄己，亦匪[1]其宜。大公之道，物我同视。循道而行，安有彼此。亲而宜恶，爱之为偏[2]；疏而有善，我何恶焉[3]。爱恶无他，一裁以义。加以丝毫，则为人伪。天之恒理，各有当然。孰能无私，忘己顺天。

【注释】

[1] 匪：同“非”，不是。　[2] 亲而宜恶，爱之为偏：指和自己亲近的人即使有缺点或做错事，自己也会觉得他这样做很适宜，这是因为亲爱使我们偏狭而难辨是非。　[3] 疏而有善，我何恶焉：指和自己疏远的人即使有优点，我也仍然会厌恶他。

崇畏

有所畏者，其家必齐；无所畏者，必怠而睽[1]。严厥父兄[2]，相率以听[3]。小大祗肃[4]，靡[5]敢骄横。于道为顺，顺足致和。始若难能，其美实多。人各自贤，纵私殖利[6]。不一其心，祸败立至。君子崇畏，畏心、畏天、畏己有过、畏人之言。所畏者多，故卒安肆[7]。小人不然，终履忧畏。汝今奚择，以保其身。无谓无伤[8]，陷于小人。

【注释】

[1] 睽（kuí）：不顺。　[2] 严厥父兄：如果那些家族的父兄和长辈严厉且有威严。　[3] 相率以听：那么家族中的其他人就都会听从和遵守家规。[4] 祗肃：敬诚严肃。　[5] 靡：没有。　[6] 人各自贤，纵私殖利：指家中的每个人都自顾自己，奋力追求自己及家庭的私利。　[7] 肆：终尽。[8] 无谓无伤：不要认为这些不重要。

惩忿

人言相忤，遽愠以怒[1]。汝之怒人，彼宁不恶。恶能兴祸，怒实招之。当忿之发，宜忍以思。彼言诚当[2]，虽忤为益[3]。忤我何伤？适见其直[4]。言而不当，乃彼之狂。狂而能容，我道之光。君子之怒，审乎义理。不深责人，以厚处己。故无怨恶，身名不隳[5]。轻忿易忤，小人之为。人之所慕，实在君子。考其所由，君子鲜矣。言出乎汝，乌可自为。以道制欲，毋纵汝私。

【注释】

[1] 人言相忤，遽（jù）愠以怒：别人在言语上顶撞了你，你立刻会生气发怒。遽，立刻。 [2] 当：应当。 [3] 虽忤为益：指忠言逆耳。 [4] 适见其直：正好可以分辨是非曲直。 [5] 隳（huī）：损害。

戒惰

惟古之人，既为圣贤，犹不敢息[1]。嗟今之人，安于卑陋，自以为德。舒舒[2]其学，肆肆[3]其行，日月迈矣[4]，将何成名？昔有未至[5]，人闵汝少[6]。壮不自强，忽其既耄[7]。于乎汝乎！进乎止乎。天实望汝，云何而忍，无闻以没齿乎？

【注释】

[1] 息：休息，停止。 [2] 舒舒：安适貌。 [3] 肆肆：放纵貌。 [4] 日月迈矣：指时间流逝。 [5] 昔有未至：过去有没做到的。 [6] 人闵汝少：闵，通“悯”，怜悯，原谅。人们原谅你的年少。 [7] 壮不自强，忽其既耄：你年轻的时候不自强，转眼间就会变老。

审听

听言之法，平心易气。既究其详，当察其意。善也吾从，否也舍之。勿轻于信，勿逆于疑。近习小夫[1]，闺閤嬖女[2]。为谗为佞，类不足取。不幸听之，为患实深。宜力拒绝，杜其邪心。世之昏庸，多惑乎此。人告以善，反谓非是。家国之亡，匪天伊人[3]。尚审尔听，以正厥身。

【注释】

[1] 近习小夫：指被自己宠信的仆人。 [2] 闺閤嬖（gé bì）女：指内室中被自己宠幸的妾妇。 [3] 匪天伊人：不在于天而在于人。

谨习

引卑趋高，岁月劬劳[1]。习乎污下[2]，不日而化。惟重惟默，守身之则。惟诈惟佻[3]，致患之招。嗟嗟小子，以患为美。侧媚倾邪，矫饰诞诡。告以礼义[4]，谓人已欺[5]，安于不善，莫觉其非。彼之不善，为徒孔多[6]。惧其化汝，不慎如何！

【注释】

[1] 引卑趋高，岁月劬劳：人们终日劳苦，摆脱低微，追求高贵。 [2] 习乎污下：长期言行不端。 [3] 惟诈惟佻 ：言语诡诈，行为轻佻。 [4] 告以礼义：指（有人）用礼仪教导（他）。 [5] 谓人已欺：他会认为别人在欺骗他。 [6] 孔多：很多。

择术

古之为家者，汲汲于礼义。礼义可求而得，守之无不利也。今之为家者，汲汲于财利，财利求未必得，而有之不足恃也。舍可得而不求，求其不足恃者，而以不得为忧，咄嗟乎若人[1]，吾于汝也奚尤[2]！

【注释】

[1] 咄（duō）嗟（jiē）乎若人：咄嗟，叹息。可叹啊，这些人。 [2] 吾于汝也奚尤：我对你还有什么苛责。指对这些人没有话可说。

虑远

无先己私，而后天下之虑；无重外物，而忘天爵[1]之贵。无以耳目之娱，而为腹心之蠹[2]；无苟一时之安，而招终身之累。难操而易纵者，情也；难完而易毁者，名也。贫贱而不可无者，志节之贞[3]也。富贵而不可有者，意气之盈也。

【注释】

[1] 天爵：上天赐予的责任与福禄。 [2] 蠹（dù）：蛀虫。 [3] 贞：正。

慎言

义所当出，默也为失[1]。非所宜言，言也为愆。愆失奚自？不学所致。二者孰得，宁过于默。圣于乡党，言若不能[2]。作法万年，世守为经。多言违道，适贻身害。不忍须臾[3]，为祸为败。莫大之恶，一语可成。小忿弗思，罪如丘陵。造怨兴戎，招尤速咎，孰为之端？鲜不自口[4]。是以吉人，必寡其辞。捷给便佞[5]，鄙夫之为。汝今欲言，先质乎理[6]。于理或乖，慎弗启齿。当言则发，无纵诞诡。匪善曷陈[7]，匪义曷谋[8]？善言取辱，则非汝羞。

【注释】

[1] 默也为失：指即使沉默也是过失。 [2] 圣于乡党，言若不能：出自《论语·乡党》："子于乡党，恂恂如也，应不能言者。"指孔子在乡人面前，

好像不会说话一样。　[3] 不忍须臾：指不能忍耐片刻。　[4] 鲜不自口：指很少有不是从言语中得来的。指祸多从口出。　[5] 捷给便佞：指伶牙俐齿，敏捷阿谀。　[6] 先质乎理：先从道理上辨别清楚。　[7] 匪善曷陈：曷，何。不是美善的话，怎么能陈说。　[8] 匪义曷谋：不符合道义的主意，怎么可以和别人商议？

陈献章：诫子弟书

陈献章（1428—1500），字公甫，号实斋，人称白沙先生，广东新会人。明代大儒、文学家、思想家。其为学主张自然和自得，在明代众多儒学流派中别具一格。《明儒学案》对其学识如此评价："先生学宗自然，而要归于自得。可谓独开门户，超然不凡。"以此可见其学说的卓尔不群。在此篇家训中，陈献章告诫后辈为人要有安身立命的志向，且刻苦学习，有为世人所称重的才能，这样才能保持家业长久不衰。本文言简意赅，内容深刻，意蕴深远。本文采用中华书局整理出版的《陈献章集》作为底本。

人家[1]成立则难，倾覆[2]则易。孟子曰："君子创业垂统，可继也；若夫成功，则天也。"[3]人家子弟才不才，父兄教之可固必[4]耶？虽然，有不可委之命，在人宜自尽[5]。里中有以弹丝[6]为业者，琴瑟，雅乐也，彼以之教人而获利，既可鄙[7]矣。传及其子，托琴而衣食，由是琴益微而家益困，辗转岁月[8]，几不能生。里人贱之，耻与为伍，遂亡士夫之名。此岂为元恶大憝[9]而丧其家乎？才不足也。既无高爵厚业以取重于时，其所挟[10]者，率时所不售者也，而又自贱焉，奈之何其能成立也。大抵能立于一世，必有取重[11]于一世之术。彼之所取者，在我咸无之，及不能立，诿[12]曰："命也。"果不在我乎？人家子弟不才者多，才者少，此昔人所以叹成立之难也。汝曹勉之。

【注释】

[1] 人家：世人的家族。 [2] 倾覆：家散、破落。 [3] 这句话出自《孟子·梁惠王下》。君子创立基业，奠定统绪，是可以被继承下去的。至于成功与否，则取决于天命。 [4] 固必：出自《论语·子罕》："毋必，毋固。"本指固执坚持，不可变通。后引申为一定，必然。 [5] 自尽：指尽到努力。[6] 弹丝：弹奏弦乐器。 [7] 鄙：轻视。 [8] 辗转岁月：随着时间推移。[9] 元恶大憝（duì）：出自《尚书·康诰》："王曰：'封，元恶大憝，矧惟不孝不友。'"指元凶魁首，元恶，首恶；憝，奸恶。 [10] 所挟：所依靠、所凭借。 [11] 取重：得到重视。 [12] 诿：推托。

王守仁：示弟立志说

王守仁（1472—1529），字伯安，别号阳明。浙江绍兴府余姚县（今属宁波余姚）人，因曾筑室于会稽山阳明洞，自号阳明子，学者称为阳明先生，亦称王阳明。

王阳明为明代大儒，著名的思想家、文学家、哲学家和军事家，集陆王心学之大成。弘治十二年（1499）进士，历任刑部主事、贵州龙场驿丞、庐陵知县、右佥都御史、南赣巡抚、两广总督等职，晚年官至南京兵部尚书、都察院左都御史。因平定宸濠之乱而被封为新建伯，隆庆年间追赠新建侯。谥文成，故后人又称王文成公。王阳明一生，集立德、立言、立功于一身，成就冠绝有明一代。其学术思想影响深远，传播至朝鲜、日本及东南亚。

本文为王阳明训诫其弟的文章。在文中，他教授弟弟为学立志之法。立志为古代儒家思想的重要内容。《论语》中有“志于道，据于德，立于仁，游于艺”之说。王阳明教诲其弟立志的重要性，并责其将立志与修身结合起来，厉德行，才能达到“存天理去人欲”的圣贤境界。本文义理通透，行文流畅，为明代后期家书中的名篇。本文采用由吴光先生、董平先生整理编校的上海古籍出版社的《王阳明全集》作为底本。

予弟守文[1]来学，告之以立志。守文因请次第其语，使得时时观省[2]；且请浅近其辞，则易于通晓也。因书以与之。

夫学，莫先于立志。志之不立，犹不种其根而徒事培拥[3]灌溉，劳苦无成矣。世之所以因循苟且，随俗习非，而卒归于污下者，凡以志之弗立也。故程子[4]曰："有求为圣人之志，然后可与共学。"苟诚有求为圣人之志，则必思圣人之所以为圣人者安在，非以其心之纯乎天理[5]，而无人欲[6]之私欤？圣人之所以为圣人，惟以其心之纯乎天理，而无人欲；则我之欲为圣人，亦唯在于此心之纯乎天理，而无人欲耳。欲此心之纯乎天理而无人欲，则必去人欲而存天理；务去人欲而存天理，则必求所以去人欲存天理之方；求所以去人欲存天理之方，则必正诸先觉。考诸古训，而凡所谓学问之功者，然后可得而讲，而亦有所不容已矣。

【注释】

[1]守文：王阳明的弟弟。生卒年月不详。 [2]观省：浏览和反省。 [3]培拥：培土树植。 [4]程子：指北宋大儒程颐（1033—1107）。 [5]天理：指人人与生俱来，深植于内心的道理。 [6]人欲：指人内心之中不正当的欲望。

夫所谓正诸先觉者[1]，既以其人为先觉而师之矣，则当专心致志，唯先觉之为听。言有不合，不得弃置，必从而思之；思之不得，又从而辩之，务求了释，不敢辄生疑惑。故记[2]曰："师严，然后道尊；道尊，然后民知敬学。"苟无尊崇笃信之心，则必有轻忽慢易之意。言之而听之不审，犹不听也；听之而思之不慎，犹不思也。是则虽曰师之，犹不师也。

【注释】

[1]先觉者：指先领悟了圣贤之学真意的人。 [2]《记》：指《学记》。古代典籍《礼记》中的一篇。

夫所谓考诸古训[1]者，圣贤垂训，莫非教人去人欲存天理之方，若五经、四书是已。吾惟欲去吾之人欲，存吾之天理，而不得其方，是以求之于此。则其展卷[2]之际，真如饥者之于食，求饱而已；病者之于药，求愈而已；暗者之于灯，求照而已；跛者之于杖，求行而已。曾有徒事记诵讲说[3]，以资口耳之弊哉！

【注释】

[1] 古训：古代圣贤的教诲。 [2] 展卷：开卷读书。 [3] 记诵讲说：记录、背诵、讲论之类的事情。

夫立志亦不易矣。孔子，圣人也，犹曰："吾十有五而志于学，三十而立。"[1]立者，志立也。虽至于不逾距，亦志之不逾距也[2]。志岂可易而视哉！夫志，气之帅也，人之命也，木之根也，水之源也；源不浚则流息，根不植则木枯，命不续则人死，志不立则气昏。是以君子之学，无时无处而不以立志为事。正目而视之，无他见也；倾耳而听之，无他闻也。如猫捕鼠，如鸡覆卵，精神心思，凝聚融结，而不复知有其他，然后此志常立。神气精明，义理昭著，一有私欲，即便知觉，自然容住不得矣。故凡一毫私欲之萌，只责此志不立，即私欲便退；听一毫客气[3]之动，只责此志不立，即客气便消除。或怠心生，责此志即不怠；忽心生，责此志即不忽；懆心生，责此志即不懆；妬[4]心生，责此志即不妬；忿心生，责此志即不忿；贪心生，责此志即不贪；傲心生，责此志即不傲；吝心生，责此志即不吝：盖无一息而非立志责志之时，无一事而非立志责志之地。故责志之功，其于去人欲，有如烈火之燎毛，太阳一出，而魍魉潜消矣。

【注释】

[1] 这句话出自《论语·为政》，译为我十五岁的时候开始学习，三十岁的时候得以立身行道。 [2] 亦志之不逾距也：也是所立之志在于不逾越规矩。[3] 客气：指外物对自身的触动。 [4] 妬：嫉妒。

自古圣贤，因时立教，虽若不同，其用功大指，无或少异。《书》[1]谓“惟精惟一”；《易》[2]谓“敬以直内，义以方外”；孔子谓“格致诚正，博文约礼”[3]；曾子谓“忠恕”[4]；子思谓“尊德性而道问学”[5]；孟子谓“集义养气，求其放心”[6]。虽若人自为说，有不可强同者，而求其要领归宿，合若符契[7]。何者，夫道一而已。道同则心同，心同则学同，其卒不同者，皆邪说也。

后世大患，尤在无志，故今以立志为说。中间字字句句，莫非立志，盖终身问学之功，只是立得志而已。若以是说而合精一，则字字句句皆精一之功；以是说而合敬义，则字字句句皆是敬义之功。其诸格致、博约、忠恕等说，无不吻合，但能实心体之，然后信予言之非妄也。

【注释】

[1]《书》：指古代儒有经典《尚书》。“惟精惟一”出自《尚书·大禹谟》，本为舜禅让天下共主给大禹之时所授的告戒。意为心志专一精诚。 [2]《易》：指古代儒家经典《周易》。“敬以直内，义以方外”。出自《周易·坤卦》的文言。意为“君子内心诚敬，行为端正”。 [3]“格致诚正，博文约礼”：出自《四书章句集注》中的《大学章句》《论语集注》。两句为宋明儒学的基本为学纲领。 [4]“忠恕”：出自《论语·卫灵公》。此为曾子对于孔子之道的概括。处已为忠，推已及人为恕。 [5]“尊德性而道问学”：出自《礼记·中庸》。“尊德性”指敬持天理，“道问学”指修学问道。 [6]这句话出自《孟子》指修身成德。 [7]合若符契：有相通相合之处。

薛瑄：诫子书

薛瑄（1389—1464），字德温，号敬轩，明代河津（今山西省河津县）人。明代大儒，理学思想家，河东学派的创始人，他精通程朱理学，并能秉持开新，是明代程朱理学的主要代表人物。《诫子书》为薛瑄训诫儿子所作。在文中，他从论述人和禽兽的区别开始，层层递进，告诫儿子人伦纲常之义理。他勉励儿子要秉持圣贤的人伦之教，努力实践“父子有亲、君臣有义、夫妇有别、长幼有序、朋友有信”的人伦道理，以期达到自身的道德完满。本文语言平实，义理深刻，为程朱理学的经典教化文章，流传久远。本文采用山西人民出版社出版的《薛瑄全集》作为选文底本。

人之所以异于禽兽者，伦理[1]而已。何为伦？父子、君臣、夫妇、长幼、朋友五者之伦序是也。何为理？即父子有亲、君臣有义、夫妇有别、长幼有序、朋友有信，五者之天理是也。于伦理明而且尽，始得称为“人”之名，苟[2]伦理一失，虽具人之形，其实与禽兽何异哉？盖禽兽所知者，不过渴饮饥食、雌雄牝牡[3]之欲而已，其于伦理，则蠢然无知也。故其于饮食雌雄牝牡之欲既足，则飞鸣踯躅[4]，群游旅宿，一无所为。若人但知饮食男女之欲，而不能尽父子、君臣、夫妇、长幼、朋友之伦理，即暖衣饱食，终日嬉戏游荡，与禽兽无别矣！

【注释】

[1] 伦理：人伦道德。 [2] 苟：假使，如果。 [3] 牝牡：雌雄，指动物的性欲。 [4] 踯躅：以足击地，顿足。

圣贤忧人之陷于禽兽也如此，其得位者则修道立教，使天下后世之人，皆尽此伦理。其不得位者则著书垂训，亦欲天下后世之人，皆尽此伦理。是则圣贤穷达[1]虽异，而君师万世之心则一而已。汝曹既得天地之理气凝合、祖父之一气流传，生而为人矣，其可不思所以尽其人道乎？欲尽人道，必当于圣贤修道之教、垂世之典[2]，若小学[3]、若四书、若六经之类，诵读之、讲习之、思索之、体认之，反求诸日用人伦之间。

【注释】

[1] 穷达：困苦或显达。 [2] 垂世之典：流传于世的典法。 [3] 小学：古人的章句训诂之学。

圣贤所谓父子当亲，吾则于父子求所以尽其亲。圣贤所谓君臣当义，吾则于君臣求所以尽其义。圣贤所谓夫妇有别，吾则于夫妇思所以有其别。圣贤所谓长幼有序，吾则于长幼思所以有其序。圣贤所谓朋友有信，吾则于朋友思所以有其信。于此五者，无一而不致其精微曲折之详，则日用身心，自不外乎伦理，庶几[1]称其人之名，得免流于禽兽之域矣！其或饱暖终日，无所用心，纵其口目耳鼻之欲，肆其四体百骸[2]之安，耽嗜[3]于非礼之声色臭味，沦溺于非礼之私欲宴安，身虽有人之形，行实禽兽之行，仰贻[4]天地凝形赋理之羞，俯为父母流传一气之玷[5]，将何以自立于世哉？汝曹勉之！敬之！竭其心力，以全伦理，乃吾之至望[6]也。

【注释】

[1] 庶几：差不多。 [2] 百骸：指人的各种骨骼或全身。 [3] 耽嗜：沉溺，嗜欲。 [4] 贻：遗留，留下。 [5] 玷：使有污点。 [6] 至望：殷切期待。

黄佐：泰泉乡礼纲领

黄佐（1490—1566），字才伯，号希斋，晚号泰泉。明代中期大儒、思想家。

在明清时期，乡约是施行于地方基层的重要规范，是家训、族规的扩展与延伸。《泰泉乡礼》是乡约中的名作。本文为《泰泉乡礼》的纲领。在文中，作者以立敬、明伦、敬身为纲领进行展开阐述。其大旨在于教化乡族，正人心，厚风俗。本文结构清晰，义理通彻。本文采用台湾商务印书馆《彩印文渊阁四库全书》作为底本。

凡乡礼纲领，在士大夫表率宗族乡人，申明四礼[1]而力行之，以赞成有司教化。其本原有三：一曰立教，二曰明伦，三曰敬身。

乡士大夫会同志者，择月吉斋戒，具衣冠，相率以正本三事相砥砺，申明四礼条件，誓于神明，在城誓于城隍，在乡则里社可也。

【注释】

[1] 四礼：古代对加冠、婚嫁、治丧、祭祀仪式的合称。

立教以家达乡，其目三：

一曰小学之教。凡小儿八岁以上，出就外傅[1]，从学乡校。或延师家塾，教以正容体，齐颜色，顺辞令。务在朴厚醇谨，事事循规蹈矩。必先孝弟，内事父母，外事师长，侍立终日，不命之坐，不敢坐。平居虽甚热[2]，在父母长者之侧，不得去巾袜缚绔[3]，衣服惟谨。行步出入，毋得入茶酒店肆。市井里巷之语，郑卫之音，毋经于耳；不正之书，非礼之色，毋经于目。其或有纳于邪者[4]，罚其父兄。

【注释】

[1] 傅：师傅。 [2] 热：亲热、熟悉。 [3] 绔（kù）：绔，同“裤”。 [4] 纳于邪者：指沾惹以上不正之事。

二曰大学之教。凡子弟十有五岁以上者，入庠序肄业[1]，教以言行相顾，收其放心[2]，以学颜子之所学。言温而气和，于怒时遽忘其怒，而观理之是非，则怒渐可以至于不迁。过而能悔，又不惮改[3]，则过渐可以至于不贰。虽质鲁[4]未通文字者，亦以是教之，使日渐脱去凡近，以游高明[5]。近世浅薄，以谑浪笑傲、漫无圭角[6]而相欢狎者为好人，以轻俊獧躁[7]、诗酒豪放、妄自高大者为豪杰，以读书数千卷、高才能文章、凌忽尊长、眼空古今者为大才，以纵谈名理未及躬行、诮骂程朱自立门户者为道学。兹四等，始以要名[8]，终不足齿[9]，纵能售其奸[10]以得志，竟成何等人物！吾党所宜切戒！其有子弟庸鄙，私纵家人挟势为虐、取利肥家者，众共罚之。事发到官，毋得营救。

【注释】

[1] 入庠序肄业：指进入学校修习学业。 [2] 收其放心：收拢他放纵的心。 [3] 不惮改：不害怕改过。 [4] 质鲁：质朴粗鲁。 [5] 以游高明：指亲近高明。 [6] 圭角：棱角，这里指做人的原则。 [7] 獧（juàn）躁：獧，同“狷”，胸襟狭窄。胸襟狭窄，性情急躁。 [8] 要名：指博得名望。 [9] 齿：提及。 [10] 售其奸：指奸邪得逞。

三曰乡里之教。凡士大夫居乡，宜依古礼，尊者为父师，长者为少师。与闾里之人相约而告谕之曰：凡我乡人，父慈子孝，兄友弟恭，夫和妇顺。毋以妾为妻，毋以下犯上，毋以强凌弱，毋以富欺贫，毋以小忿而害大义，毋以新怨而伤旧恩。善相劝勉，恶相规戒，患难相恤，婚丧相助，出入相友，疾病相扶持。小心以奉官法，勤谨以办粮役。毋学赌博，毋好争讼，毋藏奸恶，毋幸人灾[1]，毋扬人短，毋责人不备。事从俭朴，毋奢靡以败俗，毋论财而失婚期，毋居丧而设酒肉，毋溺风水而久停柩，毋信妖巫、作佛事而忍心火化[2]。仍各用心修立社学，教子弟以孝弟忠信之行，使毋流于恶。所有乡约四礼条件，各宜遵守。其有阻挠不行者，许教读呈官问究。

【注释】

[1] 毋幸人灾：不要对他人幸灾乐祸。　[2] 毋信妖巫、作佛事而忍心火化：指不要听信巫师、不要为了信仰佛教而狠心将死者火葬。

明伦以亲及疏。其目五：

一曰崇孝敬。凡居家务尽孝，养必薄于自奉而厚于事亲。又推事亲之心以厚于追远，家必有庙，庙必有主，月朔必荐新[1]。时祭用仲月。冬至祭始祖，立春祭先祖，季秋祭祢[2]。忌日迁主，祭于正寝。或随俗于春秋仲月望日兼祭祖祢。事死之礼，必厚于事生者。庙主之制，同堂异室[3]，则左昭右穆；同堂不异室者，依《家礼》，以右为上。其有嗣续不明、阴育异姓者[4]，众共罚之。

【注释】

[1] 荐新：指用当季的食物祭祀。　[2] 祢（mí）：奉祀亡父的宗庙。　[3] 同堂异室：指同一宗祠不同房的亲族，即同宗。　[4] 嗣续不明、阴育异姓者：指后代传承不清楚、暗中收养异姓的人。

二曰存忠爱。凡士大夫居乡，虽致仕[1]，必明吉月朝服而朝之义。正旦[2]、冬至等节，相率盛服向北行庆贺礼如仪。其有议朝廷利害得失，及居是邦而非其大夫者，必罚。

【注释】

[1] 致仕：指卸任闲居。 [2] 正旦：即元旦，春节。

三曰广亲睦。凡创家者，必立宗法。大宗[1]一，统小宗[2]四。别子为祖，以嫡承嫡，百代不绝，是曰大宗。大宗之庶子，皆为小宗。小宗有四,五世则迁[3]。己身庶也，宗祢宗。己父庶也，宗祖宗。己祖庶也，宗曾祖宗。己曾祖庶也，宗高祖宗。己高祖庶也，则迁，而惟宗大宗。大宗绝，则族人以支子后之[4]。凡祭，主于宗子。其余庶子虽贵且富，皆不敢祭，惟以上牲祭于宗子之家。宗子死，族中虽无服者，亦齐衰三月。祭毕，而合族以食。期而齐衰者，一年四会食。大功以下，世降一等。异居者必同财，有余，则归之宗；不足，则资之。宗族大事繁，则立司货、司书各一人。宗子愚幼，则立家相以摄之。各修族谱，以敦亲睦。或有骨肉争讼者，众共罚之。若肯同居共爨者[5]，众相褒劝。

【注释】

[1] 大宗：指家族中的嫡系长房。 [2] 小宗：家族中除大宗外的其余分支。[3] 五世则迁：指五代之后，小宗从家族中分离。 [4] 族人以支子后之：指族人要用其他分支的子嗣接续宗子。 [5] 共爨（cuàn）者：同一灶吃饭，即不分家同居。爨，灶。

四曰正内则。凡礼，必谨夫妇。男女必有别，妻妾必有序，宫室必辨外内。男子毋得昼寝于内[1]，妇女毋得踰阈[2]。虽奴婢，亦必动遵礼度。其有贞节妇女，众共歌扬，以为闺门之劝，以闻于有司。

【注释】

[1] 男子毋得昼寝于内：指男子白天不能一直在内室中闲居。 [2] 妇女毋得踰阈（yù）：踰，即逾，逾越；阈，门坎。妇女不得逾越门坎，即离开家门外出。

五曰笃交谊。凡德业相劝、过失相规、礼俗相交、患难相恤，详见乡约。

敬身以中制外。其目四：

一曰笃敬以操行。凡读书讲学，必以治心养性为本，寡嗜欲，薄滋味[1]，正其衣冠，摄其威仪，以为民望。听琴赋诗之外，声伎演戏、博奕奇玩之类，及世利纷华，一切屏绝。其有非僻傲惰者，众共罚之。

【注释】

[1] 薄滋味：指不讲求吃喝。

二曰忠信以慎言。凡出言，必主忠信，毋得夸诳。相约共行四礼条件，有始从终背，阴为阳掩，与凡不能践言者，众共罚之。

三曰节俭以利用。凡一年之用，置簿开算。粮役之外，所有若干，以十分均之，留三分为水旱不测之备，一分为祭祀之用，六分分作十二月之用。若闰[1]，则分作十三月之用。取一月合用之数，约为三十分，日用其一。凡茶饭鱼肉、宾客酒浆、子孙纸笔束修及干事奴仆等费，皆取诸其间，可余而不可尽。用至七分为得中，不及五分为太啬。其所余者，别置簿收管，以为冬夏裘葛[2]、修葺墙屋、医药丧葬及吊丧问疾、时节馈送，毋得奢侈，侵过[3]次日之用。一日侵过，无时可补，便有窘匮之渐。宜一味节啬，免至于求亲旧、出息通借，以招耻辱。若速客置酒，当知会数而礼勤、物薄而情厚之义。酒或七行[4]，或十行，量洪者不过十二行而止。果五品，殽五品，羹三品，割胾二品。器用甆漆[5]，虽亲戚上客，一以为准。其有过用多品者，众共罚之。元夕、上巳、端午、中秋、重阳、腊日立为六会，相与燕游山水，以宣乐意。果殽宜视待客为杀[6]。

【注释】

[1] 闰：闰月。　[2] 冬夏裘葛：指冬夏的衣服。　[3] 侵过：侵占。　[4] 行：即行酒，依次斟酒，所有人都喝一杯为一行。　[5] 甆漆：甆，即“瓷”。瓷器漆器。　[6] 杀：减损。

四曰宁静以安身。凡居乡，闭户端坐，自觉胸次悠然，与造物游。故圣人主静，君子慎动。不得已，乃可一出。语所谓“非公事，未尝至于偃之室”，古人何等自重！若与有司往来，自有常礼，毋得私谒[1]，自取讥议。违者众共罚之。

【注释】

[1] 私谒：指私下拜谒官员。

张居正：示季子懋书

张居正（1525—1582），字叔大，号太岳。明代湖广江陵（今湖北省荆州市）人，世人又称张江陵。张居正是明代万历时期内阁首辅，明代中后期重要的政治家、改革家。曾推行一条鞭法与考成法，整顿财政和吏治。本文是张居正为其子张懋修所作。张懋修最初参加科举考试时，两次都以失利告终。张居正在文中告诫其子不可以因此而颓废，而是要更加刻苦学文习字，端正态度，按照正确的方法进行读书学习，这样才能最终有所成就。本文言辞恳切，字里行间足见父亲对于儿子的谆谆告诫之心和慈爱之情。本文采用上海古籍出版社整理出版的《张太岳集》作为选文底本。

汝幼而颖异[1]，初学作文，便知门路，吾尝以汝为千里驹。即相知诸公见者，亦皆动色相贺曰："公之诸郎，此最先鸣者也。"乃自癸酉科举之后，忽染一种狂气，不量力而慕古，好矜己而自足。顿失邯郸之步，遂至匍匐而归。丙子之春，吾本不欲求试，乃汝诸兄咸来劝我，谓不宜挫汝锐气，不得已黾勉从之，竟致颠蹶[2]。艺本不佳，于人何尤[3]？然吾窃自幸曰："天其或者欲厚积而钜发之也"，又意汝必惩再败之耻，而俯首以就矩镬[4]也。岂知一年之中，愈作愈退，愈激愈颓。以汝为质不敏耶？固未有少而了了，长乃懵懵者，以汝行不力耶？固闻汝终日闭门，手不释卷。乃其所造尔尔，是必志骛于高远，而力疲于兼涉，所谓之楚而北行[5]也。欲图进取，岂不难哉！夫欲求古匠之芳躅[6]，又合当世之轨辙，惟有绝世之才者能之。明兴以来，亦不多见。吾昔童稚登科，冒窃盛名，妄谓屈宋班马，了不异人，区区一第，唾手可得，乃弃其本业，而驰骛古典。比及三年，新功未完，旧业已芜。今追忆当时所为，适足以发笑而自点耳。甲辰下第，然后揣己量力，复寻前辙，昼作夜思，殚精毕力，幸而艺成[7]。然亦仅得一第止耳。犹未能掉鞅[8]文场，夺标艺院也。今汝之才，未能胜余，乃不俯寻吾之所得，而蹈吾之所失，岂不谬哉！

【注释】

[1] 颖异：聪慧过人。 [2] 颠蹶：倒仆，跌落。 [3] 尤：过失。 [4] 矩镬：规矩。 [5] 之楚而北行：南辕北辙。 [6] 芳躅：指前贤的踪迹。 [7] 艺成：指通过科举考试。制艺，指明清时的八股文。 [8] 掉鞅：本谓驾战车入敌营挑战时，下车整理马脖子上的皮带，以示御术高超，从容有余。比喻从容显示才华。

吾家以诗书发迹[1]，平生苦志励行，所以贻则于后人者，自谓不敢后于古之世家名德，固望汝等继志绳武[2]，益加光大，与伊巫之俦[3]，并垂史册耳。岂欲但窃一第，以大吾宗哉？吾诚爱汝之深、望汝之切，不意汝妄自菲薄，而甘为辕下驹[4]也。今汝既欲我置汝不问，吾自是亦不敢厚责于汝矣。但汝宜加深思，毋甘自弃，假令才质驽下，分不可强，乃才可为而不为，谁之咎？与己则乖谬[5]，而徒诿之命耶？惑之甚矣！且如写字一节，吾呶呶谆谆者几年矣，而潦倒差讹，略不少变，斯亦命为之耶？区区小艺，岂磨以岁乃能工[6]耶？吾言止此矣，汝其思之！

【注释】

[1] 发迹：指由卑微而得志显达，或由贫困而富足。 [2] 绳武：出自《诗

经·大雅·下武》："昭兹来许，绳其祖武。"继承祖先业迹。 [3] 俦：同类。 [4] 辕下驹：指车辕下不惯驾车之幼马。亦比喻少见世面器局不大之人。 [5] 乖谬：抵触违背。 [6] 工：善于，长于。

吕坤：宗约歌

吕坤（1536—1618），字叔简，自号抱独居士明代大儒。万历二年（1574）进士，官至刑部侍郎，其生平载于《明史·吕坤传》。吕坤为明代后期著名儒学家，有《呻吟语》《四礼翼》等著作传世。《宗约歌》是吕坤为其宗族之人所作，意在和睦亲族、教化宗亲。全文分为劝勉和禁戒两个部分。劝勉包括规劝族人祭祖、孝悌、友爱、和睦、教子等三十一条；禁戒包括禁止不孝、忤逆、赌博、酗酒、杀生、食牛等五十四条。此文语言直白通俗，义理平实，行文流畅，是明人家训中的经典之作。本文采用中华书局2008年整理出版的《吕坤全集》作为底本。

吕氏宗约叙

今夫父子兄弟，长同室，爨同庖[1]，聚则相亲，离则相忧，讳非[2]成美，救恶长善，恐相陷于不义，以于刑辟[3]，以贻乡邻亲识笑[4]，此一家至情也。

自兄弟分，而后各自为家矣。各子其子，各孙其孙[5]。以至子孙，又各子孙其子孙，而后为数百家矣。乃有离心构怨[6]，妒其所乐而惟祸之相幸[7]，甚则党异族以自戕[8]其本支，吁！薄矣！他日称诸人，又未尝不曰："某与某一家也。"嗟夫！所谓一家者顾如此哉！此无他，名分徒存[9]，而情不相洽[10]故也。

【注释】

[1] 爨同庖：指在同一厨房里烧火做饭。爨，烧火做饭。庖，厨房。 [2] 讳非：为亲戚隐讳他的不好。 [3] 刑辟：刑法；刑律。 [4] 识笑：看笑话。 [5] 各子其子，各孙其孙：各自养护他的儿子和孙子。指分家而居。 [6] 构怨：结怨；结仇。 [7] 妒其所乐而惟祸之相幸：嫉妒他的幸福，而旁观他的灾祸。 [8] 戕：伤害。 [9] 徒存：仅仅存有。 [10] 情不相洽：相互之间感情不和。

夫人相与[1]，莫病于不洽以油然之情[2]，而徒系之以不关休戚之名分。燕、楚之人[3]，偶同寮采[4]，论心惜别，无异同胞，彼何名分也？汝兄弟相与十六七年，适人者思[5]，在室者泣，若不可以须臾离。久则但相与耳，久则见而喜，不见亦不相怀，久则离间者得以行其言，久则厌相与，久则雠。或劝之曰：“汝昔同胞也。”汝兄弟亦自知之，曰：“我昔同胞也。然而无损于怨，何也？”油然之情加以日隔之疏[6]，入以谗谮之言[7]，以坚其不可解之隙，区区称兄谓弟，固无补[8]也。离合之际，可畏哉！

【注释】

[1] 夫人相与：常人的相处。 [2] 油然之情：自然而生的感情。 [3] 燕、楚之人：指两个人分别来自燕地和楚地。 [4] 寮采：指僚属或同僚。 [5] 适人者思：离开的时候会想对方。 [6] 日隔之疏：指因为长时间不相见而亲情疏远。 [7] 谗谮之言：挑拨离间的话。 [8] 无补：没有补益，无所帮助。

大抵人之情，日相与则亲，亲则信，信则物莫能间，虽异姓亦然。日相隔则疏，疏则疑，疑则隙日以开，虽同姓亦然。我家宁陵才八世，有白头不相识者，幸而不雠[1]。名一家，乃其情则大不称也。昔先二三君子耻之，乃倡约[2]，岁二十四，会宗人，修祀事，讲宗法，睦族情。行之数年，同姓戚戚然亲矣[3]。继而倡者捐馆[4]，事寻废[5]。后十年，亡兄伯待成先志[6]，希汤翼[7]之。而坤作宗约，以备其法，以久其事。嗟我宗人，昔所谓同室、同爨人也，百世宗盟，又非若汝兄弟行也，其尚以情称名，无为燕、楚之人所笑哉！

【注释】

[1] 幸而不雠：幸好没有相互仇恨对方。 [2] 倡约：订立族规、族约。 [3] 戚戚然亲矣：相亲的样子。 [4] 捐馆：抛弃馆舍。死亡的婉辞。 [5] 事寻废：事情不久之后就废弛了。 [6] 先志：前人的事业。 [7] 翼：帮助，辅佐。

宗约歌引

吾族人众而贫，走衣食于郊关市井[1]间，半不识字。一语近文，须费讲说[2]，惟是俗语乡音，是其素习[3]。若惟文是尚而不问人之知不知，即《三百篇》首首可歌，何烦余口之哓哓[4]也。余为宗约诗歌，极浅极明，极俚极俗，讹字从其讹字[5]，方言仍用方言，但令入耳悦心，欢然警悟，即差讹舛谬，取笑于文人；鄙野村粗，见掷[6]于墨士，所不敢辞。其稍涉文言略有典故者，以示家学子孙。中间语多直遂[7]，少涵蓄，盖尊长于卑幼无所忌嫌，非敢汎及同姓之外。知言君子，必不罪予[8]也已。

【注释】

[1] 郊关市井：郊关，四郊之门，古代城邑四郊起拱卫防御作用的关门。市井，街市。 [2] 须费讲说：需要费力讲解。 [3] 素习：平时就熟习。 [4] 哓哓：吵嚷、唠叨。 [5] 讹字：错误的字。 [6] 见掷：被抛去、不采用。 [7] 直遂：直白无所隐讳。 [8] 不罪予：不会怪罪我。

劝祭祖

问你身从何处来，祖宗父母养婴孩。家中空有[1]儿几个。坟上谁浇酒一杯？待客人随人也使钞[2]？因妻为子不惜财。北坛孤鬼[3]还三祭，多了当年要子埋。

劝孝亲

父母年高喜在堂，为人不孝罪难当。偎干就湿三年体[4]，望长愁灾万种肠。要识亲恩看儿女，好那子爱与爷娘。如何不似禽和兽，反哺乌鸦跪乳羊[5]。

劝笃亲

三族由来号至亲。母家父党与妻尊。若存骄傲非君子，岂可骨肉同世人。情怀温热皆真意，礼貌谦恭更小心。孔子古今称大圣，也于乡党要恂恂[6]。

【注释】

[1] 空有：白白养活了（几个孩子）。 [2] 使钞：花钱、用钱。 [3] 孤鬼：无人祭拜的鬼魂。 [4] 偎干就湿的三年体：指父母将婴孩抚养大所付出的辛劳。 [5] 反哺乌鸦跪乳羊：乌鸦反哺，小乌鸦会照顾年老的乌鸦。跪乳羊，羊羔吃奶的时候会跪地。两者均喻指子女要孝顺父母。 [6] 于乡党要恂恂：出自《论语·乡党》："孔子于乡党，恂恂如也，似不能言者。"孔子在本乡地方上温和恭敬。

劝友爱

兄弟不和只为钱，同胞却结死生冤[1]。平居只把情肠[2]薄，患难谁知骨肉怜。多让些儿房里物，少听几句枕边言[3]。人生惟有孤身苦，请读周公棠棣篇[4]。

劝敬兄

千古家尊说父兄，从来孝悌两般同。不止柔声和下气，还当隅坐[5]又随行。逢财哪得心嫌少，辨话休将眼硬睁。未看诗书先看律，好降凶敖[6]作谦恭。

劝敬长

世上达尊惟有三，帝王袒割[7]敬高年。如何后进轻前进，却使前贤让后贤。下马避车岂敢望，随行隅坐也当然。庞眉皓首[8]君须到，莫学当时杨大年[9]。

【注释】

[1] 死生冤：两个人平生成为冤家对头。 [2] 情肠：感情、心肠。 [3] 枕边言：指妻子在丈夫面前说的对于家人的怨气话。 [4] 周公棠棣篇：《诗经·小雅·棠棣》，此篇为周公所作，为缅怀兄弟之诗。 [5] 隅坐：坐在旁侧。 [6] 凶敖：凶恶蛮横。 [7] 袒割：袒右膊而割切牲肉，古代天子敬老、养老之礼。 [8] 庞眉皓首：皓，白的样子。庞，杂色。头发和眉毛花白。指年长之人。 [9] 杨大年：杨大年（974—1020），名杨亿，字大年。北宋文学家，“西昆体”诗歌主要作家。史载，“杨大年年未三十，与梁翰、朱昂同在禁掖，二公皆高年，杨每戏侮之。”

劝和邻

同县同乡与近邻，士居年久都相亲。倚强凌弱非君子，尚气争财是小人。忍事何妨邻里笑，存心自有鬼神钦。请看带锁披枷者，哪个当初是好民。

劝教子

个个生儿要口嗡，人家说句便生嗔。小时珠锦装头角，大了绫罗遍体身。奢侈纵横敖父母，轻浮躁暴欺乡邻。犯入天罗[1]休怨悔，杀他原不是别人。

又劝教子

生儿失教岂慈亲，肖子何劳父费心。既要叫他知理义，如何使我不辛勤。涵育熏陶真雨化，雷霆霜雪总天恩。莫道家庭不责善，周公亦自挞伯禽[2]。

【注释】

[1] 天罗：犹天网。　　[2] 周公亦自挞伯禽：周公圣人也曾鞭挞教训伯禽。

劝继母

无福生来有福赡，养身送老与娘同。亲儿罪过偏担待，前子饥寒总不疼。闵损芦花[1]能过意，伯奇荷叶怎为情。从来继母人人恨，何苦不贤留骂名。

劝前子

继母不慈自古传，王祥[2]闵损几人然。指以没娘作话说，忍将亲父也牵缠。生分抵触伤天理，背毁加枉对众谈。任他折挫只行孝，哪怕铁心不软绵。

劝妯娌

异姓同居自古难，你争便宜我贪钱。吃亏一点褊觖嘴[3]，要占三分始破颜[4]。日久天长结后祸，同心一气是前缘。九辈不分没别话，记煞休听女人言。

劝男家

古来生女便悲伤，只为男家忒气肠。尽叫赔送还嫌薄，费尽供给只当常。婆无好脸难为妇，婿出恶声勤骂娘。不晓理人难说话，教他养女也尝尝。

【注释】

[1] 闵损芦花：闵损（前536—前487），字子骞，春秋时期鲁国人，孔门高徒。侍奉后母极孝。后母待之薄，冬服无棉，絮以芦花。但闵损仍以德报怨，以孝事后母。　[2] 王祥：（184—268），字休微，山东临沂人。三国西晋时期大臣，侍奉后母极为孝顺。　[3] 褊觖嘴：抱怨、怨恨。　[4] 破颜：指露出笑容。

劝女家

人家养女好温存[1]，惯坏之时怎过门[2]？略经磕碰便生气，动是哭啼只怨人。纵不寻死多身病，还要担忧挂母心。早信温存不是爱，女时教就妇人身。

劝勤业

从来勤苦是营生[3]，哪有青年自在翁？商贾离家千里外，农桑竭力五更中。富贵安闲难富贵，贫穷懒惰越贫穷。赌穿赌吃[4]心何忍，多福多灾天不容。

又劝勤业

痴儿荡子爱闲身，几个闲身是好人？男不营生多作歹，女无活做定思淫。艰难冻饿皆因懒，富贵荣华只为勤。天了万机官万事，肯容惰慢有凡民。

【注释】

[1] 温存：对女儿娇养。　[2] 过门：指女子出嫁。　[3] 营生：谋生或维持生活。　[4] 赌穿赌吃：任由自己的性情吃喝玩乐。

劝节俭

圣贤美德俭为先，菲饮恶衣禹且然[1]。口腹十愆[2]昔所戒，衣裳三慎[3]古来传。饥寒但免即为福，饱暖生余是弃天。肯把糟糠作珠玉，怎教八口死凶年[4]。

又劝节俭

难得饥寒不到身，粗衣淡饭未为贫。争挑富日肉中肉，不记凶年人吃人。纵是有时休折福，如何不足去学鞶。劝君俭素非悭细[5]，施些阴功与子孙。

劝爱身

三世修行一世人，爷娘日夜费温存。保爱真如疼父母[6]，死生惟是许君亲。纵起欲来不顾命，激将怒上哪思身。曾子临终嘱咐语[7]，兢兢战战有诗云[8]。

【注释】

[1] 菲饮恶衣禹且然：出自《论语·泰伯》："子曰：'禹，吾无间然矣。菲饮食而致孝乎鬼神，恶衣服而致美乎黼冕，卑宫室而尽力乎沟洫。'"指大禹勤于政事，而自身节俭。 [2] 口腹十愆：出自《尚书·伊训》："惟兹三风十愆，卿士有一于身，家必丧；邦君有一于身，国必亡。"指在口腹方面需要戒惧之事。 [3] 三慎：指慎独、慎初、慎微。 [4] 凶年：荒年。 [5] 悭细：吝啬。 [6] 保爱真如疼父母：指养护身体等同孝顺父母（因为身体为父母所赐）。 [7] 曾子临终嘱咐语：出自《论语·泰伯》："曾子有疾，召门弟子曰：'启予足，启予手。诗云："战战兢兢，如临深渊，如履薄冰。"'"曾子临终嘱咐弟子，让其检查其身体是否完好，因为身体发肤受之于父母，身体完好，才可以对得起父母。在此可见曾子的孝顺之德。 [8] 兢兢战战有诗云：出自《诗经·小雅·小旻》。形容谨慎恭敬。

劝重农

天王二月便亲耕[1]，第一生涯是务农。地少粪多三倍利，苗稀草净百分成。人勤休靠觅中觅，牛壮还加功外功。收得多时休浪费，口那肚攒备年凶。

劝栽树

栽树没人肯耐烦，哪知树下也宜田[2]。枣桃梨柿般般好，榆柳桑槐样样堪。典卖也能应急会，叶皮常是救凶年。路边地界家墙外，多种些儿有甚难？

劝忍让

忍让从来不当痴，原来忍让讨便宜。一朝闲气身家丧，百种伤心悔恨迟。既云君马君牵去，便呼予牛予应之。自招唾面人何罪，千古犹龙[3]是我师。

【注释】

[1] 天王二月便亲耕：指古代天子春天行耕种之礼以劝课农桑。　[2] 树下也宜田：指种树来养护田地。　[3] 犹龙：出自《史记·老子韩非列传》，孔子对弟子说："吾今日见老子，其犹龙邪。"指孔子对老子的称赞。

劝借取

器皿谁家件件全，有无相济古今然。失落损坏他无德，吝啬推辞你也悭。借物自当慷慨借，还人须要即忙还。家家活动家家足，省得乡邻六作难。

劝方便

方便名为万善宗，人间天上第一功。修桥补路通来往，舍饭施衣救困穷。一切昏迷即指引，百凡阻碍与流通。此功不费钱和钞，到处随时都好行。

劝安贫

男子生来穷是穷，穷而有德赛公卿。启期三乐[1]百年足，颜子一瓢[2]千古称。寒素且羞吴季子[3]，清高何羡晋石崇[4]。贫贱自骄亦褊士[5]，只休卑污使人轻。

【注释】

[1] 启期三乐：事见《列子·天瑞》："孔子游于泰山，见荣启期行乎郕之野，鹿裘带索，鼓瑟而歌。孔子问曰：'先生所以乐何也？'对曰：'吾乐甚多。天生万物，唯人为贵，而吾得为人，是一乐也。男女之别，男尊女卑，故以男为贵，吾既得为男矣，是二乐也。人生有不见日月，不免襁褓者，吾既以行年九十矣，是三乐也。'"指隐士荣启期知足知乐。 [2] 颜子一瓢：出自《论语·雍也》："子曰：'贤哉回也！一箪食，一瓢饮，在陋巷，人不堪其忧，回也不改其乐。贤在回也！'"指孔子的大弟子颜回安贫乐道。 [3] 吴季子：春秋时期吴国公子，以贤达著称列国。 [4] 石崇：石崇（249—300），字季伦。西晋官吏。以奢华著称。 [5] 褊士：指气质偏狭。

又劝安贫

人生无德最堪羞，贫贱何伤怕出头。卖草担柴无罪过，推车搭担自乞求。伯夷饿死高齐景[1]，曾子穷极却鲁侯[2]。越是艰难越有志，嗟来[3]两字命甘休。

劝牙行

家贫纳谷[4]领官行，升斗营生终日忙。若替富家结主愿，怎教穷汉不恓惶。公平脚税公平出，偏向牙钱偏向偿。莫言公道没人晓，祈雨天知陈自量。

劝买卖

开店原来为赚钱，赁房雇脚委艰难。但掺低假将他哄，是个朴实被你瞒。独自增值虽刮诟[5]，齐行抬价更奸贪。高酒大壶还贱买，一年利息顶三年。

【注释】

[1] 伯夷饿死高齐景：伯夷虽然困顿冻饿而死，但是由于伯夷耻食周粟，他的德行也要比身处高位奢华淫逸的齐景公高出许多。　[2] 曾子穷极却鲁侯：曾子虽然地位低下，但是由于其有大孝之行，且能承孔子之道，淡泊名利，拒绝了当时列国对他的聘请。　[3] 嗟来：出自《礼记·檀弓》。嗟来之食，原指悯人饥饿，呼其来食。后多指侮辱性的施舍和用不正当的手段获得的衣食、财富。[4] 纳谷：交纳公粮。　[5] 刮诟：指贪取不正当的财物。

又劝买卖

人生在世信为先，心口如何有两般？买卖只求安分利，经营休挣哄人钱。强如虚价磨多嘴，何似实情只一言。痴愚软弱都瞒得，自古无人瞒过天。

劝原业

卖房卖地有中凭，价论时值律甚明。势勒计吞[1]真可恶，高银无货有何争？动称亏买将人告，赖说强夺把你坑。昧了良心难理说，速求果报望天公。

劝恤仆

都是爷娘娇惯生，卖为奴婢只为穷。饥寒靠我须存念，疾病凭谁说痒疼。有过岂能不打骂，无心也要放宽松。莫道家童恩义薄，我闻杵臼与程婴[2]。

【注释】

[1] 势勒计吞：指仗势欺人、勒索别人的财物。　[2] 杵臼与程婴：公孙杵臼和程婴，春秋时晋国人，赵盾、赵朔父子的门客。为搭救赵氏的孤儿而不惜身死，义薄云天。

戒不孝

不孝之人听我歌，你身生在那桑科[1]？亲衰只怕孩儿小，儿大偏觉老的多。子便当家爷闭户[2]，妻常陪客母烧锅[3]。有时冻饿依墙哭，不怕龙天看着么？

戒忤逆

谁家取妇便生分，自在纵横要趁心。不遂猖狂只恨窄，才教勤苦便生嗔。劬劳[4]父母应牛马，受用儿郎作兽禽。说与娇痴牢记着，轮流到日始知恩。

戒贪财

世间谁是背财生，公道得来心不惊。暗骗明诓招众怨，使低行假被官刑。损人利己风中烛，害众成家火上冰。劝你回心贫也好，老天不许恶常行。

【注释】

[1] 桑科：传说伊尹生于空桑之中，此指无母而生。 [2] 子便当家爷闭户：指儿子当家，将父亲独自冷落到一个小屋子里。 [3] 妻常陪客母烧锅：指媳妇与客人谈笑风生，而母亲却在厨房生灶做饭。 [4] 劬劳：过分劳苦，勤劳。

戒赌博

赌博从来个个贪，别人血肉怎安身？要帮痴幼赢他物，须使机关坏我心。钱财尽入开张[1]手，地宅都归守分人。回头休干捞箕事[2]，沙井日淘日日深。

戒酗酒

从来酒是迷心汤，多饮撒颠又弄狂。信口说来招怨恶，任情做出惹灾殃。自夸好汉谁能及，官恼凶徒你怎当。我劝世人立德行，须知酒祸要提防。

戒豪饮

酒色财气四杀身，引头博酒为根。只见合欢忘丧德，若思生祸自伤心。大杯强灌非尊客，过冈蛮缠是恶宾。刘伶李白[3]何堪说，万戒千防问圣人。

【注释】

[1] 开张：开设赌场之人。　[2] 捞筲事：筲，水桶。因为绳子旧了，所以人在提桶从井里打水的时候，将桶掉到了井里，去井里捞水桶。　[3] 刘伶李白：刘伶，竹林七贤之一，性豪饮，著有《酒德颂》。李白，唐代大诗人，亦爱饮酒。

戒好色

从来色是陷人坑，败产亡身又损名。宿娼积日成劳怯，调妇登时见死生。父子夫妻成怨恨，乡亲邻里没光荣。从来败子迷难劝，待你回心家已穷。

戒荡子

饱饭足衣闲又闲，你寻我访苟搭竿[1]。过道书房说淡话，下棋双陆度青年。常来柳巷[2]罗娼女，是处琳宫[3]嚷道禅。四民[4]个个安生理，问你游神哪一班？

戒疾恶

恶人蛇蝎又豺狼，凶性奸谋谁敢当。遇着就欺逢着害，躲他还怕被他伤。朝廷法重能杀斩，你我人微休短长。背地不平当面劝，自结仇恨惹灾殃。

【注释】

[1] 搭竿：指拉闲搭话。　　[2] 柳巷：旧指妓院。　　[3] 琳宫：仙宫。亦为道观。　　[4] 四民：古代士农工商四个阶层。

戒负恩

世上何人不靠人，缓时疏淡急时亲。悬情只望一怜我，过眼哪思再用君。隋侯珠到蛇怀德，弘泰金来蛙报恩。君子何尝责感激，《中山狼[1]传》也伤心。

戒没足

人心没尽是欺天，天缺一隅也不全。王恺石崇[2]还要富，秦皇汉武尚求仙。忍饥受冻人不过，足食丰衣我也难。饱暖之余皆长物，劝君何事苦熬煎。

戒厚礼

礼节谁能往不还，还他须要一般般。送来只恐人家薄，答报方知自己难。意厚何劳多品物，情真岂在费银钱。斗酒登筵鸡絮祭，古人高处至今传。

【注释】

[1] 中山狼：据传东郭先生误救中山上的一只狼，反几乎被狼所吞的典故。一般用作形容那种忘恩负义、恩将仇报的人。 [2] 王恺石崇：西晋时期的富家大姓，二人曾斗富。

戒虐戏

亲朋相见自相欢，善与人交敬是先。如何混把妻儿骂，更有嘲将父母顽。禁害做弄为嬉耍，推打掐拧作笑谈。活猴风象轻薄子，道义之人下眼看。

戒狂戏

少年轻薄最堪嗤，七尺身躯一线提。诙谐嘲骂如装净，村诨泼顽[1]似扮魆。不重不威尼父戒[2]，戏言戏动横渠非。圣贤岂是无谈笑，淇澳[3]何嫌善谑兮。

戒护短

邻居比舍祖相沿，辈辈儿孙一处顽。孩童嚷闹来学说，父母听知休犯言。你怪你儿他自愧，他责他子你该拦。耳杂不离腮边长，护短结仇封面难。

戒骂人

骂人律上纵不究，百祸都因骂起头。村掘母女他何忍，恶咒儿郎你不休。便是倾家难受气，宁教对命怎甘羞。只因两片凶泼嘴，惹得身家一弄丢。

【注释】

[1] 村诨泼顽：打诨逗趣、性情轻薄。 [2] 不重不威尼父戒：出自《论语·学而》，子曰："君子不重则不威，学则不固。主忠信。无友不如己者。过则勿惮改。"尼父指孔子。 [3] 淇澳：指《诗经·卫风·淇澳》。

戒打人

凶徒常是气氛氛，一语不投便殴人。拳头底下原无眼，血肉场中怎救身。唾面自干何足辱，袒胸[1]服罪反相亲。怒火发时只一忍，自然万祸不来侵。

戒争斗

君子由来德量弘，酒色财气总不争。怎肯行凶夸好汉，全凭忍事敌灾星。野性恶人发暴怒，擦拳磨掌逞英雄。一时惹下千时悔，地网天罗一命倾。

戒骗取

世间廉耻最为先，丧耻之人自寡廉。求索已过犹嫌少，借取不还到结冤。无故赖将虚当实，凭空拏[2]去混成顽。一时便宜从君讨，也落乡邻下眼看[3]。

【注释】

[1] 袒胸：露出胸膛。 [2] 拏：同"拿"。 [3] 下眼看：轻视、看不起。

戒放债

从来放债没羊羔，一月三分律有条。色低数短忒酷刻，坐讨立逼是势豪。抄你家财无尽足，当他房地哪宽饶。不杀穷汉安能富，也与儿孙留下梢。

戒侵占

地边房界两分明，原业中人俱可凭。彼此昧心行骗赖，鬼神有眼自公平。范伯侵邻[1]终讨愧，周农让畔[2]古来称。争到其间输了你，有何面目见亲朋。

戒欺邻

牲口如何不养看，四邻耕种也艰难。耗剥谷黍难为我，赶送家门倒怨咱。驴马缰绳须绊系，鸡猪阑圈[3]紧牢关。倘若打伤休怪怒，我陪头畜你陪田。

【注释】

[1] 范伯侵邻：春秋晋国的范氏侵犯邻人的领地而被屠灭。　[2] 周农让畔：周文王时，虞国人和芮国人发生争执不能断决，就一块儿到周国来请求周文王裁断诉讼。进入周国境后，发现种田的人都互让田界，人们都有谦让长者的习惯。虞、芮两国发生争执的人，还没有见到周文王，就觉得惭愧了。[3] 阑圈：鸡舍和猪圈。

戒陵寡

寡妇孤儿事事难，无儿守节[1]更堪怜。假如富足还宽绰，若是贫穷谁顾赡。百方欺害无容地，一味诬捏敢告天。妇人有志承夫分，律令分明仔细看。

戒骄矜

世上人人都好高，己长彼短逞英豪。自非尧舜谁无过，便是周公岂可骄？桃李下成十字路，沧溟低受百川朝。事理无穷学有限，劝君休得口哓哓。

戒亏人

世人都好占便宜，你占便宜他吃亏。亏着富家招怨怒，亏着穷汉惹伤悲。让野让朝都有趣，争城争地两相危。终身无竞输多少，免得终身犯祸机[2]。

【注释】

[1] 守节：指不改嫁。　　[2] 祸机：灾祸。

戒混俗

男女从来远避嫌，壮儿少母不同餐。康子敬姜犹隔户[1]，叔姬奚仲尚垂帘[2]。小姨小妗[3]相嘲戏，嫂嫂叔叔也混顽。极不老成极丑看，须存礼体莫撒颠。

戒壅蔽

君子存心又见机，欺人生事定不为。家奴暴恶谁来说，子弟纵横你怎知。才闻告诉偏生恼，只受欺瞒总不疑。试问外边一访问，如何都是别人非。

戒多事

从来义士是哲人，见事风生惹祸根。豺狼气势恶中恶，鬼魅机关深更深。干己尚须寻后路，为人切莫犯迷津。当头自有当头事，闭户先生告我云。

【注释】

[1] 康子敬姜犹隔户：指春秋鲁国季康子与家中的敬姜内外有别之事。 [2] 叔姬奚仲尚垂帘：指春秋鲁国叔姬与奚仲叔嫂垂帘而见之事。 [3] 小姨小妗：指妻子的妹妹和弟媳。

戒苟且

天赋男儿七尺身，立身哪论贱与贫。要成八行英雄汉，肯做百年混障人。醉死梦生已负世，败常乱俗岂良民。兢兢战战常如此，断气才该歇下心。

戒弃书

积书原为教儿孙，也看儿孙是甚人。败子哪知亲典籍[1]，痴奴只是爱金银。借友卖人曾念父，打花夹样[2]可杀身。万苦积来留后恨，何如换粟救饥民。

戒烧炼

金银铜铁是天生，真假如何该混成。神仙虽有丹砂术，贼鬼虚将炉鼎烹。提礶[3]坑人犹是拙，搜魂哄你怎能醒。假饶世人登时富，雷斧曾劈朱士宁。

【注释】

[1]典籍：指书籍。　[2]打花夹样：指妇女用来剪夹纸样。　[3]礶：同“罐”。

戒刁讼

弱被人欺愚被瞒，兴词告状理当然。肯将实话和官说，自有公心辨你冤。却写数行皆刁赖[1]，还教多众被牵连。从来诬告加三等，吃打充徒又费钱。

戒好讼

衙门不是我家门，亏死只休把状轮。使钞哪分原被告，问官难定输赢人。淹缠岁月[2]君应悔，耽搁庄家你也贫。是非自有乡邻口，好请乡邻替处分。

戒唆讼

唆讼之人[3]最不良，往来原被使刀枪。当官硬证伤天理，害众深谋夸己长。公道难容神鬼恨，幽冥定与子孙殃。曾闻起灭包蝎子，地府拔舌又刮肠。

【注释】

[1] 刁赖：刁蛮、无赖。　[2] 淹缠岁月：耗费时间和心力。　[3] 唆讼之人：惹事生非之人。

戒结党

恶少从来好结群，焚香歃血[1]誓同心。逢财夥抢不由你，见色挟奸又殴人。打帮做证难赢我，拚着充徒哪怕军。强盗可饶他可杀，除凶原为救良民。

又戒结党

谁能孤立不为群，好友多交学好人。嫖客只来寻荡子，棍徒偏去结凶神。八羊纠合皆倾产，十虎相帮尽丧身。劝你见恶如见贼，封门闭户莫相亲。

戒阴险

男儿心地要光明，暗里东窗岂可行。巧计奸谋虽趁意，王法天理怎容情。腔调蹊跷谁不识，语言乖谲[2]你夸能。从今便做公直事，自古人人爱至诚。

【注释】

[1] 歃血：古人盟会时，微饮牲血，或含于口中，或涂于口旁，以示信守誓言的诚意。　[2] 乖谲：背理蹊跷之事。

戒治产

十人创业九人贪，为富不仁自古然。减价且抬低货物，捱[1]时又搭假银钱。半点机关半点祸，一分地宅一分天。眼前快意从君做，总与儿孙种孽缘。

戒隐丁

卢仝生子号添丁，愿领国家差一名。难得双双还对对，任教厮杀与修工。如何有子称无子，致令难应强自应。天教你言作你报，积将家业有谁赡。

戒诡地[2]

百亩能活八口身，立锥无地可怜人。如何有土连阡陌，却怕当差[3]寄里邻。花名鬼户[4]伪天理，跳甲埋丘昧己心。越富越奸没尽足，分明折挫你儿孙。

【注释】

[1] 捱：同“挨”。　[2] 诡地：指隐瞒田产。　[3] 当差：指公务人员。

[4] 花名鬼户：指隐瞒田产以逃税。

戒造言

真是真非谁会瞒，如何无水起波澜。强将公正作为邪，妄把真良说犯奸[1]。匿名捏事犹如鬼，暗剑杀人自有天。莫问他家霜满屋，且看雪在你门前。

戒传言

谤语[2]由来几个真，信言只好信三分。要将他话作实话，先看其人是甚人。仇口凭教由作跖[3]，冤情尽付鬼与神。不要轻传休妄说，替谁使剑惹杀身。

戒听教

自古成人不自在，副能自在便凶顽。教民岂是将民苦，烦你无非使你安。任从劳扰强如死，哪个纵横大似官。礼法不是亏人物，自有良民解我言。

【注释】

[1] 犯奸：做违法之事。　[2] 谤语：指捏造的诬陷他人的话。　[3] 由作跖：子路和盗跖，指好人和坏人。

戒多言

常言舌是斩人刀，谁想连身也不饶。信口说来热不禁，旁人听去恨难消。车毂[1]一言诛数士，画屏两字丧多娇。祸门[2]奉劝常关锁，十道封皮恐未牢。

戒失信

古人一语重如山，怎肯说然却不然。如无可许即休许，既有成言须践言。剑挂一枝吴季信[3]，车来千里范卿[4]贤。从你腼颜不怕怪，哪能与世不相干。

戒说谎

谎人说话口如流，半是张皇半是诌[5]。无影道来偏得意，有人证出怎抬头。既比做贼真可贱，还同丢屁也堪羞。是谁苦拷强逼你，奉劝从今再却休。

【注释】

[1] 车毂：车轮中心插轴的部分。　[2] 祸门：祸从口出，此指口。　[3] 吴季信：春秋时期吴国的贤公子季札。出使经徐国，徐君爱其剑而未言，季札出使还经徐国，徐君已死，季札挂剑于坟头而去。　[4] 范卿：东汉范式与张劭是太学同学，毕业后两人相约两年后范到张家拜访。如期张具鸡黍而待，而范果至。　[5] 诌：胡编乱造。

戒诈伪

诈伪原同奸盗论，青天白日魍魉[1]身。吏承假票诓州里，星相捏书骗缙绅[2]。行奸弄巧虽得意，谑鬼瞒神也愧心。一时败露难遮掩，两眼瞀眦怎见人。

戒邪教

无为清静与白莲[3]，暗结同心满世间。明去夜来啜妇女，焚香拜斗敛银钱。传头教主该千剐，道友法师罪一般。莫要欺心胡算计，朝廷福分大如天。

戒求福

福可求时俺不呆，劝君口破劝不回。天地何曾依祷告，鬼神原不爱钱财。拜顶朝山也有祸，看经念佛岂无灾。曾磐陡涧将身丧，却说烧香显验来。

【注释】

[1] 魍魉：传说中的一种鬼怪。 [2] 缙绅：插笏于绅带间，旧时官宦的装束。亦借指士大夫。 [3] 白莲：宋以后的一个秘密民间宗教组织。

又戒求福

人人都有一天堂，何用攒钱进远香。爱老怜贫即好路，放生救死是慈航。一分方便一分福，几个可憎几个常。菩萨老君[1]空奉事，好福不与恶心肠。

戒窃盗

贼是人间无耻人，见他财物便生心。偷鸡摸狗无十里，掐穗提穲[2]有四邻。攒针刺字羞还忍，枷棍捎绳痛怎禁。更有一般没面目，游迎摆站见乡邻。

戒强盗

休夸夤夜[3]逞英雄，一犯谁知没救星。头悬竿上人嫌碜[4]，身在坑中狗受用。至厚至亲都带累，贼妻贼种落声名。没眼叫街还过日，穷杀休做这营生。

【注释】

[1] 菩萨老君：观音菩萨和太上老君，指佛教与道教。 [2] 掐穗提穲（luó）：

偷窃乡邻的粮食。　[3] 夤（yín）夜：深夜。　[4] 碜：丑，难看。

戒杀生

口是人间没底坑，泰山吃尽也难平。谷蔬甜美嫌无味，血肉淋漓要宰牲。你贵何言他命贵，他疼应似你身疼。家家屠割谁能断，任你杀牲我放生。

戒食牛

万民全靠五谷生，不着耕牛怎得成。拽载打场[1]几个遍，回犁转耙月三更。犊儿吃你疲难起，田主鞭身饥也行。纵不报功还吃肉，阎罗罪簿[2]甚分明。

【注释】

[1] 打场：把收割下来带壳的粮食平摊在场院里，用牛拉磙子碾压这些粮食，使之脱去外壳。　[2] 阎罗罪簿：指地府阎罗王的生死簿。

高攀龙：高忠宪公家训

高攀龙（1562—1626），字存之，别号景逸。江苏无锡人。明代大儒、政治家、思想家，东林党领袖，万历十七年（1589）进士，历任光禄寺丞，太常少卿，大理寺右少卿、太仆卿，刑部右侍郎，都察院左都御史等职。

本文为高攀龙训诫家人的文章。在文中，他教导家人要忠信孝悌、知书达礼、善待他人、亲贤远佞，本分地做一个普通人。本文采用台湾商务印书馆《影印文渊阁四库全书》中收录的《高子遗书》作为底本。

吾人立身天地间，只思量作得一个人，是第一义，余事都没要紧。作人的道理，不必多言，只看小学[1]便是，依此作去，岂有差失？从古聪明、睿智、圣贤、豪杰，只于此见得透、下手早，所以其人千古万古不可磨灭。闻此言不信，便是凡愚，所宜猛省。

作好人，眼前[2]觉得不便宜，总算来是大便宜；作不好人，眼前觉得便宜，总算来是大不便宜。千古以来，成败昭然如此，迷人尚不觉悟，真是可哀！吾为子孙发此真切诚恳之语，不可草草看过。

【注释】

[1] 小学：指人幼小时启蒙所学。　　[2] 眼前：即现在。

吾儒学问，主于经世[1]，故圣贤教人，莫先穷理[2]。道理不明，有不知不觉坠于小人之归[3]者，可畏可畏！穷理虽多，要在读书亲贤，《小学》[4]、《近思录》[5]、四书五经、周程张朱[6]语录、《性理纲目》者，所当读之书也，知人之要，在其中矣。取人，要知圣人取狂狷[7]之意，狂狷皆与世俗不相入，然可以入道。若憎恶此等人，便不是好消息[8]。所与皆庸俗人，己未有不入庸俗者，出而用世，便与小人相昵，与君子为仇，最是大利害处，不可轻看。吾见天下人坐此病甚多，以此知圣人是万世法眼。

【注释】

[1] 经世：指经纶世间秩序。　[2] 穷理：探究穷尽道理。　[3] 归：类。[4]《小学》：南宋朱熹所著，为初学者求道入门的书籍。　[5]《近思录》：南宋吕祖谦与朱熹精选周敦颐、张载、程颢、程颐等儒者语录而成的著作。[6] 周程张朱：指宋代儒者周敦颐、程颢、程颐、张载、朱熹。　[7] 狂狷：指志向高远的人与拘谨自守的人。　[8] 消息：指征兆。

不可专取人之才，当以忠信为本。自古君子为小人所惑，皆是取才，小人未有无才者。

以孝弟为本，以忠义为主，以廉洁为先，以诚实为要。

临事让人一步，自有余地；临财放宽一分，自有余味。

善须是积，今日积，明日积，积小便大。一念之差，一言之差，一事之差，有因而丧身亡家者，岂可不畏也！

爱人者，人恒爱之；敬人者，人恒敬之。我恶人，人亦恶我；我慢人，人亦慢我。此感应自然之理。切不可结怨于人。结怨于人，譬如服毒，其毒日久必发，但有小大迟速不同耳。人家祖宗受人欺侮，其子孙传说不忘，乘时遘会[1]，终须报之。彼我同然，出尔反尔，岂可不戒也！

【注释】

[1] 乘时遘会：指借机会。

言语最要谨慎，交游最要审择。多说一句不如少说一句；多识一人不如少识一人。若是贤友，愈多愈好，只恐人才难得，知人实难耳。语云：“要做好人，须寻好友，引酵若酸[1]，哪得甜酒？”又云：“人生丧家亡身，言语占了八分。”皆格言也。

【注释】

[1] 引酵若酸：指用来发酵的酒曲如果变质酸了。

见过[1]所以求福，反己[2]所以免祸。常见己过，常向吉中行矣。自认为是，人不好再开口矣。非是为横逆之来[3]，姑且自认不是，其实人非圣人，岂能尽善。人来加[4]我，多是自取，但肯反求，道理自见。如此则吾心愈细密，临事愈精详。一番经历，省了几多力气，长了几多识见。小人所以为小人者，只见别人不是而已。

【注释】

[1] 见过：指反省自己的过错。　[2] 反己：自我检讨。　[3] 横逆之来：指为违逆、触犯自己而来。　[4] 加：这里指指责。

人家有体面崖岸[1]之说，大害事。家人惹事，直者置之[2]，曲者治之而已。往往为体面立崖岸，曲护其短，力直其事，此乃自伤体面，自毁崖岸也。长小人之志，生不测之变，多由于此。

【注释】

[1] 崖岸：矜庄、孤高。或指操守。　[2] 置之：指任由，不予额外处置。

世间惟财色二者，最迷惑人，最败坏人。故自妻妾而外，皆为非己之色。淫人妻女，妻女淫人，夭寿折福，殃留子孙，皆有明验显报。少年当竭力保守，视身如白玉，一失脚即成粉碎；视此事如鸩毒，一入口即立死。须臾坚忍，终身受用；一念之差，万劫莫赎，可畏哉！可畏哉！

古人甚祸[1]非分之得，故货悖而入，亦悖而出。吾见世人非分得财，非得财也，得祸也！积财愈多，积祸愈大，往往生出异常不肖子孙，做出无限丑事，资人笑语，层见叠出于耳目之前而不悟，悲夫！吾试静心思之、净眼观之，凡宫室饮食衣服器用，受用得有数，朴素些有何不好？简淡些有何不好？心但从欲如流，往而不返耳。转念之间，每日当省不省者甚多，日减一日，岂不潇洒快活。但力持勤俭两字，终身不取一毫非分之财，泰然自得，衾影无怍[2]，不胜秽浊之富百千万倍邪？

【注释】

[1]祸：以之为祸。　[2]衾影无怍：夜间盖着被子，独对影子时，问心无愧。

人生爵位，自是定分，非可营求。只看得义命二字透，落得作个君子；不然，空污秽清静世界，空玷辱清白家门。不如穷檐茆屋、田夫牧子，老死而人不闻者，反免得出一番大丑也。

士大夫居间得财之丑[1]，不减于室女踰墙从人之羞[2]。流俗滔滔，恬不为怪者，只是不曾立志要作人。若要作人，自知男女失节，总是一般。

【注释】

[1]士大夫居间得财之丑：指士大夫居家要防备钱财来路不正。　[2]不减于室女踰墙从人之羞：不比自家中女人随人私奔之事丢人少。

人身顶天立地，为纲常名教之寄，甚贵重也。不自知其贵重，少年比之匪人，为赌博宿娼之事，清夜睨而自视，成何面目！若以为无伤而不羞，便是人家下流子弟。甘心下流，又复何言！

古语云："世间第一好事，莫如救难怜贫。"人若不遭天祸，舍施能费几文？故济人不在大费己财，但以方便存心。残羹剩饭，亦可救人之饥；敝衣败絮，亦可救人之寒。酒筵省得一二品[1]，馈赠省得一二器[2]，少置衣服一二套，省去长物[3]一二件，切切为贫人算计，存些赢余以济人急难。去无用可成大用，积小惠可成大德，此为善中一大功课也。

【注释】

[1] 一二品：指一两道菜。　[2] 一二器：一两件器物。　[3] 长（chàng）物：指多余的东西。后来也指象样的东西。

少杀生命，最可养心，最可惜福。一般皮肉，一般痛苦，物[1]但不能言语耳。不知其刀俎之间，何等苦恼，我却以日用口腹、人事应酬，略不为彼思量，岂复有仁心乎？供客勿多肴品，兼用素菜，切切为生命算计，稍可省者便省之。省杀一命，于吾心有无限安处，积此仁心慈念，自有无限妙处，此又为善中一大功课也。

有一种俗人，如佣书作中、作媒唱曲之类，其所知者势利，其所谈者声色，所就者酒食而已。与之绸缪[2]，一妨人读书之功，一消人高明之意，一浸淫渐渍，引人于不善而不自知，所谓便辟、侧媚[3]也，为损也不小，急宜警觉。人失学不读书者，但守太祖高皇帝[4]圣谕六言："孝顺父母，尊敬长上，和睦乡里，教训子孙，各安生理，毋作非为。"时时在心上转一过，口中念一过，胜于诵经，自然生长善根，消沉罪过。在乡里中作个善人，子孙必有兴者，各寻一生理[5]，专守而勿变，自各有遇。于毋作非为内，尤要痛戒嫖、赌、告状，此三者，不读书人尤易犯，破家丧身尤速也。

【注释】

[1] 物：这里指动物。　[2] 绸缪：这里指交往。　[3] 便辟、侧媚：便辟，谄媚逢迎；侧媚，用不正当的手段讨好别人。　[4] 太祖高皇帝：指明太祖朱元璋。明朝建立者，年号洪武，1368年至1398年在位。　[5] 生理：指经营、供养生活的手段。

姚舜牧：药言

《药言》，又名《姚氏家训》，为明代儒者姚牧舜所作。姚牧舜，生卒年月不详，字虞佐，号承庵，明代归安（今浙江吴兴）人。万历年间举人，曾任广西地方官，为政颇有政绩。《药言》一书是作者生活为人的经验归纳和心得体悟，作者将其编集成书，用以教育子孙后代。正如书名所言，人的病症可以分为身体上的病症和心灵上的病症。身体上的病症可以通过医生和药草进行医治，而心灵上的病症则同样需要真谛格言进行提撕救治。《药言》的主要内容包括，个人的修身处世、家庭的伦常道理以及个人在社会事务中的泛曲应对。此书在内容上深受程朱理学的影响，在行文上通俗流畅、语言平实而道理深刻。通过对《药言》的研读，读者既可以体会到作者姚牧舜一代理学大儒为人处世的风范，也可以体会到作者对于子孙后代的谆谆告诫和良苦用心。此书不失为一部家训佳作，其对后世影响深远，对于当代家庭亦具有一定的借鉴意义。

孝悌[1]忠信、礼义廉耻，此八字是八个柱子，有八柱始能成宇，有八字始克[2]成人。

圣贤开口便说孝弟。孝弟是人之本。不孝不弟，便不成人了。孩提[3]知爱，稍长知敬。奈何自失其初，不齿于人类也？

戴记载小孝中孝大孝[4]，孝经载孝之始、孝之中、孝之终[5]，统是教人做人，无忝[6]尔所生。一孝立，万善从，是为肖子，是为完人。

贤不肖皆吾子，为父母者切不可毫发偏爱。偏爱日久，兄弟间不觉怨愤之积，往往一待亲殁而争讼因[7]之。创业思垂永久，全要此处见得明，不贻[8]后日之祸也。今人但为子孙作牛马计，后人竟不念父母天高地厚之恩。诚一衣一食无不念及言及，尔曹[9]数数闻之，必能自立自守。长久之计，不过如是矣。

【注释】

[1] 孝悌：孝顺父母，敬爱兄长。 [2] 克：能够。 [3] 孩提：幼儿时期。 [4]《戴记》：《大戴礼记》，西汉戴德著，戴德是后仓的弟子，后仓在西汉中期创立了立于学官的《仪礼》传授学派。 [5]《孝经》：中国古代著名的儒家经典，相传为孔子所作。 [6] 忝：辱，有愧于，常用作谦辞。 [7] 因：依，顺着，沿袭。 [8] 贻：遗留。 [9] 尔曹：汝辈，你们。

《斯干》[1]之诗，说到“鸟革翚飞”[2]“弄璋弄瓦”，盛矣。然开首却云：“兄及弟矣，式相好[3]矣，无相犹矣。”未有不相好而相犹，能自守其基业，克开其子孙者。

兄弟间偶有不相惬处[4]，即宜明白说破，随时消释，无伤亲爱。看大舜待傲象[5]，未尝无怨无怒也，只是个不藏不宿，所以为圣人。今人外假怡怡之名[6]，而中怀仇隙，至有阴妒仇结而不可解。吾不知其何心也。

兄弟虽当亲殁[7]时，宜常若亲在时，凡一切交接礼仪、门户差役及他有急难，皆当出身力为之，不可彼此推诿[8]。

妯娌间易生嫌隙，乃嫌隙之生，尝起于舅姑之偏私，成于女奴之馋构。家人之睽多坐此，是不可不深虑者。然大要在为丈夫者，见得财帛轻恩义重，时以此开晓妇人，使不惑于私构而成隙，则家可以常合而不睽矣。夫为妻纲，一语极契綮。

一夫一妇是正理，若年四十而无子，不可不娶一妾。然中间却有个处法，不善调停，使妻妒而不客，妾悍而难驭，安望其生且育？调停谓何？自处于正而已。

人人生子不以为异，若论人生一个人出来，耳目口鼻四体百骸悉具，岂非天地间至祥至瑞耶，和气至祥！一毛乖戾生不来，即生得来，决非是个善物。

尝谓结发[9]糟糠，万万不宜乖弃。或不幸先亡后娶，尤宜思渠苦于昔，不得享于今，厚加照抚其所生，是为正理。今或有偏爱后妻后妾，并弃前子不爱者，岂前所生者出于人所构[10]哉？可发一笑。

【注释】

[1]《斯干》：指《诗经·小雅·斯干》。 [2] 翚（huī）：飞翔。 [3] 式相好：兄弟之间相亲相善。 [4] 不相惬处：指兄弟之间的不愉快。 [5] 出自《尚书·尧典》，舜以大孝著称，他的同父异母兄弟象很凶傲，但舜却能亲善其兄弟，并使其不为恶。 [6] 怡怡之名：表面上很和顺。 [7] 殁：死亡。 [8] 推诿：推脱。 [9] 结发：成婚，古礼，成婚之夕，男左女右共髻束发，故称；指妻子，亦指元配。糟糠：穷人用来充饥的酒渣、米糠等粗劣食物。借指共过患难的妻子。 [10] 人所构：别人的骨肉。

蒙养无他法[1]，但日教之孝悌，教之谨信，教之泛爱众亲仁[2]，看略有余暇时，又教之文学[3]。不疾不徐，不使一时放过、一念走作[4]，保完真纯，俾[5]无损坏，则圣功在是矣。是之谓以养正。

古重蒙养，谓圣功在此也，后世则易骄养[6]矣。骄养起于一念之姑息，然爱不知劳，其究为傲为妄，为下流不肖，至内戕[7]本根，外召祸乱，可畏哉！可畏哉！

蒙养不耑在男也，女亦须从幼教之，可令归正。女人最污是失身，最恶是多言，长舌阶历，冶[8]客诲淫，自古记之。故一教其缄嘿，勿妄言是非；一教其简素，勿修饰容仪。针凿纺绩外，宜教他烹调饮食，为他日中馈计[9]。《诗》曰："无非无仪，维酒食是议。"[10]此九字可尽大家姆训。

【注释】

[1] 蒙养：出自《周易·蒙卦》："蒙以养正，圣功也。"指教育幼童。 [2] 泛爱众亲仁：出自《论语·学而》。 [3] 文学：做文章。 [4] 走作：放纵。 [5] 俾：使。 [6] 骄养：对子女娇惯溺爱。 [7] 戕：损害。 [8] 冶：好过分的装饰打扮。 [9] 为他日中馈计：为她日后可以操持家务做打算。 [10] 出自《诗经·小雅·斯干》。

凡议婚姻，当择其婿及妇之性行及家法如何[1]，不可徒慕一时之富贵。盖婿妇性行良善，后来自有无限好处，不然，虽贵与富无益也。

《麟趾》之诗首章云[2]："振振公子"，次章云："振振公孙"，三章云："振振公族"。由子而孙、而族，皆振振焉[3]，是为一家之祯。语曰："子孙贤，族将大[4]"。凡我族人其勉之。

【注释】

[1] 性行：品性和行为。家法：家风、家教。 [2]《麟趾》：《诗经·麟之趾》。 [3] 振振：忠厚。 [4] 族将大：家族将会繁荣昌盛。

通族之人，昔祖宗之子孙也。一有富且贤者出，祖宗有知，必以通族人付托之矣。间有不能养、不能教、不能婚嫁、不能敛葬及它有患难莫可控诉者，即当尽心力以周全之。此为人子孙承祖宗托付分内事，切不可视为泛常推诿。

族有孝友节义贤行可称者，会祀祖祠日当举其善者告之祖宗，激示来裔。其有过恶宜惩者，亦于是日训戒之，使知省改。

族人有不幸无后者，其亲兄弟当劝置妾媵以生育，不可萌利其有之心。其人或终无生育，即当择一应继者为嗣，切勿接养他姓，重得罪于祖宗。

易曰：风行水上涣。先王以享于帝立庙、立宗祠、创族谱，所以合其涣也。然不立祭田，恐后人或以无田而废祀，而立义田以给族之不能养者；立义学，以淑族之不能教者；立义冢，以收族之不能葬者。皆仁人君子所当恻然动念，必周置以贻穀于无穷者也。范文正公自宋迄今，盖数百年矣，而义庄犹存。李德裕之平皋安在哉？敢以是为劝为戒。

凡祠堂坟墓，须时勤展视，岁加修理，莫教大敝，始兴工作。若住居有一檐一瓦之坏，即宜治之，切不可兴土木，致倾赀业。语云："与人不睦，劝人造屋。"此言最可省。

祖宗血产，由卒瘏拮据而来，生于斯，聚国族于斯。固其所深祝者，万万不可轻弃，倘以人众不能聚居，即归一房居之。余各自为居处，切不可属之他姓。万一俱贫不能支，亦宜苦守一隅，思为恢复之计。若有不才贪豪姓厚资，先将受了投献，通族宜共击之。鸣官治以不孝之罪，旋以理抗势豪，莫为吞并。万一力不能抗，亦宜哀请乞存香火，是为贤子孙。不然者，恐不可见先人于地下，且亦无面目自立于人世也。

凡处家不可不读家人卦。卦本风自火出，文王只系利女贞三字。周公于初爻即系闲之一字。闲从门从木，门有挡木，内外始有关防。二爻系无攸遂，在中馈。申利女贞之意。然大纲却在男子身上。故三爻系家人嗃嗃悔厉吉；妇子嘻嘻终吝。嗃嗃固似太严，而嘻嘻可称家节哉。言妇则责夫，言子则责父。是不可不身任其责者，如是始称有家。故四爻系富家以志顺。五爻系假家以志爱，然又须诚实而威严，可以常保得。故上爻系是孚威如之辞，象申之曰：反身之谓也。反身者何？言有物行有恒而已。圣人论家政纲纪节目曲折无遗盖如此。有家者尚三复于此哉。

家人内外大小防闲，不可不严。凡女奴男仆年十岁以上，不可纵放其出入，而女尼、卖婆等尤宜痛绝。盖此辈一出入，未有肯空手者，而且更有不可言者。周公系家人初爻云："闲有家悔亡，闲得定然后成得家"，此二语尤宜时当三复。

已食即思其饥，已衣即思其寒，如棉衣蚊帐之类，皆当豫为料理。陶靖节遣一仆待其子，曰："彼亦人子也，当善遇之。"此言大有深味。

人须各务一职业。第一品格是读书，第一本等是务农[1]，此外为工为商，皆可以治生[2]，可以定志，终身可免于祸患。惟游手放闲，便要走到非僻处所去[3]，自罹于法网[4]，大是可畏。劝我后人，毋为游手，毋交游手，毋收养游手之徒。

凡居家不可无亲友之辅，然正人君子，多落落难合[5]，而侧媚小人，常倒在人怀。易相亲狎[6]、识见未定者遇此辈，即倾心腹任之，略无尔我。而不知其探取者悉得也，其所追求者无厌也。稍有不惬，即将汝阴私攻发于他人矣[7]，名节身家，丧坏不小，孰若亲正人之为有裨哉[8]？然亲正远奸，大要在“敬”之一字。敬则正人君子谓尊己而乐与，彼小人则望望而去耳。不恶而严，舍此更无他法。

交与宜亲正人。若比之匪人，小则诱之佚游以荡其家业；大则唆之交构以戕其本支；甚则导之淫欲以丧其身命。可畏哉！

亲友有贤且达者，不可不厚加结纳[9]。然交接贵协于理，若从未相知识者，不可妄援交结，徒自招卑谄之辱[10]。且与其费数金，结一贵显之人，不为所礼，孰若将此以周贫急[11]，使彼可永旦夕[12]，而怀感于无穷也。

【注释】

[1] 本等：分内之事。 [2] 治生：维持生计。 [3] 非僻处：误入歧途。 [4] 罹：遭受苦难或不幸。 [5] 落落难合：庄重、耿介。 [6] 狎：亲近而态度不庄重。 [7] 将汝阴私攻发于他人：将你的私密之事告诉别人。 [8] 有裨：有益处。 [9] 结纳：结交。 [10] 卑谄之辱：羞耻和侮辱。 [11] 周贫急：接济贫困之人。 [12] 可永旦夕：使他们一时缓解困境而获得安宁。

睦族之次，即在睦邻[1]，邻与我相比日久，最宜亲好。假令以意气相凌压[2]，彼即一时隐忍，能无忿怒之心乎？而久之缓急无望其相助，且更有仇结而不可解者。

尝见有势之家，不独自行暴戾于家，偶乡邻有触于我者，辄加意气凌轹，此大非理也。吾家小人家，自无此事。或后稍有进焉，亦宜愈加收敛，不独不可凌于乡，即家有豪奴悍仆，但可送官惩治，切勿自逞胸臆，取不可测之祸也。

吾祖居田畔，邻人有占过多尺者，初不与较而自止，若与较鸣官，人必谓我使势矣。今旁近去处或有来售，应买者宁略多价与之，使渠可无后言。其或不然，若官地军地，自可息欲火矣。天下大一统，尚东有倭、北有虏，不曾方圆得，况百姓家，何必求方圆、费心思，而自掇其扰害哉！

吾子孙但务耕读[3]本业，且莫服役于衙门，但就实地生理，切莫奔利于江湖。衙门有刑法，江湖有风波，可畏哉！虽然仕宦而舞文而行险[4]，尤有甚于此者[5]。

世称清白之家[6]，匪苟焉而可承者[7]，谓其行己唯事乎布素，教家克尚乎俭约，而交游一本乎道义。凡声色货利、非礼之干[8]，稍有玷于家声者，戒勿趋之。凡孝友廉节，当为之事，大有关于家声者，竞则从之。而长幼尊卑聚会时，又互相规诲、各求无忝于贤者之后，是为真清白耳。

【注释】

[1] 睦族之次：和睦家族之人的下一步。 [2] 假令：如果。 [3] 耕读：务农和读书。 [4] 仕宦而舞文而行险：官场公文和交结之事，其中风险难测。 [5] 尤有甚于此者：所带来的祸患比这还有多。 [6] 清白之家：家风清明而声望良好。 [7] 匪苟焉而可承者：并非仅是苟且就可以传承下去的。 [8] 非礼之干：不符合礼的行为。

凡势焰熏灼[1]，有时而尽，岂如守道务本者，可常享荣盛哉？一团茅草之诗[2]，三咏之，煞有深味。

谚云：“一日之计在于寅，一年之计在于春，一生之计在于勤。”起家的人，未有不始于勤而后渐流于荒惰，可惜也。《书》曰："慎乃俭德，惟怀永图。"起家的人，未有不成于俭而后渐废与侈靡，可惜也。

居家切要，在"勤俭"二字，既勤且俭矣。尤在忍之一字。偶有以言语之伤，非横之及，不胜一朝之忿，构怨结仇，致倾家室，可惜勤俭之积，一朝轻废也。而况及其身，并及其先人哉，宜切戒之！

唯清修可胜富贵，虽富贵不可不清修。

家处穷约时，当念守分二字；家处富盛时，当念惜福二字。人当贫困时，最宜植立自守衡门之节。若卑谄于豪势之人，不独自坏门风，且徒取人厌。其实无济于贫乏也。

人须节约自持，不可恃产浪费。到败坏时干求人，许多不雅，尚有未必得者。即得，亦须勉偿以完信行，否则不齿于士类矣，尚慎诸。

无端不可轻行借贷，借债要还的，一毫赖不得。若家或颇过得，人有急来贷，宁稍借之。切不可轻为借贷，后来反伤亲情也。若作保作中，即关己行，尤切记不可。

家稍充裕，宜由亲及疏，量力以济其贫乏。此是莫大阴骘事，不然，徒积而取怨，祸且不小矣。语云："久聚不散，必遭水火盗贼。"此言大可自警。

凡燕会期于成礼，切不可搬演戏剧。诲盗启淫，皆由于此，慎防之守之。

丧事有吾儒家礼在，切不可用浮屠。

冠婚丧祭四事，家礼载之甚详。然大要在称家有无，中于礼而已。非其礼为之，则得罪于名教；不量其力为之，则自破其家产，是不可不深念者。

今人有戒特杀者，似为太过。然轻启宴会，多杀牲口诚亦不宜。读苏子号哭于挺刃之下数语，当举箸不忍矣。

凡就医药，须细加体访，莫轻听人荐，以身躯做人情。凡请师傅，须深加拣择，莫轻信人荐，以儿子做人情。凡成契券、收税册大关节，须详加确慎，莫苟信人言，轻为许可，以身家做人情。

人须自保养，不使有疾。或不幸有疾，当自反其所以致此者，弗讳以忌医。既就医治矣，宜宽心以俟其愈，内勿轻信妇人言，外勿轻信医师言，破费以倾其家产。

丙午觐行，遇萍乡伊韩眉山丈，说曾见年一百五岁者，问有修养之术否，回言未尝有之。唯少年时见人说冬夏二至，宜绝房事，因于每至前后，共戒一月。此本载月令者，伊偶闻诚信而力行之。多历年所，是所谓修养之要诀也。恨知读书者反不能行，而自促其亡耳。余老矣，悔不早闻此言，后来少年，宜因此言慎戒以遐享焉。

凡人欲养身，先宜自息欲火[3]；凡人欲保家，先宜自绝妄求。精神财帛，惜得一分，自有一分受用。视人犹己，亦宜为其珍惜，切不可尽人之力，尽人之情，令其不堪[4]处。出尔反尔，反损己之精力矣。有走不尽的路，有读不尽的书，有做不尽的事，总须量精力为之，不可强所不能，自疲其精力。余少壮时多有不知循理事[5]，多有不知惜身事，至今一思一悔恨。汝后人，当自检自养，毋效我所为[6]，至老而又自悔也。

切不可习天文谶纬之书，切不可听妖人咒魇之法，自取不可测之祸。若全真炼丹，总属妖妄。尤切不可轻信，以自破其家。

读书的人有文会，文会择人，方有益无损。做百姓的有社会神会，此地方有众事，不可独却，出银不赴饮可也。若银会酒会，则万万不可与，未有与而克终者。

讼非美事，即有横逆[7]之加，须十分忍耐，莫轻举讼，到必不可已处，然后鸣之官司。然有从旁劝释者，即听其解已之可也。讼卦辞中有吉凶不克等语[8]，最宜三复。然究之“作事谋始”[9]一语，则绝讼之本也。

谚云：“若要宽，先完官。”钱粮切不可拖赖。吾家世来先完钱粮，故里长争夺为甲首。今虽业渐稍充，亦只照先限完银，不累里长比责，照旧加赠完粮，不累里长赔贼。里长要我为甲首，可常为快活百姓矣。切不可听人说，自立宦户，立宦户，要白养一个出官的人。万一差池，县父母或加比较，官军临兑，或来躁嚷。即讨得小便宜，失却大体面矣。万一田多要立，宜分付出官的人，谨慎承役。且宜自加照管，莫使出官的人侵渔其间，为身家之累。

凡有必不可已的事[10]，即宜自身出，斯可以了得，躲不出，斯人视为懦[11]，受欺受诈，不可胜言矣。且事亦终不结果，多费何益？语云：“畏首畏尾，身其余几？”[12]可省已。

【注释】

[1] 势焰熏灼：声势显赫的家族。 [2] 一团茅草之诗：状写茅草屋的诗。 [3] 自息欲火：自己消除心中的欲望之火。 [4] 不堪：不能够承受。 [5] 循理事：遵循道理来做事。 [6] 毋效我所为：不要效仿我年轻时做过的事。 [7] 横逆：横暴不顺理。 [8] 语出自《周易·讼卦》。 [9] 作事谋始：出自《周易·讼卦》：“象曰：‘天与水违行，讼。君子以作事谋始。’”指做事应在开始的时候谨慎谋划。 [10] 必不可已的事：不得不做的事情。 [11] 懦：懦弱无能。 [12] 语出自《左传·文公十七年》。指做事犹豫不决，瞻前顾后。

积金积书，达者[1]犹谓未必能守能读也，况于珍玩[2]乎？珍玩取祸，从古可为明鉴矣，况于今世乎！庶人无罪，怀璧其罪。身衣口食之外，皆无长物[3]也；布帛菽粟之外，皆尤物[4]也。念之。

今人酷信风水[5]，将祖先坟茔迁移改葬，以求福泽之速效，不知富贵利达自有天数[6]，生者不努力进修，而耑责死者之荫庇，理有是乎？甚有贪图风水，至倾其身家者，曷不反而求之天理也？可谓惑已。

看上世尝有不葬其亲者节，说到孝子仁人之掩其亲，亦必有道矣，安可不觅善地以比化者？但善地是藏风敛气，可荫庇后人耳。必觅发达之地，多费心力以求谋，甚至损人利己，此最是伤天理事，切不可为。

若无葬埋处，苟无水无蚁，亦可自惬矣。或听堪舆家[7]言，别迁移以求利达，是大不孝事，天未有肯佑者，尤切戒不可，切戒不可[8]。

吾上世初无显达[9]者，叨仕[10]自吾始，此如大江大湖中，偶然生一小洲渚[11]耳。唯十分培植[12]，或可永延无坏，否则夜半一风潮，旋复江湖矣。可畏哉！可畏哉！

【注释】

[1]达者：明达之人。 [2]珍玩：珍奇宝物、古董古玩之类的东西。 [3]长物：多余之物。 [4]尤物：珍奇难寻之物。 [5]风水：指住宅基地、坟地等的自然形势，旧时人认为这和家族的运势密切相关。 [6]天数：上天命定的运数。 [7]堪舆家：看风水的人。 [8]切戒不可：务必要以此为戒。[9]显达：煊赫闻达。 [10]叨仕：进入仕途。 [11]渚：水中的小块陆地。[12]培植：培育。

创业之人，皆期[1]子孙之繁盛，然其本要在一“仁”字。桃梅杏果之实皆曰“仁”。“仁”，生生之意也。虫蚀其内，风透其外，能生乎哉？人心内生淫欲[2]，外肆奸邪[3]，即虫之蚀、风之透也，慎戒兹[4]，为生子生孙之大计。

凡人为子孙计[5]，皆思创立基业，然不有至大至久者在乎？舍心地而田地，舍德产而房产，已失其本矣。况惟利是图，是损阴骘[6]，欲令子孙永享，其可得乎？

作善降祥，作不善降殃。古来人试得多了，不消我复去试得。

祖宗积德若干年，然后生我们，叨[7]在衣冠之列。乃或自恃才势，横作妄为，得罪名教[8]。可惜分毫珠玉之积[9]，一朝尽委[10]于粪土中也。

【注释】

[1]期：期望、希望。 [2]内生淫欲：心中萌生过分的欲望。 [3]外

肆奸邪：在外放纵行事。肆，放纵，任意行事；尽，极。　[4] 慎戒兹：对此要有戒惧之心。　[5] 为子孙计：为子孙后代谋划。　[6] 阴骘：阴德。[7] 叨：承受。　[8] 名教：圣人之教化。　[9] 分毫珠玉之积：点滴积累的财富。　[10] 委：抛弃，舍弃。

语云："讨便宜处失便宜"。此处字极有意味，盖此念才一思讨便宜，自坏了心术，自损了阴骘，大失便宜即在此处矣，不必到失便宜时然后见之也。

高明之家，鬼瞰其户。凡事求无愧于神明，庶可承天之佑，否则不觉昏迷，自陷于危亡之辙矣。"天启其聪、天夺之鉴"，二语时宜惕省。

释氏[1]云："要知前世因，今生受者是；要知来世因，今生作者是。"此言极佳，但彼云前世后世，则轮回[2]之说耳。吾思昨日以前，而父而祖皆前世也；今日之后，而子而孙皆后世也。不有祖父之积累，昔日之勤劬[3]，焉有今日？乃今日作为，不如祖父之积累，可望此身之考终，子孙之福履[4]乎？是所当惕省者。

余令新兴，无他善状，唯赈济[5]一节，自谓可逭前过[6]，乃人揭我云：百姓不粘一粒，尽入私囊。余亦不敢辨，但书衙舍云：勤恤在我，知不知有天知；品骘由人[7]，得不得皆自得。今虽不敢谓天知，然亦较常自得矣。汝辈后或有出仕者，但求无愧于心，勿因毁誉自为加损[8]也。

余常自惴深过涯分，特书小联云："得此已过矣，敢萌半点邪思；求为可继也，须积十分阴德。"此四语是我传家至宝，莫轻视为田舍翁也。

吾家世用纹银，不识煎销银匠却亦自得便宜。用低银及串水米者，自损阴德不小，当切以为戒。

今人欲欺人，岂能行之智与强者。无非欺其愚，欺其懦弱而已。然老天煞有明眼，报应分毫不错。吾谁欺？欺天乎？此匪独大契约大交关处不可欺，即权衡豆釜之间，亦不可分毫欺也。

凡置田地房屋，先须查访来历明白，正契成交，价用足色足数，不可短欠分毫。稍讨分毫便宜，后便有不胜之悔矣。贵买田地，积与子孙。古人之言，不我欺也。若贪图方圆一节，所损阴德不小。尤宜深戒。

谚云："贪产穷，惜产穷。"此言大是有味。

田地多，难照管，薄薄可供衣食足矣。奴仆多，难约束，庸庸可供使令足矣。膏腴的田人所羡，伶俐的人会使乖。曷慎诸。

余嫁女不论聘礼，娶妇不论奁资。令新兴抵舍，房闼中不留一文，是儿曹所共知见者。后人当以为式。

余总角时，遇长者于道，肃揖拱立，俟过后行，偶有问及，则谨对而退，面犹发赤也。今少者仪不如是矣。尔曹但看阙党童子一章，自知礼逊，可免饮速成之诮。

一部《大学》，只说得修身，一部《中庸》[9]，只说得修道，一部《易经》，只说得善补。修补二字极好，器服[10]坏了，且思修补，况于身心乎？

《易》曰："聪不明也。"[11]《诗》曰："无哲不愚。"[12]自恃聪哲的，便要陷在昏昧不明处所去，可惜哉！所以人贵善养其聪、自全其哲。

【注释】

[1] 释氏：佛祖释迦牟尼。　[2] 轮回：佛教语。梵语的意译，原意是流转。佛教认为众生各依善恶业因，生死交替。　[3] 勤劬：辛苦、勤劳。　[4] 福履：福祉、福禄。　[5] 赈济：用财物、粮食救济。　[6] 逭前过：补救之前的过失。　[7] 品骘：评定，论定高低。　[8] 加损：增加和减少。[9]《大学》《中庸》：儒家经典《礼记》中的篇目，后被宋儒朱熹将之与《论语》《孟子》合编成《四书章句集注》。　[10] 器服：器物和衣服。　[11] 出自《周易·夬卦》。　[12] 出自《诗经·大雅·抑》。

智术仁术不可无，权谋术数不可有。盖智术仁术，善用以归于正者也；权谋术数，曲用之以归于谲[1]者也。正谲之辨[2]远矣！动关人品，慎诸！

才不宜露[3]，势不宜恃，享不宜过，能合蓄退逊，留有余不尽，自有无限受用。

凡闻人过失，父子兄弟私会时，或可语以自警，切不可语之外人，招尤取祸，所关不小。听言当以理观，一闻辄以为据，往往多失。常言："俗语与圣经贤传相表里，慎毋忽焉而不察。"

俗语有尽可动人者，即骂詈之言，不可不察也。今人动说不成器，不成器其可以成人乎？北人骂人不当家，不当家其可以成家乎？

余性太直戆，一时气忿所发言行多有过当处。虽旋即追悔，然亦已无及矣。是儿曹所宜深戒者。

余闻一善言，无一不细绎，无一不牢记。向在京遇一好修老人家，偶见余恼发，徐解曰："恼要杀人。"余闻此一语，知好亦杀人，不独恼也。又尝对余言："天平上针是天心，下针是人心，下针须合上针。"极为善谕。又尝与余言："狮子乳，唯玻璃盏可以盛得，金银器亦能渗漏。"此事虽不试见，然闻人善言，不以实心承受，能如玻璃盏乎？是语亦有禅几，不可不牢记者。

经目之事，尤恐未真。闻人暧昧，决不可出诸口。一句虚言，折尽平生之福。此语可深省也。阿谀从人可羞，刚愎自用可恶。不执不阿，是为中道。寻常不见得，能立于波流风靡之中，是为雅操[4]。

淡泊二字最好。淡，恬淡也；泊，安泊也。恬淡安泊，无他妄念[5]，此心多少快活、反是以求浓艳，趋炎势，蝇营狗苟，心劳而日拙矣，孰与淡泊之能日休[6]也。

【注释】

[1] 谲：欺诈，玩弄手段。　[2] 正谲之辨：正直和诡诈之人差别很大。

[3] 才不宜露：才华不可轻易向外展示。　[4] 雅操：正直雅致的操行。

[5] 妄念：邪念；虚妄的或不正当的念头。　[6] 休：美好。

人要方得圆得[1]，而方圆中却又有时宜。在《易》论圆神方知[2]，益以易贡二字，最妙，变易以贡，是为方圆之时。棱角峭厉[3]非方也，和光同尘[4]非圆也，而固执不通非易也，要认得明。

语云："自成自立，自暴自弃。"又云："自尊自重，自轻自贱。"成立暴弃自我，尊重轻贱自我，慎择而处之。

余少时偶书一联："做人要存心好，读书要见理明。"究竟自壮至老，亦只此二句足以自警。

力行去，便是圣贤之徒了。先儒训道言也。又训道行也。言贵行，行方是道。不行，虽讲无益也。宜辨诸。

圣贤教人一生谨慎，在非礼勿视四句[5]；教人一生保养，在戒之在色三句[6]；教人一生安闲，在君子素其位而行一章[7]；教人一生受用，在居天下之广居一节[8]。

事亲，事之本也。守身，守之本也。此二语极为吃紧，朝夕常宜念省。

《乡党》一篇，总画得夫子一个体貌。至末却云："色斯举矣，翔而后集。"活活画出夫子一个心来。今细玩举字翔字集字斯字矣字而后字。仕止久速，分明若在眼前。然此个心窍，吾人岂有之？皆不可不晓，倘临事而不为虑，是鸳鸯于飞，不虑罟罹之及也。未事而不为防，是鸳鸯在梁，不戢其左翼也。于止不知所止，是黄鸟不止于丘隅也。可以人不如鸟乎？易曰："君子见机而作，不俟终日。"又曰："君子以思患而豫防之。"

夫人少有得焉亦喜，况反身而诚。得其所以为我，少有失焉亦忧。况舍其路，放其心。失其所以为人。孟子一边说个"乐莫大焉"，一边说个"哀哉"。大可警惕。

常念"读圣贤书，所学何事？"二语决不堕落于不肖。

天未尝轻人性命，人往往自轻贱之，甚可惜。

人思夺造化，造化将反夺我矣。此间要知分晓。

坡诗云："腥涎不满壳，聊足以自濡。升高不知疲，粘作壁上枯。"（此为苏东坡所作的蜗牛诗）可为知进不知退者警。

圣人两说无未如之何也已矣。一是自家不肯料理，一是人言不能医疗。是所谓下愚不移者。真可痛恨。

至自绝于人类，不亦可自愧死哉。人能常念及此，自不敢为不肖之子矣。

欲字从谷从欠，谿谷常是欠缺，如何可填得满？《孟子》云："养心莫善于寡欲"，欲寡与否，存不存系焉。人曷不以理自制，以自陷于亡。

中庸云："人皆曰予知。驱而纳诸罟擭陷阱之中而莫之知辟也。"罟擭陷阱，谁不知险？谁任其驱而纳诸？曰："利欲也。"利欲在前，分明有个大坑穽，在人自争趋争陷焉。可痛已。古诗云："利欲驱人万火牛。"此语极为提醒。

凡人须先立志，志不先立，一生通是虚浮，如何可以任得事？"老当益壮、贫且益坚"，是立志之说也。

《孟子》七篇，只说个有为，只病个不为。不为的人，莫可振奋，直趋到下愚不肖止可恨已。

盘根错节，可以验我之才；波流风靡[9]，可以验我之操；艰难险阻，可以验我之思；震撼折冲，可以验我之力；含垢忍辱[10]，可以验我之量。

人常咬得菜根，即百事可做，骄养太过的，好看不中用。

【注释】

[1]方得圆得：刚毅正直、随机应变。 [2]出自《周易·系辞传上》。[3]棱角峭厉：愤世嫉俗。 [4]和光同尘：随波逐流。 [5]出自《论语·颜渊》。 [6]出自《论语·季氏》。 [7]出自《中庸》。 [8]出自《孟子·滕文公下》。 [9]波流风靡：流俗趋势。 [10]含垢忍辱：忍辱负重。

学者，心之白日[1]也，不知好学，即好仁、好知、好信、好直、好勇、好刚，亦皆有蔽[2]也，况于他好乎？做到老，学到老，此心自光明正大，过人远矣。

但读圣贤之书，是真正士子，但守祖宗之训，是真正儿子；但奉朝廷之法，是真正臣子。不则为邪为僻，即有所著见，不可谓真正人品也。

要与世间撑持事业，须先立定脚跟始得。

事到面前，须先论个是非，随论个利害。知是非则不屑妄为，知利害则不敢妄为，行无不得矣！窃怪不审此而自陷于危亡者[3]。

语云："富贵不开花。"此言甚好。人见花开之为盛，不知一开即谢随之。唯是含苞发蕊时乃为盛耳。花到开时自开，不能为主。若人可自做主得，但当隆盛时，恒存谦退意思。常若含苞发蕊发时，何等荣艳。若一发挥，即消亡随之矣。是可悔恨也。

论不善处富贵者，不说别的，特说一个淫字。骄奢淫佚，所自邪也，而淫为甚。几人到此，自误平生。深念之慎之。

客气甚害事，要在有主。主者何？忠信是已。

祖父千辛万苦，做成一个家，子孙风花雪月，一时荡坏了，真可痛惜！真可痛恨！

分明一个安居在，不肯去住，却处于危；分明一条正路在，不肯去行，却向于邪。真是自暴自弃。可恨也！

今人计较摆布人，费尽心思，却何曾害得人。只是自坏了心术，自损了元气。

看圣贤千言万语，无非教人做个好人。人却不信不由，自归邪僻。真是可悼。

余平生不肯说谎，却免得许多照前顾后。

人谓做好人难，余谓极易。不做不好人，便是好人。

决不可存苟且[4]心，决不可做偷薄[5]事，决不可学轻狂态，决不可做惫懒人。

当至忙促时，要越加检点；当至急迫时，要越加饬守；当至快意时，要越加谨慎。

在上的可忘分，在下的不可不知分。在下的应守法，在上的不可不知法。人偶得一好梦，数日喜欢，否则心殊不快，然此直梦耳。余追思全州新兴事亦梦也。可快与否？心自知之。今正在广昌梦中，切莫改全州新兴所为，使日后追思不快也。

余在广昌时，曾为宦家一联云：轮换美哉，新气象守在诗书；构堂肯是，旧规模传之子孙。”今思之，必守在诗书，然后能传之子孙。此言殊有深味也。

书曰：“惟民生厚。”易曰：“君子以厚德载物。”又曰：“上以厚下安宅。”惟厚能载物，乃可以安宅。不则自处以偷，是教人以偷也。物乌由附而宅乌由安哉？且不厚是自失其本来，其何以自立？

允执厥中，克不以语丹朱。一以贯之，孔子却以语曾子。此可知所授受矣。人生大受用处在谦厚二字，可以来世亦此二字。

语云：“贫者士之常。”余又曰：“信者贫之本。”读所悟于上一节，自知所以处己，知所以处人矣。

有资质的人到十八九岁时，当愈加谦谨。日就于规矩中，便日向圣贤。日就于嚣薄中，便日流于下愚不肖。此间所关最大，莫教走错。人以面情难却而轻诺，然轻诺却害多少事。最宜深戒。

好胜之心不可在功名上，唯当在学问上。然学问虽极精进，尤当守之以谦，毫无胜人之气。是所羡也。

礼记慈以旨甘。慈以二字极妙。慈是老之所以字幼者，无所不用其极也。幼者能复将此心以养其老，是为真孝。

凡知痛痒的人，皆可化诲。唯是论之不知省，辱之不知妮，鞭策之不知改，任伊怒之之极而彼之顽劣如故。谚所谓：“顽妻劣子，无法可治者。”是所谓不可怒者也。不幸遇此等人，只有放出而不表礼一着。

父母望子，不专在起家立业上。全望其为善以成名。为人子者，将一有为，必思及父母，则虽欲不为善，不可得矣。孝经立身行道语，最可诵。

读父母所爱亦爱之，父母所敬亦敬之。至于犬马尽然语，而爱敬之心，有不油然而生者，真无人心之甚也。今人有一财一帛一语言致伤天性之和、戾父母之心。万世罪人，孰大于是？

看子事父母，妇事舅姑。男女未冠笄者，鸡初鸣，始盥漱。一家之中，无不早起以任事。家教不患其不立，家业不患其不兴。

凡人最宜疾，其要在慎起居节饮食。然又有最要者，在戒慎房事一节。一不谨而追悔莫及矣。可不畏哉！

医家设骗人，专在固阳一节。固阳固是好事，然精虽不泄而神则耗矣。其尤可恶者，采战之说。采战则有之，然灭军十万，自损三千，况未必赢乎？此老年之人多以此说自坏其生。可惜也。

老年人切不可服金石之药，取强阳以做事，如此者未或不亡。

记曰："妇事舅姑，如事父母。"则为舅姑者亦宜以子女字其妇矣。妇不以父母事舅姑，舅姑不以子女字其妇者，皆不知《内则》之义也。

看今极有意思的人，处外事无不停停妥妥。一观其处家，便自纷错不齐。此何以故？一家之中，尊长临于上，有势不能行者。卑幼狎于下，有法不能施者。而女子小人顽皮种种，有即善其教令而必不肯率者。鞭朴之加，亦用不得许多。究竟论之，只在一身之纲纪耳。无私昵、无痛嫉，六字极为切要，而要在立诚以为之本。诚无私昵，家人自不敢扰。诚无痛嫉妒，家人自乐为用。古来说君为臣纲、父为子纲、夫为妻纲，愚谓为父为夫的，必如为君的一般，诚实威严，必不假借，令其反覆出入。庶几为可齐云。

放生一节，唯偶行于所见则可。若必欲放，如常熟粘鸟者，止四人一闻严养齐有放生之意。粘鸟者至二十余人，是所取逾于所放也。何为哉？若鱼鳖螺鳝之类，放者众，则取者愈多，放得则已半毙矣。以是为宜放不宜放乎？愚尝有诗云："设网取来浑是利，诵经放去总为名。空阔海天无限德，一池活得几多生。"惜乎人之莫知也。

格物致知诚正修齐治平等字须认得明，可以言学。物匪他也，身心家国天下是也。格如格子眼之格，自下及上，格格开明洞达，毫无障蔽，则本体之知自无不致。自是而意可诚，心可正，身可修，家可齐，国可治，天下可平。皆从格之一字起也，认格字不明，而欲及其他，得乎哉？此牧生平之学盖在兹，望吾后人识之不迷也。

烦恼自外来者，以理应之，可易摆脱。唯自心生者，葛藤不断，最难消豁，唯一刀斩之为妙。友以轮回解脱语语牧，牧应之曰："积善之家，必有余庆；积不善之家，必有余殃。此非吾儒之轮回乎？君子内省不疚，无恶于志向；君子不忧不惧，君子居易以俟命；此非吾儒之解脱乎？识得此理分明，何等受用！何事佛氏之虚无寂灭哉！"

人复有以荣进祝者，余作诗谢之曰："家世来延唯在积，功名善守不须多。"余得此以为过矣。

余尝公服行日中，见影衣冠翼如也。因冠冕素服其影若是也。金玉带以至角带其影若是也。则知人生之富贵贫贱其影亦若是耳。何人之弗察哉！

戊戌岁，葬先父母于金盖山，此地一寻即得。十一月十二日看地，十五十八日成契，廿二日斩草破土。此时二昼夜连雨天，天气昏黑。偶然此时间开始立定方向，随又昏暗至晚。十二月初十日下葬，前后冰冻，此日却和煦如春二三月时候。不可谓不得天之时。又因取土开半月池于墓前，两腋出泉，即有半池水，至今不竭。不可不谓得地之利。即次岁，葬先二妻于金斗山，亦一寻即得此地，至今略无破败，如是何以掩形足矣。后世子孙勿听术家之言，思为迁改。往往见人家改迁以求福利者，未有一之能享其福者也。切为至戒！切为至戒！

天下许大道理，一人岂能兼收得？论学问只宜以不如人为耻。天下无穷福分，一人岂能悉受得，论享用只宜以过人为愧。

为贤者后当痛加思奋发，莫遏佚前人之光。为不肖者后当痛加砥砺，思克盖前人之愆。是为孝子。

今人说晓得不晓得，此语须宜细体。晓者，天光也，天亮也。心能见道义之精微，识取于死生之大节。及他事物细小，无不通澈。是谓晓得。若迷心于声色货利，惑志于富贵功名。甚者高明之徒，从事于释氏之教，自以为明心见性。请问明者何心？所见者何性？昏懂懂过日子，直至死而不知觉。可谓之晓得乎？此所当深思者。

易曰："方以类聚。"以类而聚，何伤哉！而何至于党也。汉之党立异以为高，唐之党倾人以为事。而清流白马可为未鉴已，乃宋洛蜀诸君子犹然相与为党，何为哉！若今之党则更异于是矣。以草野而议朝廷之务，以山林而执庙堂之权。其势将至于无君，岂盛世所宜有哉！幸然今稍平复，然恐其党之潜伏也。请诸君子清夜以思之，至公引类以报国，何不可为？而何为其立党也？

余见出仕者往往相聚而皆云："地方不好。"余漫谓之曰："只恐官负地方耳，地方不曾负官也。"其人止而不言。诗曰："自求多福。"又曰："聿怀多福。"多福如何可求得？唯日勉勉焉进修不懈，以求享之。自人看来，若曰自求耳。而在己视之，凛凛然常恐其不能保。是谓之聿怀。如曰："若何以求取，若何以怀来？"曰："求且怀。"误矣误矣。

余族极寒微，今尚不满六十人世居姚家带，地方所见所闻及所传闻，百年以内，未尝有一点墨水入乌城县中迁居在城。自吾父赠君始教我读书，致有今日。此譬如一堆腐草，积在舍旁，亦化生一萤嚼之光出来。今幸立有基业，置宗祠，置义田祭田，成个人家。乃族人犹租田而种，负来而耕。见我俱穿村庄衫服，此是极善风俗，余特加矜恤焉。但愿我家世如此耕，世如此读，世为无墨水，入乌程县中之民。则大幸矣。

易曰："天之大德曰生。"书曰："生生自庸。"要见人之生，各有个生理在。若能自庸其生，则安居乐业自由无限的好处。乃人舍此生理，而蝇营狗苟，日逐无厌，以求其所生，反颠沛偾蹶以至于丧其生。亦可哀也已。

今人借一物，必是要还的。尚然必借来用，乃读书者读得一书，即为我所有。中有无限妙处，受用不尽，更不要还的。若何其不用心也。

凡事未须论利害，先须论是非。盖利害源头总在是非关上。此关一能勘破，则其所为自然趋利避害矣。易所谓："辨之早，辨者正。"此是非之义也。若到利害处才去分辨。晚矣晚矣。

非其道，非其义，伊尹不取。交以道，接以礼，孔子受之。此间细宜斟酌。

凡人不可做尽了，君子不尽人之欢，不竭人之忠，以全交也。此言极说得好。

做人要学大，莫学小。志趣一卑污了，品格难乎其高。作家要学小，莫学大。门面一弄阔了，后来难乎为继续。

处事全要无成心。成心者何有？我之私先入之见是也。有我起于逆亿，而先入之言，人所最易信，是谓成心。成心一主于中，不知不觉向在一偏去了，不知坏多少事。岂若廓然达公、物来物应之为德哉！

尝谓人心如镜。镜本至明能烛远者，一口气呵上去，即时障蔽，是肤受之愬也。日渐油腻，不知不觉猥琐尘昏，是浸润之谮也。人能驱得此二端，时加拂拭，则视远惟明，若日月之中天矣。人须识做字明白，做字从亻从故，吾心之故物也，即孟子则故而已矣之故也。凡做人做官做事做家，皆须识其本然之故，自然做来不差。若鲁莽灭裂为之，则未有不至于危亡倾覆者。是不识做字之义者也。是可深悼也。

凡人要知感恩以图报，斯可以克承其佑。如感天地之洪恩，而知所顶戴，自然为天地之完人。感父母之洪恩，而知所顶戴，自然为父母之孝子。感朝廷之洪恩，而知所顶戴，自可为朝廷之忠臣。若蚩蚩过日子，而不知所感激，未有不至于危亡者。即幸而顽福承休，其子孙必不受用，必不昌盛。此可以理必者。其理本空空悬在面前，人一知所求，自然不至于叛背矣。不然未有能善其所为者。

凡亲故之交，苟见有差失处，即宜以情原之。其有甚不堪者，即宜以理遣之，略不与较，是为厚道。不然彼此相竞，皆非矣，其间不能以寸。浑厚精明四字，忠厚正直四字，虽皆以厚为主，然时当用察，不可无精明之心，时当用刚，不可无正直之气。

记曰："功恶不出于己也，货恶其弃于他也。"人不可不自奋其才力哉！可不自量其财货哉！不奋其才力，将入于游荡之归；不惜其财货，将沦于暴殄之域。是不可不自知所慎也。

人要牢记人好言，常法人善行。时时提醒此心，自然不至于堕落。

俭德之共美德也，人只患不知俭不能俭耳。吾家素以俭名。近有诸大家一变而侈靡无算，中人家散之，其家立破。此历历可数也。宜亟反之为是。

嘉湖间时俗浅见，凡祖父客死于外，其柩皆不入门。云："冷尸入门，后人不利。"近见杰塘费虚寰客死于外，其子迎入门而后葬，其家颇利。又闻桐乡钱槐江卒于京邸，其子梦得等迎柩入室，寝昌寝隆后，其官至都御史。略无一毫不利。斯岂不足以订人心之迷哉！

居家居官，居字须体认。居字从尸从古。尸，主也，主于古则得之矣。不从古而居家居官可乎？人不可无执守，然最忌偏执，偏执最害事。盖理有固然，而事或有不然者，或事有固然而情实有不然者，此当一一体亮之。庶几可免于悔。若执以己见为之，未有不向于偏者。语曰："不逆诈，不亿不信。"抑先觉者是贤乎？逆亿必向于偏。当切戒之。

一日希贤则为贤，一日希圣则为圣，一日欲为下流不肖则下流不肖矣。顾人自立何如耳。一身事有当行者，有不当行者，即此义，准至于天下。有何可行于此，不可行于彼。有可行于今，不可行于来日者。故说之于天下也。无适也，无莫也。义之于比，今人唯忽之于天下也。五字所以便说不痛快。明道谓荆公曰："天下事非一家事，愿公屏气以听。"识此章之大肯矣。

语云："坟地不如心地好。"此言极佳。人患无心地耳，心地一好，自然所葬之地无不恰好矣。

取人当取其所长，而弃其所短。论人当论其所长，而并录其短。盖长短人所时有，论人与取人不同，若见其长而曲护其短，非也。见其短而并弃其长，尤非也。

人说《楞严经》最妙，吾令能讲者讲之。曰：“总之内不见己，外不见人。”安用多其辞哉！宋儒有一人亦云：“看一部楞严经，不如看一艮卦。”呜呼斯言，已先得之矣。

人有受言者，有不受言者。受言者惓惓请教，偶有与言者，即再三记之，若不胜其感者。有不受言者，不欲人言，即言之矣，极为强辩。自以为是，而终不以人言为然。此孔子所谓吾未如之何也已矣者也。

一日之事必于一日中决之，此唐刘晏之言也。不论居家居官，一日自有一日事。如读书一日，要完一日的工课；做家一日，要干一日的事务；居官一日，要理一日的公案。不必着忙，但从容做去，自然日计不足月计有余，月计不足岁计有余，终身事业皆基于此矣。此人之所宜日省者。

不能欺未若不敢欺，不敢欺未若不忍欺。然要人不忍欺，我须由我不忍欺人始。今人但说人责人无礼，余尝谓：“反之即为道。”且问我所以待人者若何。

人只乘一个公，守一个正，执一个实，持一个平。总来存一个仁，即小小有差失，亦自能亮我矣。道理端端正正，在人自外而论之，所以自生许多计较，自讨许多烦恼。何如自立其方，心逸而日体哉！方者何为？人子止于孝数句是也。素富贵行乎富贵数句是也。所恶于上毋以使下数句是也。子曰：“能近取譬，可谓仁之方也已。”易曰：“君子以立不易方。”

此是好消息，此非好消息。常须自审一下，莫交走错。

门第不能重人，惟人能重门第。恃门第骄人者，徒自取辱，切以为戒！

顾名思义，自能成立。不学做好百姓，便是异百姓；不学做好秀才，便是劣秀才。推此以上，其名其义，皆不可不反顾，不可不深思也。总其要，在循理守法而已。

【注释】

[1] 学者心之白日：学习如同心中的太阳。 [2] 有蔽：有遮蔽。 [3] 窃怪：我私下感到奇怪。 [4] 苟且：得过且过。 [5] 偷薄：浇薄；不敦厚。[6] 饬守：整顿、守护。

世间极占地位的是读书一着，然读书占地位，在人品上，不在势位上。吾人第一义要思做个好百姓。有资质能学问可便做个好秀才。又有造化能进取可便做个好官。然总做到为卿为相，却还要思是个秀才是个百姓，乃可传之于后。乡先生殁而不可祭于社。成得甚事！

守本分完钱粮，不要县官督责的，是好百姓。读书不与外事，不要学道督责的，是好秀才。不贪不酷，不要监司督责的，是好官。

余在新兴时，曾书一联于门首云："誓不为贪酷，吏有负生平；劝皆为良善，民无干刑法。"至今清夜以思，亦可谓不贪不酷矣。然未知究竟若何也。

凡人要学好，不必他求，孝顺父母，尊敬长上，和睦乡里，教训子孙，各安生理，毋作非为，有太祖圣谕在。

袁黄：了凡四训

袁黄（1533—1606），字坤仪，号了凡，浙江人，后迁居江苏。明万历年间进士，曾任县令、兵部职方主事，为政期间政绩良好。《了凡四训》是袁黄结合自己亲身的经历和毕生学问与修养，为了教育自己的子孙而作的家训。他教诫儿子袁天启，要认识命运之数，明辨善恶的标准、改过迁善的方法以及行善积德谦虚种种的效验。《了凡四训》一书有很深的佛学背景，是一部用佛教思想写成的家训之作。该书简明扼要，语言通俗易懂，清晰流畅，成书之后影响很广。清代曾国藩读到此书之后深受其中的思想启发，并改号“涤生”，即要效仿袁了凡先生，将从前的种种不良习气尽数荡涤之。该书中也蕴含有佛教因果报应的思想，这引起了后世儒者的批评。但是作为家训之作，了凡先生为人处世的思想可以为当下的家庭教育提供借鉴。读者在阅读本篇时，可有所甄别，取其精要。本文所选版本参考中华书局2008年出版的《了凡四训》和其他通行版本。

立命之学

余童年丧父，老母命弃举业[1]学医，谓可以养生，可以济人[2]，且习一艺以成名，尔父夙心[3]也。后余在慈云寺遇一老者，修髯伟貌[4]，飘飘若仙。余敬礼之，语余[5]曰：“子仕路中人[6]也，明年即进学。何不读书？”余告以故，并叩老者姓氏里居[7]。曰：“吾姓孔，云南人也。得邵子《皇极数正传》[8]，数该传汝。”余引之归，告母。母曰：“善待之。”试其数，纤悉皆验[9]，余遂起读书之念。谋之表兄沈称，言郁海谷先生，在沈友夫家开馆[10]，我送汝寄学甚便。余遂礼郁为师。

【注释】

[1] 举业：科举之途。　[2] 济人：帮助、救助别人。　[3] 夙心：平素的心愿。　[4] 修髯伟貌：相貌非凡、一脸长须。　[5] 语余：这位老人向我说。　[6] 仕路中人：官场中的人。　[7] 叩老者姓氏里居：问老人的姓名和住址。　[8] 邵子《皇极数正传》：指宋朝邵康节的皇极数。邵雍（1011—1077），字尧夫，谥号康节，北宋大儒，精通象数。　[9] 纤悉皆验：很小的事情都应验。　[10] 开馆：学舍、学馆。

孔为余起数[1]：县考童生，当十四名；府考七十一名，提学考第九名[2]。明年赴考，三处名数皆合。

复为卜终身休咎[3]，言：某年考第几名。某年当补廪。某年当贡。贡后某年当选四川一大尹，在任三年半即宜告归[4]。五十三岁八月十四日丑时，当终于正寝，惜无子。余备录而谨记之。

【注释】

[1] 孔为余起数：孔先生为我推算。　[2] 明、清的科举考试，分为县试、乡试、会试、殿试几个级别。　[3] 卜终身休咎：推算终生的吉凶祸福。　[4] 告归：辞职回家乡。

自此以后，凡遇考校，其名数先后，皆不出孔公所悬定[1]者。独算余食廪米九十一石五斗当出贡[2]，及食米七十余石，屠宗师即批准补贡，余窃疑之，后果为署印杨公所驳。直至丁卯年，殷秋溟宗师见余场中备卷，叹曰：“五策即五篇奏议也！岂可使博洽淹贯之儒[3]，老于窗下乎？”遂依县申文准贡，连前食米计之，实九十一石五斗也。余因此益信进退有命[4]，迟速有时，澹然无求[5]矣！

【注释】

[1] 不出孔公所悬定：不出孔先生预先所算定的名次。　[2] 出贡：科举考试中屡试不第的贡生，可按资历到京，由吏部选任小官，称为“出贡”。　[3] 博洽淹贯之儒：学识渊博的儒者。　[4] 进退有命：命中注定。　[5] 澹然无求：无所欲求。

贡入燕都[1]，留京一年，终日静坐，不阅文字。己巳归，游南雍[2]，未入监。先访云谷会禅师于栖霞山中，对坐一室，凡三昼夜不瞑目[3]。

云谷问曰：“凡人所以不得作圣者，只为妄念相缠耳。汝坐三日，不见起一妄念，何也？”

余曰：“吾为孔先生算定，荣辱生死皆有定数，即要妄想，亦无可妄想。”

【注释】

[1] 贡入燕都：成为贡生而来到北京。　[2] 南雍：南京。　[3] 三昼夜不瞑目：三天三夜不睡觉。

云谷笑曰：“我待汝是豪杰，原来只是凡夫。”

问其故，曰：“人未能无心，终为阴阳所缚，安得无数？但惟凡人有数，极善之人，数固拘他不定；极恶之人，数亦拘他不定。汝二十年来，被他算定，不曾转动一毫，岂非是凡夫？”

余问曰：“然则数可逃乎？”曰：“命由我作，福自己求[1]。诗书所称，的为明训。我教典[2]中说，求富贵得富贵，求男女得男女，求长寿得长寿。夫妄语乃释迦大戒[3]。诸佛菩萨，岂诳语欺人？”

【注释】

[1] 命由我作、福自己求：指命运和福禄取决于自己的德行和修为。 [2] 教典：指佛经。 [3] 妄语乃释迦大戒：欺罔是佛家的大戒。

余进曰："孟子言：'求则得之，是求在我者也'。道德仁义，可以力求；功名富贵，如何求得？[1]"

云谷曰："孟子之言不错，汝自错解了。汝不见六祖[2]说：'一切福田，不离方寸；从心而觅，感无不通。'[3]求在我，不独得道德仁义，亦得功名、富贵；内外双得，是求有益于得也。若不反躬内省，而徒向外驰求，则求之有道，而得之有命矣。内外双失，故无益。"

【注释】

[1] 语出《孟子·尽心上》。 [2] 六祖：慧能大师，唐代禅宗大师。 [3] 这句话大意是指种福种祸，全在自己的内心。只要从心里去求福，没有感应不到的。

因问孔公算汝终身若何？余以实告。云谷曰：汝自揣应得科第否？应生子否？

余追省良久，曰："不应也。科第中人，类有福相。余福薄，又不能积功累行以基厚福，兼不耐烦剧，不能容人，时或以才智盖人、直心直行、轻言妄谈，凡此皆薄福之相也，岂宜科第哉！

地之秽者多生物，水之清者常无鱼。余好洁，宜无子者一；和气能育万物，余善怒，宜无子者二；爱为生生之本，忍为不育之根，余矜惜名节，常不能舍己救人，宜无子者三；多言耗气，宜无子者四；喜饮铄精[1]，宜无子者五；好彻夜长坐，而不知葆元毓神[2]，宜无子者六。其余过恶尚多，不能悉数。"

【注释】

[1] 喜饮铄精：爱喝酒而消散精神。 [2] 葆元毓神（yù）：精神、神气。保持之气，养育精神。

云谷曰：岂惟科第哉！世间享千金之产者，定是千金人物；享百金之产者，定是百金人物；应饿死者，定是饿死人物。天不过因材而笃[1]，几曾加纤毫意思？即如生子，有百世之德者，定有百世子孙保之；有十世之德者，定有十世子孙保之；有三世二世之德者，定有三世二世子孙保之；其斩焉无后者，德至薄也。汝今既知非，将向来不发科第及不生子相，尽情改刷；务要积德，务要包荒[2]，务要和爱，务要惜精神。从前种种，譬如昨日死；从后种种，譬如今日生；此义理再生之身也[3]。

【注释】

[1] 因材而笃：因其才能而加重之。 [2] 包荒：胸怀广大。 [3] 义理再生之身：通过修悟义理而使得自己获得新生。

夫血肉之身，尚然有数；义理之身，岂不能格天。太甲曰："天作孽，犹可违；自作孽，不可活"。诗云："永言配命，自求多福"[1]。孔先生算汝不登科第，不生子者，此天作之孽，犹可得而违也；汝今扩充德性，力行善事，多积阴德，此自己所作之福也，安得而不受享乎？

《易》为君子谋，趋吉避凶；若言天命有常，吉何可趋，凶何可避？开章第一义，便说："积善之家，必有余庆"[2]。汝信得及否？

【注释】

[1] 这两句出自《孟子·公孙丑上》。其中，"天作孽"句出自《尚书·大甲》意思是：天灾可避，但自作灾却不可逃，"永言配命"句出自《诗·大雅·文王》意思是：人与天命相配，通过自己的努力求得福禄。 [2] 语出自《周

易·坤·文言》。意为：家族若积下善行，那么福禄便会降于子孙。

余信其言，拜而受教。因将往日之罪，佛前尽情发露[1]，为疏一通，先求登科；誓行善事三千条，以报天地祖宗之德。云谷出功过格[2]示余，令所行之事，逐日登记；善则记数，恶则退除，且教持准提咒，以期必验。

语余曰：符箓家有云："不会书符，被鬼神笑"；此有秘传，只是不动念也。执笔书符，先把万缘放下，一尘不起。从此念头不动处，下一点，谓之混沌开基。由此而一笔挥成，更无思虑，此符便灵。凡祈天立命，都要从无思无虑处感格[3]。

【注释】

[1] 尽情发露：到佛前去，全部说出来。　[2] 功过格：记录每天行事的册子。

[3] 无思无虑处感格：从没有妄念上去用工夫。

孟子论立命之学，而曰："夭寿不贰"[1]。夫夭与寿，至贰[2]者也。当其不动念时，孰为夭，孰为寿？细分之，丰歉不贰，然后可立贫富之命；穷通不贰，然后可立贵贱之命；夭寿不贰，然后可立生死之命。人世间惟死生为重，夭寿则一切顺逆皆该之矣。

至修身以俟之，乃积德祈天之事。日修则身有过恶皆当治而去之；日俟则一毫觊觎一毫将迎皆当斩绝之矣。到此地位，直造先天之境，即此便是实学。

汝未能无心，但能持准提咒，无记无数，不令间断，持得纯熟，于持中不持，于不持中持。到得念头不动，则灵验矣。

【注释】

[1] 这句话出自《孟子·尽心上》。意思是：人不必疑虑自己寿命的长短。

[2] 至贰：疑惑。贰，疑惑。

余初号“学海”，是日改号“了凡”[1]，盖悟立命之说，而不欲落凡夫窠臼也。从此而后，终日兢兢，便觉与前不同。前日只是悠悠放任，到此自有战兢惕厉[2]景象、在暗室屋漏中，常恐得罪天地鬼神；遇人憎我毁我，自能恬然容受。

到明年礼部考科举，孔先生算该第三，忽考第一，其言不验，而秋闱中式矣。

【注释】

[1] 了凡：把凡夫的见解完全扫光。　[2] 战兢惕厉：战战兢兢戒慎恭敬。惕，忧惧。

然行义未纯，检身多误，或见善而行之不勇，或救人而心常自疑；或身勉为善，而口有过言；或醒时操持，而醉后放逸。以过折功，日常虚度。自己巳岁发愿，直至己卯岁，历十余年，而三千善行始完。

时方从李渐庵入关，未及回向[1]。庚辰南还，始请性空、慧空诸上人[2]，就东塔禅堂回向，遂起求子愿[3]，亦许行三千善事。辛巳，生汝天启。

【注释】

[1] 及回向：回转自己所修之功德，而趋向于所期。　[2] 上人：对和尚的尊称。　[3] 求子愿：祈求妻子可以育有儿子。

余行一事，随以笔记；汝母不能书，每行一事，辄用鹅毛管，印一朱圈于历日之上。或施食贫人，或买放生命[1]，一日有多至十余圈者。至癸未八月，三千之数已满。复请性空辈，就家庭回向。九月十三日，复起求中进士愿，许行善事一万条。丙戌登第，授宝坻知县。

余置空格一册[2]，名曰“治心编”。晨起坐堂，家人携付门役，置案上，所行善恶，纤悉必记。夜则设桌于庭，效赵阅道焚香告帝[3]。

【注释】

[1] 买放生命：买活的东西放生。 [2] 置空格一册：准备了一本有空格的小册子。 [3] 赵抃，字阅道，自号自非子，浙江衢州人，进士及第后，历知州郡；宋仁宗时，官殿中侍御史。信奉佛教。

汝母见所行不多，辄颦蹙[1]曰：“我前在家，相助为善，故三千之数得完。今许一万，衙中无事可行，何时得圆满乎？”

夜间偶梦见一神人，余言善事难完之故。神曰：“只减粮一节，万行俱完矣。”盖宝坻之田，每亩二分三厘七毫，余为区计，减至一分四厘六毫，委有此事，心颇惊疑。适幻余禅师自五台山来，余以梦告之，且问此事宜信否，师曰：“善心真切，即一行可当万善，况合县减粮、万民受福乎！”吾即捐俸银，请其就五台山斋僧一万而回向之。

【注释】

[1] 颦蹙（pín cù）：皱眉皱额，比喻忧愁不乐。

孔公算予五十三岁有厄[1]，余未尝祈寿，是岁竟无恙，今六十九矣。《书》曰：“天难堪，命靡常。[2]”又云：“惟命不于常。”皆非诳语[3]。吾于是而知，凡称祸福自己求之者，乃圣贤之言。若谓祸福惟天所命，则世俗之论矣。

汝之命，未知若何？即命当荣显，常作落寞想；即时当顺利，常作拂逆想；即眼前足食，常作贫窭[4]想；即人相爱敬，常作恐惧想；即家世望重，常作卑下想；即学问颇优，常作浅陋想。

【注释】

[1] 有厄：有难，指寿路将终。 [2] 这句话出自《尚书·咸有一德》意为天命无常，难以相信。 [3] 诳语：欺骗人的话。 [4] 贫窭（jù）：贫困。

远思扬祖宗之德，近思盖父母之愆[1]；上思报国之恩，下思造家之福；外思济人之急，内思闲己之邪[2]。

务要日日知非，日日改过；一日不知非，即一日安于自是；一日无过可改，即一日无步可进。天下聪明俊秀不少，所以德不加修、业不加广者，只为因循二字，耽搁一生。

云谷禅师所授立命之说，乃至精至邃、至真至正之理，其熟玩而勉行[3]之，毋自旷[4]也。

【注释】

[1] 愆（qiān）：过错。 [2] 闲己之邪：防范自己的邪念和邪想。 [3] 熟玩勉行：细心品味、努力践行。 [4] 自旷：虚度光阴。

改过之法

春秋诸大夫，见人言动[1]，已而谈其祸福，靡不验者，《左》《国》诸记[2]可观也。

大都吉凶之兆，萌乎心而动乎四体，其过于厚者常获福，过于薄者常近祸；俗眼多翳[3]，谓有未定而不可测者，至诚合天。

【注释】

[1] 这句话指春秋时代的士大夫通过观察一个人的言行而推断其后来的祸与福。 [2]《左》《国》诸记：指《左传》及《国语》。 [3] 翳（yì）：遮蔽，障蔽。

福之将至，观其善而必先知之矣。祸之将至，观其不善而必先知之矣。今欲获福而远祸，未论行善，先须改过。

但改过者，第一，要发耻心[1]。思古之圣贤与我同为丈夫，彼何以百世可师？我何以一身瓦裂？耽染尘情、私行不义？谓人不知，傲然无愧，将日沦于禽兽而不自知矣。世之可羞可耻者，莫大乎此。《孟子》曰："耻之于人大矣。以其得之则圣贤，失之则禽兽耳。[2]" 此改过之要机[3]也。

【注释】

[1] 耻心：羞耻之心。　[2] 这句话出自《孟子·尽心上》。大意是强调廉耻对于个人的重要性。　[3] 要机：关键所在。

第二，要发畏心[1]。天地在上，鬼神难欺。吾虽过在隐微，而天地鬼神，实鉴临之。重则降之百殃，轻则损其现福，吾何可以不惧？

不惟是也。闲居之地，指视昭然；吾虽掩之甚密，文之甚巧[2]，而肺肝早露，终难自欺；被人觑破，不值一文矣，乌得不懔懔[3]？

【注释】

[1] 畏心：戒慎恐惧的心。　[2] 文之甚巧：精巧地掩饰。　[3] 懔（lǐn）懔：危惧。

不惟是也。一息尚存，弥天之恶，犹可悔改。古人有一生作恶，临死悔悟，发一善念，遂得善终者。谓一念猛厉，足以涤百年之恶也。譬如千年幽谷，一灯才照，则千年之暗俱除。故过不论久近，惟以改为贵。

但尘世无常，肉身易殒[1]，一息不属，欲改无由矣。明则千百年担负恶名，虽孝子慈孙，不能洗涤，幽则千百劫沉沦狱报[2]，虽圣贤佛菩萨，不能援引，乌得不畏？

【注释】

[1] 肉身易殒：血肉之身躯易于消逝。 [2] 沉沦狱报：佛教中的地狱和因果报应。

第三，须发勇心。人不改过，多是因循退缩。吾须奋然振作，不用迟疑，不烦等待。小者如芒刺在肉[1]，速与抉剔[2]；大者如毒蛇啮指，速与斩除，无丝毫凝滞，此风雷之所以为益也。

【注释】

[1] 芒刺在肉：像尖刺戳在肉里，形容刺痛。 [2] 抉剔：毫不迟疑地消除。

具是三心，则有过斯改，如春冰遇日，何患不消乎？然人之过，有从事上改者，有从理上改者，有从心上改者。工夫不同，效验亦异。

如前日杀生，今戒不杀；前日怒詈[1]，今戒不怒。此就其事而改之者也。强制于外，其难百倍，且病根终在，东灭西生，非究竟廓然之道[2]也。

【注释】

[1] 怒詈（lì）：责骂。指愤怒和责骂。 [2] 廓然之道：彻底拔除干净的改过方法。

善改过者，未禁其事，先明其理。如过在杀生，即思曰："上帝好生，物皆恋命，杀彼养己，岂能自安？且彼之杀也，既受屠割，复入鼎镬[1]，种种痛苦，彻入骨髓；己之养也，珍膏罗列，食过即空。疏食菜羹，尽可充腹，何必戕彼之生损己之福哉？"

又思："血气之属，皆含灵知，既有灵知，皆我一体。纵不能躬修至德，使之尊我亲我，岂可日戕物命，使之仇我憾我于无穷也！"一思及此，将有对食伤心不能下咽者矣。

【注释】

[1] 鼎镬：古代两种烹饪器。

如前日好怒，必思曰："人有不及，情所宜矜[1]；悖理相干，于我何与？本无可怒者。"

又思："天下无自是之豪杰，亦无尤人之学问[2]。行有不得，皆己之德未修，感未至也。吾悉以自反，则谤毁之来，皆磨炼玉成之地；我将欢然受赐，何怒之有？"

又闻谤而不怒，虽谗焰熏天，如举火焚空，终将自息；闻谤而怒，虽巧心力辩，如春蚕作茧，自取缠绵。怒不惟无益，且有害也。其余种种过恶，皆当据理思之。此理既明，过将自止。

【注释】

[1] 情所宜矜：包容他的缺点和短处。　　[2] 尤人之学问：怨恨旁人的学问。

何谓从心而改？过有千端，惟心所造；吾心不动，过安从生？学者于好色、好名、好货、好怒，种种诸过，不必触类寻求；但当一心为善，正念现前，邪念自然污染不上。如太阳当空，魍魉[1]潜消，此精一之真传也。过由心造，亦由心改，如斩毒树，直断其根，奚必枝枝而伐，叶叶而摘哉！

【注释】

[1] 魍魉（wǎng liǎng）：古代传说中的山川精怪，鬼怪。

大抵最上者治心，当下清净，才动即觉，觉之即无。苟未能然，须明理以遣之；又未能然，须随事以禁之。以上事而兼行下功，未为失策。执下而昧上[1]，则拙矣。

顾发愿改过，明须良朋提醒，幽须鬼神证明；一心忏悔，昼夜不懈。经一七、二七，以至一月、二月、三月，必有效验。

【注释】

[1] 执下而昧上：只用下等功夫，反而把上等功夫忽略不用。

或觉心神恬旷；或觉智慧顿开；或处冗沓而触念皆通；或遇怨仇而回瞋作喜[1]；或梦吐黑物；或梦往圣先贤，提携接引；或梦飞步太虚；或梦幢幡[2]宝。盖种种胜事，皆过消罪灭之象也。然不得执此自高，画而不进。

昔蘧伯玉[3]当二十岁时，已觉前日之非而尽改之矣。至二十一岁，乃知前之所改，未尽也；及二十二岁，回视二十一岁，犹在梦中，岁复一岁，递递改之，行年五十，而犹知四十九年之非。

【注释】

[1] 遇怨仇而回嗔作喜：或碰到怨家仇人，而能全把恨心火气消除。　[2] 幢幡（zhuàng fān）：指佛、道教所用的旌旗。从头安宝珠的高大幢竿下垂，建于佛寺或道场之前。　[3] 蘧（qú）伯玉：蘧瑗，字伯玉，谥成子。春秋卫国人，长寿。

吾辈身为凡流，过恶猬集[1]；而回思往事，常若不见其有过者，心粗而眼翳也。

然人之过恶深重者，亦有效验：或心神昏塞，转头即忘；或无事而常烦恼；或见君子而赧然[2]消沮；或闻正论而不乐；或施惠而人反怨；或夜梦颠倒，甚则妄言失志；皆作孽之相也。苟一类此，即须奋发，舍旧图新，幸勿自误。

【注释】

[1] 过恶猬集：过失罪恶，就像刺猬身上的刺一样，聚集满身。 [2] 赧然：因羞惭而脸红。

积善之方

《易》曰："积善之家，必有余庆。"昔颜氏将以女妻叔梁纥[1]，而历叙其祖宗积德之长，逆知[2]其子孙必有兴者。孔子称舜之大孝，曰："宗庙飨之，子孙保之"[3]，皆至论也，试以往事征之。

杨少师荣，建宁人，世以济渡[4]为生。久雨溪涨，横流冲毁民居，溺死者顺流而下。他舟皆捞取货物，独少师曾祖及祖，惟救人，而货物一无所取，乡人嗤其愚[5]。逮少师父生，家渐裕，有神人化为道者，语之曰："汝祖父有阴功，子孙当贵显，宜葬某地。"遂依其所指而窆[6]之，即今白兔坟也。后生少师，弱冠登第，位至三公，加曾祖、祖、父，如其官。子孙贵盛，至今尚多贤者。

【注释】

[1] 指孔子的父亲和母亲。 [2] 逆知：预先知道。 [3] 这句话出自《中庸》。意为：（舜）身后可以宗庙中长享祭祀，他的子孙也可常保基业。 [4] 济渡：摆渡。 [5] 嗤其愚：嘲笑他愚钝。 [6] 窆（biǎn）：下葬。

鄞人[1]杨自惩，初为县吏，存心仁厚，守法公平。时县宰严肃，偶挞一囚，血流满前，而怒犹未息，杨跪而宽解之。宰曰："怎奈此人越法悖理，不由人不怒。"自惩叩首曰："上失其道，民散久矣。如得其情，哀矜勿喜。喜且不可，而况怒乎？"宰为之霁颜[2]。

家甚贫，馈遗一无所取，遇囚人乏粮，常多方以济之。一日，有新囚数人待哺，家又缺米；给囚则家人无食；自顾则囚人堪悯。与其妇商之。妇曰："囚从何来？"曰："自杭而来。沿路忍饥，菜色可掬。"因撤己之米，煮粥以食囚[3]。后生二子，长曰守陈，次曰守址，为南北吏部侍郎；长孙为刑部侍郎；次孙为四川廉宪，又俱为名臣。今楚亭、德政，亦其裔也。

【注释】

[1] 鄞（yín）：地名，在今天浙江省。 [2] 霁颜：面色和缓。 [3] 煮粥以食囚：煮粥给囚犯喝。

昔正统[1]间，邓茂七倡乱于福建，士民从贼者甚众。朝廷起鄞县张都宪楷南征，以计擒贼，后委布政司谢都事，搜杀东路贼党。谢求贼中党附册籍，凡不附贼者，密授以白布小旗，约兵至日，插旗门首，戒军兵无妄杀，全活万人。后谢之子迁，中状元，为宰辅；孙丕，复中探花。

莆田林氏，先世有老母好善，常作粉团施人[2]，求取即与之，无倦色。一仙化为道人，每旦索食六七团。母日日与之，终三年如一日，乃知其诚也。因谓之曰："吾食汝三年粉团，何以报汝？府后有一地，葬之，子孙官爵有一升麻子之数。[3]"其子依所点葬之，初世即有九人登第，累代簪缨甚盛，福建有"无林不开榜"之谣。

【注释】

[1] 正统：明朝第六个皇帝明英宗朱祁镇的年号，公元1436年至1449年。 [2] 作粉团施人：做面团给人吃。 [3] 有一升麻子之数：形容子孙加官进爵者众多。

冯琢庵太史之父，为邑庠生[1]。隆冬早起赴学，路遇一人，倒卧雪中，扪之，半僵矣。遂解己绵裘衣之，且扶归救甦。梦神告之曰："汝救人一命，出至诚心，吾遣韩琦[2]为汝子。”及生琢庵，遂名琦。

【注释】

[1] 邑庠生：县里的秀才。　[2] 韩琦：（1008—1075），字稚圭，自号赣叟，相州安阳（今属河南）人，北宋政治家、名将。

台州应尚书，壮年习业于山中。夜鬼啸集，往往惊人，公不惧也。一夕闻鬼云：“某妇以夫久客不归，翁姑逼其嫁人。明夜当缢死于此，吾得代矣。”公潜卖田，得银四两。即伪作其夫之书，寄银还家。其父母见书，以手迹不类[1]，疑之。既而曰：“书可假，银不可假，想儿无恙。”妇遂不嫁。其子后归，夫妇相保如初。

公又闻鬼语曰：“我当得代，奈此秀才坏事。”旁一鬼曰：“尔何不祸之[2]？”曰：“上帝以此人心好，命作阴德尚书矣，吾何得而祸之？”应公因此益自努励，善日加修，德日加厚；遇岁饥，辄捐谷以赈之；遇亲戚有急，辄委曲[3]维持；遇有横逆[4]，辄反躬自责，怡然顺受；子孙登科第者，今累累[5]也。

【注释】

[1] 不类：不像。　[2] 祸之：加害于他。　[3] 委曲：辗转周折。　[4] 横逆：不顺之事。　[5] 累累：指数目众多。

常熟徐凤竹栻，其父素富，偶遇年荒，先捐租[1]以为同邑之倡，又分谷以赈贫乏，夜闻鬼唱于门曰：“千不诓[2]，万不诓；徐家秀才，做到了举人郎。”相续而呼，连夜不断。是岁，凤竹果举于乡，其父因而益积德，孳孳[3]不怠，修桥修路，斋僧接众，凡有利益，无不尽心。后又闻鬼唱于门曰：“千不诓，万不诓；徐家举人，直做到都堂[4]。”凤竹官终两浙巡抚。

【注释】

[1] 捐租：把应收的田租完全免除。 [2] 诓：欺骗。 [3] 孳（zī）孳：指不停息。 [4] 都堂：明代称都察院长官都御史、副都御史、佥都御史。又派遣到外省的总督、巡抚都带有都察院御史衔，亦称都堂。

嘉兴屠康僖公，初为刑部主事，宿狱中，细询诸囚情状，得无辜者若干人，公不自以为功，密疏其事，以白堂官。后朝审，堂官摘其语，以讯诸囚，无不服者，释冤抑十余人。一时辇下[1]咸颂尚书之明。公复禀曰："辇毂之下，尚多冤民，四海之广，兆民之众，岂无枉者？宜五年差一减刑官，核实而平反之。"尚书为奏，允其议。时公亦差减刑之列，梦一神告之曰："汝命无子，今减刑之议，深合天心，上帝赐汝三子，皆衣紫腰金[2]。"是夕夫人有娠，后生应埙、应坤、应埈，皆显官。

【注释】

[1] 辇下：京城百姓。 [2] 衣紫腰金：指官至显贵。

嘉兴包凭，字信之，其父为池阳太守，生七子，凭最少。赘平湖袁氏[1]，与吾父往来甚厚，博学高才，累举不第，留心二氏之学。一日东游泖湖，偶至一村寺中，见观音像，淋漓露立，即解橐[2]中得十金，授主僧，令修屋宇，僧告以功大银少，不能竣事，复取松布四匹，检箧中衣七件与之，内纻褶，系新置。其仆请已之，凭曰："但得圣像无恙，吾虽裸裎[3]何伤？"僧垂泪曰："舍银及衣布，犹非难事。只此一点心，如何易得？"后功完，拉老父同游，宿寺中。公梦伽蓝来谢曰："汝子当享世禄[4]矣。"后子汴、孙柽芳，皆登第，做显官。

【注释】

[1] 赘平湖袁氏：他被平湖县姓袁的人家，招赘做女婿。 [2] 橐（tuó）：

口袋。　　[3] 裸裎：赤身露体。　　[4] 世禄：世代享有福禄。

嘉善支立之父，为刑房吏，有囚无辜陷重辟[1]，意哀之，欲求其生。囚语其妻曰："支公嘉意，愧无以报。明日延之下乡，汝以身事之，彼或肯用意，则我可生也。"其妻泣而听命。及至，妻自出劝酒，具告以夫意。支不听，卒为尽力平反之。囚出狱，夫妻登门叩谢曰："公如此厚德，晚世所稀，今无子，吾有弱女，送为箕帚妾，此则礼之可通者。"支为备礼而纳之，生立，弱冠中魁，官至翰林孔目[2]。立生高，高生禄，皆贡为学博。禄生大纶，登第。

凡此十条，所行不同，同归于善而已。若复精而言之，则善有真、有假；有端、有曲；有阴、有阳；有是、有非；有偏、有正；有半、有满；有大、有小；有难、有易；皆当深辨。为善而不穷理，则自谓行持[3]，岂知造孽，枉费苦心，无益也。

【注释】

[1] 无辜陷重辟：被人冤枉陷害，判了死罪。　　[2] 翰林孔目：翰林院掌管。
[3] 行持：自夸做善事。

何谓真假？昔有儒生数辈，谒[1]中峰和尚，问曰："佛氏论善恶报应，如影随形。今某人善，而子孙不兴；某人恶，而家门隆盛。佛说无稽矣！"中峰云："凡情未涤，正眼未开，认善为恶，指恶为善，往往有之。不憾己之是非颠倒，而反怨天之报应有差乎？"众曰："善恶何致相反？"中峰令试言其状。一人谓："詈人殴人是恶；敬人礼人是善。"中峰云："未必然也。"一人谓贪财妄取是恶，廉洁有守是善。中峰云："未必然也"。众人历言其状，中峰皆谓不然[2]。

因请问。中峰告之曰："有益于人，是善；有益于己，是恶。有益于人，则殴人、詈人皆善也；有益于己，则敬人、礼人皆恶也。是故人之行善，利人者公，公则为真；利己者私，私则为假。又根心者真，袭迹者假；又无为而为者真，有为而为者假；皆当自考[3]。”

【注释】

[1] 谒：寻访。 [2] 谓不然：说不是这样，指表示反对。 [3] 自考：自己都要仔细地考察。

何谓端曲？今人见谨愿之士[1]，类称为善而取之；圣人则宁取狂狷[2]。至于谨愿之士，虽一乡皆好，而必以为德之贼；是世人之善恶，分明与圣人相反。推此一端，种种取舍，无有不谬；天地鬼神之福善祸淫，皆与圣人同是非，而不与世俗同取舍。凡欲积善，决不可徇耳目[3]，惟从心源隐微处，默默洗涤。纯是济世之心，则为端；苟有一毫媚世之心，即为曲；纯是爱人之心，则为端；有一毫愤世之心，即为曲；纯是敬人之心，则为端；有一毫玩世之心，即为曲。皆当细辨。

【注释】

[1] 谨愿之士：谨慎平俗的人。 [2] 狂狷：出自《论语·子路》：“子曰：‘不得中行而与之，必也狂狷乎！狂者进取，狷者有所不为也。’”行为激进的与性格耿介不宽容的人。 [3] 徇耳目：顺从，曲从表面现象。

何谓阴阳？凡为善而人知之，则为阳善；为善而人不知，则为阴德。阴德，天报之；阳善，享世名。名，亦福也。名者，造物所忌，世之享盛名而实不副者，多有奇祸；人之无过咎而横被恶名[1]者，子孙往往骤发。阴阳之际微矣哉！

何谓是非？鲁国之法，鲁人有赎人臣妾于诸侯[2]，皆受金于府。子贡[3]赎人而不受金，孔子闻而恶之曰：“赐，失之矣。夫圣人举事，可以移风易俗，而教道可施于百姓，非独适己之行也。今鲁国富者寡而贫者众，受金则为不廉，何以相赎乎？”自今以后，不复赎人于诸侯矣。

【注释】

[1] 横被恶名：意想不到而被冠以恶名。　[2] 赎人臣妾于诸侯：鲁国人被别的国家抓去做奴隶。　[3] 子贡：孔子的弟子。姓端木，名赐，字子贡。

子路[1]拯人于溺，其人谢之以牛，子路受之。孔子喜曰：“自今鲁国多拯人于溺矣！”自俗眼观之，子贡不受金为优，子路之受牛为劣，孔子则取由而黜赐焉[2]。乃知人之为善，不论现行而论流弊[3]；不论一时而论久远；不论一身而论天下。现行虽善，而其流足以害人；则似善而实非也；现行虽不善，而其流足以济人，则非善而实是也。然此就一节论之耳。他如非义之义，非礼之礼，非信之信，非慈之慈，皆当抉择。

【注释】

[1] 子路：仲由，字子路，又字季路，孔子的弟子。　[2] 孔子则取由而黜赐焉：孔子称赞子路、责备子贡。　[3] 不论现行而论流弊：不考虑当前的效果而虑及长远的影响。

何谓偏正？昔吕文懿公，初辞相位，归故里，海内仰之，如泰山北斗。有一乡人，醉而詈之，吕公不动，谓其仆曰：“醉者勿与较也。”闭门谢之。逾年[1]，其人犯死刑入狱。吕公始悔之曰：“使当时稍与计较，送公家责治，可以小惩而大戒。吾当时只欲存心于厚，不谓养成其恶，以至于此”。此以善心而行恶事者也。

又有以恶心而行善事者。如某家大富，值岁荒，穷民白昼抢粟于市；告之县，县不理，穷民愈肆，遂私执而困辱之[2]，众始定，不然，几乱矣。故善者为正，恶者为偏，人皆知之。其以善心而行恶事者，正中偏也；以恶心而行善事者，偏中正也。不可不知也。

【注释】

[1] 逾年：过了一年。　[2] 遂私执而困辱之：这个大富人家就私底下把抢米的人捉住关起来。

何谓半满？《易》曰："善不积，不足以成名，恶不积，不足以灭身。"[1]《书》曰："商罪贯盈。"[2]如贮物于器，勤而积之则满，懈而不积则不满，此一说也。

昔有某氏女入寺，欲施而无财，止有钱二文，捐而与之，主席者亲为忏悔[3]。及后入宫富贵，携数千金入寺舍之，主僧惟令其徒回向而已。因问曰："吾前施钱二文，师亲为忏悔，今施数千金，而汝不回向，何也？"曰："前者物虽薄，而施心甚真，非老僧亲忏，不足报德；今物虽厚，而施心不若前日之切，令人代忏足矣。"此千金为半，而二文为满也。钟离授丹于吕祖[4]，点铁为金，可以济世。吕问曰："终变否？"曰："五百年后，当复本质。"吕曰："如此则害五百年后人矣，吾不愿为也。"曰："修仙要积三千功行，汝此一言，三千功行已满矣。"此又一说也。

又为善而心不著善，则随所成就，皆得圆满。心著于善，虽终身勤励，止于半善而已。譬如以财济人，内不见己，外不见人，中不见所施之物，是谓三轮体空[5]，是谓一心清净，则斗粟可以种无涯之福，一文可以消千劫之罪，倘此心未忘，虽黄金万镒[6]，福不满也。此又一说也。

【注释】

[1] 这句话出自《易经·系辞》，指善行不积累不足以成就美名，恶行不积累不足以灭亡其身。　[2] 这句话出自《尚书·泰誓中》，"商罪贯盈，天命诛之，予弗顺天，厥罪惟钧"。商纣王的罪恶已经大到无以复加的地步。　[3] 主席者亲为忏悔：寺里的大和尚亲自替她在佛前回向以求忏悔灭罪。　[4] 钟离授丹于吕祖：汉朝人钟离把他炼丹的方法，传给吕洞宾，用丹点在铁上，

就能变成黄金，可拿来救济世上的穷人。吕洞宾问钟离说：变了金，到底会不会再变回铁呢？钟离回答说：五百年以后，仍旧要变回原来的铁。此故事大意为，个人做事要诚实，假的终究是假的。 [5] 三轮体空：三轮体空指布施时之应有态度。三轮者，谓施者、受者及所施物也。佛告善现：应如是不住于相而行施者。盖欲菩萨降伏妄心也。 [6] 镒（yì）：古代重量单位，合二十两（一说二十四两）。

何谓大小？昔卫仲达为馆职，被摄至冥司[1]，主者命吏呈善恶二录。比至，则恶录盈庭，其善录一轴，仅如箸[2]而已。索秤称之，则盈庭者反轻，而如箸者反重[3]。仲达曰："某年未四十，安得过恶如是多乎？"曰："一念不正即是，不待犯也。"因问轴中所书何事？曰："朝廷常兴大工，修三山石桥，君上疏谏之，此疏稿也。"仲达曰："某虽言，朝廷不从，于事无补，而能有如是之力？"曰："朝廷虽不从，君之一念，已在万民；向使听从，善力更大矣。故志在天下国家，则善虽少而大；苟在一身，虽多亦小。

【注释】

[1] 被摄至冥司：有一次被鬼卒把他的魂引到了阴间。 [2] 如箸：而善事的卷轴，只不过像一支筷子那样细罢了。 [3] 这句话指那摊满院子的恶册子反而比较轻，而像一支筷子那样小卷的善卷轴反而比较重。

何谓难易？先儒谓："克己须从难克处克将去。"夫子论为仁，亦曰先难。必如江西舒翁，舍二年仅得之束修[1]，代偿官银[2]，而全人夫妇。与邯郸张翁，舍十年所积之钱，代完赎银[3]，而活人妻子。皆所谓难舍处能舍也。如镇江靳翁，虽年老无子，不忍以幼女为妾，而还之邻，此难忍处能忍也。故天降之福亦厚。凡有财有势者，其立德皆易，易而不为，是为自暴。贫贱作福皆难，难而能为，斯可贵耳。

【注释】

[1] 束修：十条干肉。指古代入学敬师的礼物、学生致送教师的酬金。 [2] 代偿官银：代替他们还清拖欠官府的钱款。 [3] 代完赎银：帮助他赎回他的妻儿。

随缘济众[1]，其类至繁，约言其纲[2]，大约有十：第一、与人为善；第二、爱敬存心；第三、成人之美；第四、劝人为善；第五、救人危急；第六、兴建大利；第七、舍财作福；第八、护持正法；第九、敬重尊长；第十、爱惜物命。

何谓与人为善？昔舜在雷泽，见渔者皆取深潭厚泽，而老弱则渔于急流浅滩之中，恻然哀之，往而渔焉。见争者，皆匿其过而不谈；见有让者，则揄扬而取法之。期年，皆以深潭厚泽相让矣。夫以舜之哲，岂不能出一言教众人哉？乃不以言教而以身转之，此良工苦心也。

【注释】

[1] 随缘济众：不刻意追求什么，随缘而安，反而渐渐可以得到。 [2] 纲：主要方面。

吾辈处末世，勿以己之长而盖人；勿以己之善而形人；勿以己之多能而困人。收敛才智，若无若虚；见人过失，且涵容而掩覆之。一则令其可改，一则令其有所顾忌而不敢纵，见人有微长可取，小善可录，翻然舍己而从之；且为其称而广述之[1]。凡日用间，发一言，行一事，全不为自己起念，全是为物立则；此大人天下为公之度也。

【注释】

[1] 为其称而广述之：称赞他，替他广为传扬。

何谓爱敬存心？君子与小人，就形迹观，常易相混，惟一点存心处，则善恶悬绝，判然如黑白之相反[1]。故曰："君子所以异于人者，以其存心也。"君子所存之心，只是爱人敬人之心。盖人有亲疏贵贱，有智愚贤不肖；万品不齐，皆吾同胞，皆吾一体，孰非当敬爱者？爱敬众人，即是爱敬圣贤；能通众人之志，即是通圣贤之志。何者？圣贤之志，本欲斯世斯人，各得其所。吾合爱合敬[2]，而安一世之人，即是为圣贤而安之也。

何谓成人之美？美玉之在石，抵掷则瓦砾，追琢则圭璋[3]。故凡见人行一善事，或其人志可取而资可进，皆须诱掖而成就之[4]。或为之奖借，或为之维持，或为白其诬而分其谤[5]，务使之成立而后已。

大抵人各恶其非类，乡人之善者少，不善者多。善人在俗，亦难自立，且豪杰铮铮，不甚修形迹，多易指摘。故善事常易败，而善人常得谤。惟仁人长者，匡直而辅翼之，其功德最宏。

【注释】

[1] 判然如黑白之相反：指君子和小人的差别如同黑色和白色一样清晰可辨认。[2] 吾合爱合敬：我们能够处处爱人、处处敬人。 [3] 圭璋（guī zhāng）：两种贵重的玉制礼器。 [4] 掖而成就之：引导、提拔，使其有所成就。[5] 白其诬而分其谤：辩白诬陷，分担毁谤。

何谓劝人为善？生为人类，孰无良心？世路役役[1]，最易没溺。凡与人相处，当方便提撕[2]，开其迷惑。譬犹长夜大梦，而令之一觉；譬犹久陷烦恼，而拔之清凉，为惠最溥[3]。韩愈云："一时劝人以口，百世劝人以书。"较之与人为善，虽有形迹，然对症发药，时有奇效，不可废也；失言失人，当反吾智。

【注释】

[1] 世路役役：外部世界忙碌躁动。 [2] 提撕：拉扯、提携、教导、提醒。[3] 溥：广大周普。

何谓救人危急？患难颠沛，人所时有，偶一遇之，当如痌瘝[1]之在身，速为解救。或以一言伸其屈抑，或以多方济其颠连。崔子曰："惠不在大，赴人之急可也。"盖仁人之言哉！

何谓兴建大利？小而一乡之内，大而一邑之中，凡有利益，最宜兴建。或开渠导水；或筑堤防患；或修桥梁，以便行旅；或施茶饭，以济饥渴；随缘劝导，协力兴修，勿避嫌疑，勿辞劳怨。

【注释】

[1] 痌瘝（tōng guān）：病痛，比喻疾苦。

何谓舍财作福？释门万行，以布施为先。所谓布施者，只是"舍"之一字耳。达者内舍六根[1]，外舍六尘[2]，一切所有，无不舍者。苟非能然，先从财上布施。世人以衣食为命，故财为最重。吾从而舍之，内以破吾之悭，外以济人之急，始而勉强，终则泰然，最可以荡涤私情，祛除执吝[3]。

何谓护持正法？法者，万世生灵之眼目也。不有正法，何以参赞天地？何以裁成万物？何以脱尘离缚？何以经世出世？故凡见圣贤庙貌、经书典籍，皆当敬重而修饬之。至于举扬正法，上报佛恩，尤当勉励。

【注释】

[1] 六根：六根又作六情。指六种感觉器官，或认识能力。眼、耳、鼻、舌、身、意。眼是视根，耳是听根，鼻是嗅根，舌是味根，身是触根，意是念虑之根。 [2] 六尘：指眼、耳、鼻、舌、身、意等六根所相应的六种对境，也是六识所感觉、认识的六种境界。 [3] 祛除执吝：除掉自己对钱财的执著与吝啬。

何谓敬重尊长？家之父兄，国之君长，与凡年高、德高、位高、识高者，皆当加意奉事。在家而奉侍父母，使深爱婉容，柔声下气，习以成性，便是和气格天之本。出而事君，行一事，毋谓君不知而自恣[1]也，刑一人，毋谓君不知而作威也。事君如天，古人格论，此等处最关阴德。试看忠孝之家，子孙未有不绵远而昌盛者，切须慎之。

何谓爱惜物命？凡人之所以为人者，惟此恻隐之心而已，求仁者求此，积德者积此。周礼："孟春之月，牺牲毋用牝[2]。"孟子谓："君子远庖厨，所以全吾恻隐之心也[3]。"故前辈有四不食之戒，谓"闻杀不食、见杀不食、自养者不食、专为我杀者不食"。学者未能断肉，且当从此戒之。

【注释】

[1] 自恣：随意乱做。 [2] 牺牲毋用牝：祭品勿用雌性。因为要预防畜牲肚中有幼崽。 [3] 这句话出自《孟子·梁惠王上》，大意为君子不忍见杀生之事，以成全自己的恻隐之心。

渐渐增进，慈心愈长。不特杀生当戒，蠢动含灵，皆为物命。求丝煮茧，锄地杀虫，念衣食之由来，皆杀彼以自活。故暴殄之孽，当于杀生等[1]。至于手所误伤，足所误践者，不知其几，皆当委曲防之。古诗云："爱鼠常留饭，怜蛾不点灯。"何其仁也！

善行无穷，不能殚述[2]。由此十事而推广之，则万德可备矣！

【注释】

[1] 这句话指浪费东西和杀生等同。 [2] 这句话指善事无穷无尽，不可以尽说。

谦德之效

《易》曰："天道亏盈而益谦；地道变盈而流谦；鬼神害盈而福谦；人道恶盈而好谦。[1]"是故谦之一卦，六爻皆吉。《书》曰："满招损，谦受益。[2]” 予屡同诸公应试，每见寒士将达，必有一段谦光可掬[3]。

【注释】

[1] 这句话出自《周易·谦卦》，上坤下艮，大意指天地人鬼都尚谦而恶盈。

[2] 这句话出自《尚书·大禹谟》。意指自满会招致损害，而谦虚会带来益处。

[3] 谦光可掬：安详谦和。

辛未计偕，我嘉善同袍凡十人[1]，惟丁敬宇宾，年最少，极其谦虚。予告费锦坡曰：“此兄今年必第。”费曰：“何以见之？”予曰：“惟谦受福。兄看十人中，有恂恂款款，不敢先人，如敬宇者乎？有恭敬顺承，小心谦畏，如敬宇者乎？有受侮不答，闻谤不辩，如敬宇者乎？人能如此，即天地鬼神，犹将佑之，岂有不发者？”及开榜，丁果中式。

丁丑在京，与冯开之同处，见其虚己敛容，大变其幼年之习。李霁岩直谅益友[2]，时面攻其非，但见其平怀顺受，未尝有一言相报。予告之曰：“福有福始，祸有祸先，此心果谦，天必相之，兄今年决第矣。”已而果然[3]。

【注释】

[1] 这句话大意是我与同乡嘉善人一起去参加会试。 [2] 直谅益友：正直诚实的朋友。[3] 果然：指应验。

赵裕峰光远，山东冠县人，童年举于乡，久不第。其父为嘉善三尹，随之任[1]。慕钱明吾，而执文见之，明吾悉抹其文。赵不惟不怒，且心服而速改焉。明年，遂登第。

壬辰岁，予入觐，晤夏建所，见其人气虚意下，谦光逼人，归而告友人曰：“凡天将发斯人也，未发其福，先发其慧。此慧一发，则浮者自实，肆者自敛[2]。建所温良若此，天启之矣！”及开榜，果中式。

【注释】

[1]随之任：随他父亲上任。 [2]浮者自实、肆者自敛：浮滑的人变得诚实，放肆的人自动收敛。

江阴张畏岩，积学工文[1]，有声艺林。甲午，南京乡试，寓一寺中[2]，揭晓无名，大骂试官，以为眯目[3]。时有一道者，在傍微笑，张遽移怒道者。道者曰："相公文必不佳。"张益怒曰："汝不见我文，乌知不佳？"道者曰："闻作文，贵心气和平，今听公骂詈，不平甚矣，文安得工？"张不觉屈服，因就而请教焉。

道者曰："中全要命[4]。命不该中，文虽工，无益也。须自己做个转变。"张曰："既是命，如何转变？"道者曰："造命者天，立命者我。力行善事，广积阴德，何福不可求哉！"张曰："我贫士，何能为？"道者曰："善事阴功，皆由心造，常存此心，功德无量。且如谦虚一节，并不费钱，你如何不自反而骂试官乎？"

张由此折节自持[5]，善日加修，德日加厚。丁酉，梦至一高房，得试录一册，中多缺行。问旁人，曰："此今科试录。"问："何多缺名？"曰："科第阴间三年一考较，须积德无咎者，方有名。如前所缺，皆系旧该中式，因新有薄行而去之者也。"后指一行云："汝三年来，持身颇慎，或当补此，幸自爱。"是科果中一百五名。

【注释】

[1]积学工文：学识广泛、擅长文章。 [2]寓一寺中：借宿在一个寺院之中。[3]眯目：眼瞎指考官不赏识他的文章。 [4]中全要命：是否科举高中，这取决于命定。 [5]折节自持：注意自己的修养。

由此观之，举头三尺，决有神明。趋吉避凶，断然由我。须使我存心制行，毫不得罪于天地鬼神，而虚心屈己，使天地鬼神，时时怜我，方有受福之基[1]。彼气盈者，必非远器，纵发亦无受用。稍有识见之士，必不忍自狭其量，而自拒其福也。况谦则受教有地，而取善无穷，尤修业者所必不可少者也。

古语云："有志于功名者，必得功名；有志于富贵者，必得富贵。"人之有志，如树之有根，立定此志，须念念谦虚，尘尘方便，自然感动天地，而造福由我。今之求登科第者，初未尝有真志，不过一时意兴耳；兴到则求，兴阑则止。《孟子》曰："王之好乐甚，齐民其庶几乎？"[2]予于科名亦然。

【注释】

[1] 受福之基：福禄的根本所在。　[2] 这句话出自《孟子·梁惠王下》，意思是"如果齐王(果真)很喜欢音乐，那么齐国治理得大概很不错了吧"。指齐王应该将其仁心推至国境，与民同乐。

顾炎武：答徐甥公肃书

顾炎武（1613—1682），字宁人，明代南直隶（今江苏）昆山人。本名绛，明代灭亡后更名为炎武，世称亭林先生。明代大儒、思想家。其学以博学于文，行己有耻这宗旨。其提出的“经学即理学”的命题，一则反思明代理学与心学的空疏流弊，一则开启有清一代数百年的学术路径。他为学严峻，为人亦谨守忠孝大节，一生以复明为志，终不任清廷。本文为顾炎武回复他的外甥的信件。他委婉拒绝了外甥请他入任清廷的请求，并告诫其甥生修国史，知廉耻的重要性。本文气势磅礴，行文严峻，以此可见顾氏知行合一的大儒风范。

本文采用中华书局出版的《亭林诗文集》作为底本。

幼时侍先祖，自十三四读完《资治通鉴》后，即示之以邸报，泰昌[1]以来，颇窥崖略[2]。然忧患之余，重以老耄，不谈此事已三十年，都不记忆。而所藏史录奏状一二千本，悉为亡友借观，中郎被收，琴书俱尽。承吾甥来札[3]，惓惓勉之以一代文献[4]，衰朽讵足副此[5]？既叨下问，观书柱史[6]，无妨往还，正未知绛人甲子[7]、郯子[8]云师，可备赵孟、叔孙[9]之对否耳？夫史书之作，鉴往所以训今。忆昔庚辰、辛巳之间，国步阽危，方州瓦解，而老成硕彦，品节矫然，下多折槛[10]之陈，上有转圜之听。思贾谊之言，每闻于谕旨；烹弘羊[11]之论，屡见于封章。遗风善政，迄今可想。而昊天不吊[12]，大命[13]忽焉，山岳崩颓，江河日下，三风不儆，六逆弥臻[14]。以今所睹，国维人表，视昔十不得二三，而民穷财尽，又倍蓰而无算矣。身当史局，因事纳规，造膝之谟[15]，沃心[16]之告，有急于编摩者，固不待汗简奏功，然后为千秋金镜之献也。关辅[17]荒凉，非复十年以前风景，而鸡肋蚕丛，尚烦戎略[18]，飞刍輓粟[19]，岂顾民生。至有六旬老妇，七岁孤儿，挈米八升，赴营千里。于是强者鹿铤，弱者雉经，阖门而聚哭投河，并村而张旗抗令。此一方之隐忧，而庙堂之上或未之深悉也。吾以望七[20]之龄，客居斯土，饮瀣餐霞，足怡贞性；登岩俯涧，将卜幽栖[21]，恐鹤唳之重惊，即鱼潜之非乐。是以忘其出位，贡此狂言。请赋祈招之诗，以代麦秋之祝。不忘百姓，敢自托于鲁儒；维此哲人，庶兴哀于周雅。当事君子，倘亦有闻而太息[22]者乎？东土饥荒，颇传行旅；江南水旱，亦察舆谣。涉青云以远游，驾四牡而靡骋，所望随示以音问，不悉。

【注释】

[1] 泰昌：明光宗朱常洛的年号，这里指1628年。　[2] 崖略：虽未精审，但已得其法，大体亦不错，大略。　[3] 札：书信。　[4] 惓惓勉之以一代文献：指以（整理）有明一代的文献来殷勤劝勉我。　[5] 衰朽讵足副此：指我已经衰老了，怎么能承担这个。　[6] 柱史：“柱下史”的省称，是管理典籍的官员，老子曾任此官。　[7] 绛人甲子：绛人，老人的代称；甲子，年岁。　[8] 郯（tán）子：郯子，春秋时期郯国国君，据说孔子曾向其求学。　[9] 赵孟、叔孙：赵孟（？—前476），是中国春秋时期晋国赵氏的领袖，奠定了后来建立赵国的基业。叔孙，叔孙豹（？—前537），曾有著名的“三不朽”之论。　[10] 折槛：汉槐里令朱云朝见成帝时，请赐剑以斩佞臣安昌侯张禹。成帝大怒，命将朱云拉下斩首。云攀殿槛，抗声不止，槛为之折。后以折槛代指忠诚耿介之言。　[11] 弘羊：即桑弘羊（？—前80），洛阳人，西汉政治家、财政大臣，事汉武帝、汉昭帝两朝，历任侍中、大农丞、治粟都尉、大司农、御史大夫等职，因功赐爵左庶长。其主政时，政令多为增加中央财政。　[12] 昊天不吊：上天不顾念。　[13] 大

命：这里指大明国运。　[14] 六逆弥臻：六种悖逆行为全都出现了。六逆，指贱妨贵，少陵长，远间亲，新间旧，小加大，淫破义。　[15] 造厀之谟：即造膝之谋。造膝，促膝，指膝盖相接并作，亲近之意。　[16] 沃心：使内心受启发。　[17] 关辅：指关中及三辅地区，代指中国。　[18] 鸡肋蚕丛，尚烦戎略：蚕丛，相传为蜀王的先祖，教人蚕桑，这里代指农桑之事；戎略，即军事。大意是多年战乱，农业废弛。　[19] 飞刍挽粟：飞，形容极快；刍，饲料；挽，拉车或船；粟，小米，泛指粮食。指迅速运送粮草，这里指军队运输粮草辎重迅速。　[20] 望七：接近七十之意。　[21] 将卜幽栖：幽栖，有隐居打算。指即将辞世。　[22] 太息：叹息。

朱用纯：朱子家训

朱用纯（1617—1698），字致一，号柏庐，清初江苏昆山县人。朱用纯是明末清初理学家、著名思想家、教育家，其生活时代适逢明代覆亡及清军入关，他的父亲在抗清时遇难，这给青年时代的朱用纯以强烈震撼，他誓不在清廷为官，终生潜心研读程朱理学，在家乡教授学生。其主要著作有《朱子家训》《四书讲义》《春秋五传酌解》《删补易经蒙引》《困衡录》等。此家训是朱子秉承圣哲的义理，写给家族子孙的训诫。其中很多句子已经成为中国近代以来家喻户晓的至理名言，如"一粥一饭，当思来处不易；半丝半缕，恒念物力维艰""器具质而洁，瓦缶胜金玉；饮食约而精，园蔬愈珍馐"等。在此篇家训中，朱用纯集宋明儒学做人处世方法之大成，全文以"齐家"为核心，劝诫子侄诚敬修身、刻苦为学、慎交朋友、勤俭自持，从而达至家庭和乐的治家状态。在临终之时，朱用纯留给家族弟子的遗言是"学问在性命，事业在忠孝"，以此可见他作为一代理学大儒知行并重的大写人格。《朱子家训》对于当代每个中国人仍具有深厚的道德滋养，对当代中国复兴优秀传统文化、构建社会主义和谐社会具有很强的现实意义。本文所选版本参考江苏古籍出版社2002年整理出版的《朱柏庐诗文选》。

黎明即起，洒扫庭除[1]，要内外整洁。

既昏便息，关锁门户，必亲自检点[2]。

一粥一饭，当思来处不易；半丝半缕[3]，恒念物力维艰。

宜未雨而绸缪，毋临渴而掘井。

自奉必须俭约，宴客切勿留连[4]。

器具质而洁，瓦缶[5]胜金玉；饮食约而精，园蔬愈珍馐[6]。

勿营华屋[7]，勿谋良田。

三姑六婆[8]，实淫盗之媒；婢美妾娇，非闺房之福。

奴仆勿用俊美，妻妾切忌艳妆。

祖宗虽远，祭祀不可不诚；子孙虽愚，经书[9]不可不读。

居身务期质朴，训子要有义方。

勿贪意外之财，勿饮过量之酒。

与肩挑贸易，毋占便宜；见穷苦亲邻，须加体恤。

刻薄成家，理无久享；伦常乖舛[10]，立见消亡。

兄弟叔侄，须分多润寡[11]；长幼内外，宜法肃辞严。

听妇言，乖[12]骨肉，岂是丈夫；重资财，薄父母，不成人子。

嫁女择佳婿，毋索重聘；娶妇求淑女，勿计厚奁[13]。

见富贵而生谄容者，最可耻；遇贫穷而作骄态者，贱莫甚。

居家戒争讼，讼则终凶；处世戒多言，言多必失。

毋恃势力而凌逼孤寡，毋贪口腹而恣杀牲禽。

乖僻[14]自是，悔误必多；颓惰自甘，家道难成。

狎昵[15]恶少，久必受其累；屈志老成，急则可相倚。

轻听发言，安知非人之谮诉[16]？当忍耐三思。

因事相争，焉知非我之不是？须平心暗想。

施惠无念，受恩莫忘。

凡事当留余地，得意不宜再往。

人有喜庆，不可生妒忌心；人有祸患，不可生喜幸心。

善欲人见，不是真善；恶恐人知，便是大恶。

见色而起淫心，报在妻女；匿怨[17]而用暗箭，祸延子孙。

家门和顺，虽饔飧[18]不济，亦有余欢；

国课早完，即囊橐[19]无余，自得至乐。

读书志在圣贤，非徒科第；为官心存君国，岂计身家。

守分安命，顺时听天。为人若此，庶乎近焉[20]。

【注释】

[1] 庭除：庭院。 [2] 检点：检查、察看。 [3] 半丝半缕：衣服的丝线，形容细小。 [4] 流连：时间长，指要适可而止。 [5] 瓦缶（fǒu）：瓦制的器皿。 [6] 珍馐（xiū）：珍奇精美的食物。 [7] 华屋：奢华的房屋。 [8] 三姑六婆：三姑：尼姑，道姑，卦姑。六婆：牙婆，媒婆，师婆，虔婆，药婆，稳婆。社会上不正派的女子。 [9] 经书：四书五经等儒家经典。 [10] 伦常乖舛（chuǎn）：违背伦常。 [11] 分多润寡：家族之内，富有的应帮助贫穷的一些。 [12] 乖：伤了骨肉亲情。 [13] 厚奁（lián）：丰厚的嫁妆。 [14] 乖僻：性格古怪、刚愎自用。 [15] 狎昵（xiá nì）：过分亲近（恶少）。 [16] 谮诉（zèn）：诬蔑人的坏话。 [17] 匿怨：怀恨在心。 [18] 饔飧（yōng sūn）：早饭和晚饭，古人只吃两餐。 [19] 囊橐（tuó）：口袋（存余钱款），指上交国课（国家赋税）之后的存余。 [20] 庶乎近焉：差不多就靠近圣贤了。

王夫之：传家十四戒

王夫之（1619—1692），字而农，号姜斋。湖南衡阳人。晚年居衡阳石船山，世称“船山先生”。王夫之学识极其渊博。举凡经学、子学、史学、文学、政法、伦理等各门学术，造诣无不精深，他是明清之际著名的儒者，朴素唯物论者，也是世界思想史上著名的思想家。1642年他考中举人，清军入关后，他在衡山举兵抗清，失败之后，他隐居湘西等地，勤奋治学。本篇家训为王夫之训诫子孙所述。在动荡的时局中，王夫之通过记述家中所传承下来的家规戒言，告诫子孙要为人务正道，不做奸邪之事。在此我们也可以看到王夫之作为一代思想家的大儒风范和铮铮傲骨。王夫之著述颇丰，代表作有《张子正蒙注》《宋论》《读通鉴论》《永历实录》《周易外传》《周易内传》《尚书引义》等。本文采用岳麓书社整理出版的《船山著作单行本》作为底本。

家谱“传家十四戒”：勿作赘婿[1]；勿以子女出继异姓及为僧道；勿嫁女受财，（或丧子嫁妇尤不可受一丝）；勿听鬻术人[2]改葬，勿做吏胥[3]；勿与胥隶为婚姻；勿为讼者或作证佐；勿为人作呈送；勿作歇保[4]；勿为乡团之魁；勿作屠人、厨人及鬻酒食；勿挟枪弩网罗禽兽；勿习拳勇、咒术；勿作师巫及鼓吹人；勿立坛祀山魈[5]、跳神。

【注释】

[1] 赘婿：结婚后住到女家的男子；入赘的女婿。　[2] 鬻术人：鬻，卖。

指方术之人。 [3] 吏胥：地方官府中掌管簿书案牍的小吏。 [4] 歇保：明清时代县衙与乡民之间的中间机构，是政府为了追征赋役和词讼审理的方便而设置的一种制度，在政府方面言其为保户，在乡民方面则言其为歇家，故合称为“歇保”。 [5] 山魈：传说中山里的怪物。

能士则士，次则医，次则农、工、商、贾，各惟其力与其时。吾不敢望复古人之风矩[1]，但得似启、祯间[2]稍有耻者足矣。凡此所戒，皆吾祖父所深鄙者。若饮博狂荡自是不幸，而生此败类，无如之何。然其繇来，皆自不守此戒丧其恻隐羞恶之心[3]始。吾言之，吾子孙未必能戒之，抑或听妇言、交匪类[4]而为之，乃家之绝续。在此，故不容已于言。后有贤者引申以立训范，尤所望而不可必者，守此亦可不绝吾世矣。丙寅[5]季夏姜斋七十老人书。

【注释】

[1] 风矩：风度，规矩。 [2] 启、祯间：明代年号。天启，明熹宗朱由校的年号（1621—1627）。崇祯，明思宗朱由检年号（1627—1644）。 [3] 恻隐羞恶之心：恻隐：见人遭遇不幸而心有所不忍。羞恶：因己身的不善而羞耻，见他人的不善而憎恶。出自《孟子·公孙丑》。 [4] 匪类：行为不端正的人。 [5] 丙寅：康熙二十五年（1686）。

张英：聪训斋语

《聪训斋语》是清代名臣张英（1637—1708）所作的家训。张英，字敦复，号乐圃，安徽桐城人。张英为康熙六年（1667）进士，选庶吉士，散馆授编修。充日讲起居注官，官至文华殿大学士兼礼部尚书。康熙十六年（1677），入直南书房。史载："每从帝行，一时制诰，多出其手。"张英以降，家族更是人才辈出，家族六代共出进士十三人，其中入翰林者十二人。张英长子张廷瓒（1655—1702），康熙十八年（1679）进士，入翰林，官至詹事府少詹事；次子张廷玉（1672—1755），康熙三十九年（1700）进士，入翰林，官至保和殿大学士，雍正时设立军机处，最初典章皆出其手，与鄂尔泰等同为军机大臣，且恩遇最隆。张英、张廷玉父子二代为相，"父子双学士，老小二宰相"，"门第荣耀，世不多见"，是中国历史上的美谈。《聪训斋语》是张英为官处世的亲身经历和心得体悟，他结合古代圣贤的经典名言和事例，告诫家中子孙修身、治家乃至为政的要道。本书分为两卷，内容包罗万象，包括务农、节用、学习经典、慎交朋友、戒免骄奢淫逸以及培养高雅情趣等各个层面。本书行文流畅，言辞恳切，在阅读过程中可以深深感受到一位家中长者对于年轻后辈的慈爱、告诫和期待。《聪训斋语》是清代家训中的名篇，流传深远，为后人所赞颂。正是在这种良好的家庭教育氛围中，张英的子孙人才辈出，张家也成为清代安徽桐城的名门望族。

卷一

圃翁[1]曰：圣贤领要之语，曰：“人心惟危，道心惟微。”[2]危者，嗜欲之心，如堤之束水[3]，其溃甚易。一溃则不可复收也。微者，理义之心，如帷之映灯[4]，若隐若现，见之难，而晦[5]之易也。人心至灵至动，不可过劳，亦不可过逸，惟读书可以养之。每见堪舆家[6]平日用磁石养针，书卷乃养心第一妙物。闲适无事之人，镇日不观书，则起居出入，身心无所栖泊[7]，耳目无所安顿，势必心意颠倒，妄想生嗔。处逆境不乐，处顺境亦不乐。每见人栖栖皇皇[8]，觉举动无不碍者，此必不读书之人也。古人有言：扫地焚香，清福已具。其有福者，佐以读书；其无福者，便生他想。旨哉斯言！予所深赏。且从来拂意之事，自不读书者见之，似为我所独遭，极其难堪；不知古人拂意之事，有百倍于此者，特不细心体验耳。即如东坡先生殁后，遭逢高、孝[9]，文字始出，名震千古。而当时之忧谗畏讥，困顿转徙潮、惠[10]之间，苏过[11]跣足[12]涉水，居近牛栏，是何如境界？又如白香山[13]之无嗣，陆放翁[14]之忍饥，皆载在书卷。彼独非千载闻人，而所遇皆如此！诚壹[15]平心静观，则人间拂意之事，可以涣然冰释[16]。若不读书，则但见我所遭甚苦，而无穷怨尤嗔忿之心，烧灼不宁，其苦为何如耶？且富盛之事[17]，古人亦有之，炙手可热[18]，转眼皆空。故读书可以增长道心，为颐养第一事也。

记诵纂集，期以争长[19]，应世则多苦，若涉览[20]，则何至劳心疲神？但当冷眼于闲中窥破古人筋节处[21]耳。予于白、陆诗，皆细注其年月，知彼于何年引退，其衰健之迹[22]皆可指，斯不梦梦[23]耳。

【注释】

[1] 圃翁：张英号乐圃，此处为作者自称。　　[2] 人心惟危、道心惟微：这句话出自《尚书·大禹谟》：“人心惟危，道心惟微；惟精惟一，允执厥中。”指性情之心易私而难公，故益加危殆。义理之心易昧而难明，故常隐微不显。

唯有专一精诚，秉持中道而行。 [3] 束水：抵御洪水。 [4] 帷之映灯：用布幔遮蔽灯光。帷，帘幕。 [5] 晦：掩蔽。 [6] 堪舆家：风水先生。[7] 栖泊：栖息停靠。 [8] 栖栖皇皇：惶恐不安的样子。 [9] 高、孝：指宋高宗、孝宗两位帝王，推崇苏轼的文章。 [10] 潮、惠：潮州、惠州，皆属今天的广东省。 [11] 苏过：字叔党，号斜川居士，北宋文学家，苏轼第三子。苏轼辗转仕途，迭遭挫折，唯幼子苏过陪侍左右。 [12] 跣（xiǎn）足：赤脚。 [13] 白香山：指唐代诗人白居易。白居易（772—846），字乐天，号香山居士。唐代中期政治家、文学家。 [14] 陆放翁：指宋代诗人陆游。陆游（1125—1210），字务观，号放翁。南宋时期政治家、文学家，力主抗金。陆游晚年隐居，生活贫困，仆婢尽散。 [15] 诚壹：心志专一。 [16] 涣然冰释：完全消解。 [17] 富盛之事：指富贵荣华。 [18] 炙手可热：指有财有势者气焰逼人。 [19] 争长：争相增长。 [20] 涉览：博览群书、广泛涉猎。 [21] 筋节处：关键所在，精要部分。 [22] 衰健之迹：强健或衰颓的迹象。 [23] 梦梦：昏乱不明的样子。

圃翁曰：圣贤仙佛，皆无不乐之理。彼世之终身忧戚、忽忽[1]不乐者，决然无道气、无意趣之人。孔子曰“乐在其中”[2]、颜子“不改其乐”[3]、孟子以不愧不怍为乐[4]。《论语》开首说“悦”“乐”[5]。《中庸》言“无入而不自得”[6]，程朱教寻孔颜乐处[7]，皆是此意。若庸人多求多欲，不循理，不安命。多求而不得则苦，多欲而不遂则苦，不循理则行多窒碍而苦，不安命则意多怨望而苦。是以局天蹐地[8]，行险侥幸，如衣敝絮行荆棘中，安知有康衢[9]坦途之乐？惟圣贤仙佛，无世俗数者之病[10]，是以常全乐体。香山字乐天，予窃慕之，因号曰“乐圃”。圣贤仙佛之乐，予何敢望？窃欲营履道[11]，一丘一壑[12]，仿白傅[13]之“有叟在中，白须飘然”，“妻孥熙熙，鸡犬闲闲”[14]之乐云耳。

【注释】

[1] 忽忽：失意的样子。 [2]“乐在其中”：出自《论语·述而》：“饭疏食饮水，曲肱而枕之，乐亦在其中矣。不义而富且贵，于我如浮云。” [3]“不改其乐”：出自《论语·雍也》：“贤哉回也！一箪食，一瓢饮，在陋巷，人不堪其忧，回也不改其乐。” [4]“孟子以不愧不怍为乐”：出自《孟子·尽心上》：“君子有三乐，而王天下不与存焉。父母俱存，兄弟无故，一乐也；仰不愧于天，俯不怍于人，二乐也；得天下英才而教育之，三乐也。” [5] 这句话出自《论语·学而》：“学而时习之，不亦说乎？有朋自远方来，不亦乐乎？人不知而不愠，不亦君子乎？”此句为《论语》的篇首章。 [6]“无入而不自得”：出自《中庸》第十四章：“君子素其位而行，不愿乎其外。素富贵，行乎富贵；素贫贱，行乎贫贱；素夷狄，行乎夷狄；素患难，行乎患难。君子无入而不自得焉。”指君子恪守本分，无论处在什么环境，都能悠然自得。 [7] 程朱教寻孔颜乐处：指宋代大儒程颐、朱熹在教育弟子之时，多让其弟子体寻孔子、颜回之乐。 [8] 局天蹐（jí）地：戒慎恐惧的样子。局，通“跼”，弯曲不舒服。蹐，小步行走。 [9] 康衢（qú）：四通八达的大路。 [10] 数者之病：指前文所言“多求、多欲、不循理、不安命”之病。 [11] 履道：遵行正道。 [12] 一丘一壑：比喻隐者栖息之所。 [13] 白傅：即白居易，因曾任太子少傅，故称白傅。 [14] 这两句话的意思是：白居易归老洛阳，作《池上篇》：“有堂有亭，有桥有船，有书有酒，有歌有弦。有叟在中，白须飘飒，识分知足，外无求焉。妻孥熙熙，鸡犬闲闲。优哉游哉，吾将老乎其间。”

圃翁曰：予拟一联，将来悬草堂中：“富贵贫贱，总难称意[1]，知足即为称意；山水花竹，无恒主人，得闲便是主人。”其语虽俚[2]，却有至理。天下佳山胜水，名花美箭[3]无限，大约富贵人役于名利，贫贱人役于饥寒，总无闲情及此，惟付之浩[4]叹耳。

【注释】

[1] 称意：遂其所欲、称心如意。 [2] 俚：俗气。 [3] 美箭：指美竹。 [4] 浩叹：感慨叹息。

圃翁曰：唐诗如缎如锦，质厚而体重，文丽而丝密[1]，温醇尔雅[2]，朝堂[3]之所服也。宋诗如纱如葛，轻疏纤朗[4]，便娟[5]适体，田野之所服也。中年作诗，断当[6]宗唐律；若老年吟咏适意，阑入[7]于宋，势所必至。立意学宋，将来益流[8]而不可返矣！五律断无[9]胜于唐人者，如王、孟[10]五言两句，便成一幅画。今试作五字，其写难言之景，尽难状之情，高妙自然，起结超远，能如唐人否？苏诗[11]五律不多见，陆诗[12]五律大率[13]非其所长。参唐宋人气味，当于五律见之。

【注释】

[1] 文丽而丝密：文采华丽细致。 [2] 温醇尔雅：温和典雅。 [3] 朝堂：本为古代君王及官吏办公处所，指正式场合。 [4] 轻疏纤朗：轻薄宽松纤细明亮。 [5] 便娟：美好的样子。 [6] 断当：一定要。 [7] 阑入：以他物相杂。 [8] 益流：更无节制。流，无节制。 [9] 断无：绝对没有。 [10] 王、孟：指唐代诗人王维和孟浩然。二人同为盛唐时期田园诗派的健将。 [11] 苏诗：指北宋苏轼的诗。 [12] 陆诗：指南宋陆游的诗。 [13] 大率：大抵。

圃翁曰：昌黎[1]《听颖师琴》诗有云："呢呢儿女语，恩怨相尔汝。忽然势轩昂，猛士赴战场。"[2]又云："失势一落千丈强。"[3]欧阳公[4]以为琵琶诗，信然。予细味琴音，如微风入深松，寒泉滴幽涧，静永古澹[5]。其上下十三徽[6]，出入一弦至七弦，皆有次第。大约由缓而急，由大而细，极于和平冲夷[7]为主，安有"呢呢儿女"忽变为"金戈铁马"[8]之声？常建[9]《琴》诗："江上调[10]玉琴，一弦清一心。泠泠[11]七弦遍，万木沉秋阴。能令江月白，又令江水深。始知梧桐枝[12]，可以徽黄金[13]。”真可谓字字入妙，得琴之三昧[14]者。味此，则与昌黎之言迥别[15]矣！

古来士大夫学琴，类不能学多操[16]。白香山止《秋思》[17]一曲，范文正公[18]止《履霜》[19]一曲，高人抚弦动操[20]，自有夷旷冲澹[21]之趣，不在多也。古人制琴一曲，调适宫商[22]，但传指法，后人强被[23]以语言文字，失之远矣。甚至俗谱用《大学》[24]及《归去来辞》《赤壁赋》[25]强配七弦，一字予以一音。且有以山歌小曲溷[26]之者，其为唐突[27]古乐甚矣，宜为雅人之所深戒也。

大抵琴音以古澹为宗，非在悦耳。心境微有不清，指下便尔荆棘[28]。清风朗月之时，心无机事[29]，旷然[30]天真，时鼓一曲，不躁不懒[31]，则缓急轻重，合宜自然，正音出于腕下，清兴[32]超于物表。放翁诗曰：“琴到无人听处工[33]。”未深领斯妙者，自然闻古乐而欲卧，未足深论也。

【注释】

[1] 昌黎：韩愈（768—824），字退之，世称“韩昌黎”。唐代著名思想家、古文家，为唐宋古文八大家之首。力主排斥佛、老之学，重建儒家道统。力倡“古文运动”，提出“文以载道”。　[2] 这两句话的意思是：琴声轻柔细屑，仿如情侣间亲密耳语，偶而夹杂倾心相爱的嗔嗲责怪。忽然声势转变得昂扬激越，就像勇猛的将士，持枪跃马冲入敌阵。　[3] 失势一落千丈强：形容琴音骤降。　[4] 欧阳公：北宋欧阳修（1007—1072），字永叔，晚号六一居士，醉翁。北宋中期政治家、思想家、史学家、文学家。　[5] 静永古澹：静默、深远、古雅、恬淡。　[6] 十三徽：指七弦琴琴面十三个指示音位的标识。　[7] 冲夷：平缓。　[8] 金戈铁马：谓兵事，指气势磅礴。　[9] 常建：唐代中期诗人，字号不详。　[10] 调：调和音曲，即演奏。　[11] 泠泠：声音清越。　[12] 梧桐枝：比喻不起眼的琴。古琴多为桐木所制，有人便以桐称呼琴。　[13] 徽黄金：指可以做金饰的琴徽。

[14] 三昧：诀要，佛教用语，指止息杂念，心神平静；也指得其精要。 [15] 迥别：大不相同。 [16] 操：琴曲。 [17]《秋思》：秋日寂寞凄凉之情绪。 [18] 范文正公：北宋范仲淹（989—1052），字希文，宋苏州吴县（今江苏省吴县）人，卒谥文正。北宋中期政治家、思想家、文学家。北宋庆历年间，主持变法，整顿吏治，史称“庆历新政”。 [19]《履霜》：乐府琴曲名，周尹吉甫之子伯奇所作。范仲淹喜爱弹琴，但平日只弹《履霜》一曲，所以又有“范履霜”之称。 [20] 抚弦动操：指弹琴。 [21] 夷旷冲澹：平易旷达，淡泊宏阔。 [22] 宫商：五音中宫商二音，指音乐、音律。 [23] 强被：生硬搬套。 [24]《大学》：指《礼记》中的一篇，后被朱熹编入四书。 [25]《归去来辞》《赤壁赋》：分别为东晋陶渊明、北宋苏轼所作，皆为古代名篇。 [26] 溷（hùn）：杂乱。 [27] 唐突：亵渎。 [28] 荆棘：本指梗阻不通畅之状，此处指琴声杂乱。 [29] 机事：机密巧诈之事。 [30] 旷然：旷达、豁达。 [31] 不躁不懒：不急躁，不懈怠。 [32] 清兴：清雅之兴致。 [33] 工：指精巧佳妙。

圃翁曰：古人以“眠、食”二者为养生之要务。脏腑肠胃，常令宽舒有余地，则真气得以流行而疾病少。吾乡吴友季善医，每赤日寒风[1]，行长安道上不倦。人问之，曰：“予从不饱食，病安得入？”此食忌过饱之明征也。燔炙熬煎[2]香甘肥腻之物最悦口，而不宜于肠胃。彼肥腻易于粘滞，积久则腹痛气塞，寒暑偶侵，则疾作矣。放翁诗云：“倩盼作妖狐未惨，肥甘藏毒鸩[3]犹轻。”[4]此老知摄[5]生哉！

炊饭极软熟，鸡肉之类只淡煮，菜羹清芬鲜洁渥[6]之。食只八分饱，后饮六安苦茗一杯。若劳顿饥饿归，先饮醇醪[7]一二杯，以开胸胃。陶诗云：“浊醪解劬饥”[8]，盖借之以开胃气也。如此，焉有不益人者乎？且食忌多品，一席之间，遍食水陆，浓淡杂进，自然损脾。予谓或鸡鱼凫豚[9]之类，只一二种，饱食良[10]为有益，此未尝闻之古昔，而以予意揣当如此。

【注释】

[1] 赤日寒风：夏冬极热极冷之天气。 [2] 燔炙熬煎：烧烤煎炸之物。 [3] 鸩（zhèn）：鸟名，羽毛有剧毒，浸于酒叫作“鸩”，指毒酒。 [4]“放翁诗”二句：出自南宋陆游《养生》诗。与妖媚的美女相比，狐精的害人手段还不算毒虐。与肥美甘甜的食物相比，鸩酒所藏的毒害还算轻。 [5] 摄生：养生。 [6] 渥（wò）：使汤味道浓厚。 [7] 醇醪（chún láo）：味浓烈的酒。 [8] 浊醪解劬（qú）饥：浓酒解除疲劳和饥饿。劬，疲劳。此句出自东晋陶潜《和刘柴桑》诗。 [9] 凫（fú）豚：水鸭和小猪。 [10] 良：实在。

安寝，乃人生最乐。古人有言，“不觅仙方觅睡方”。冬夜以二鼓[1]为度，暑月以一更为度。每笑人长夜酣饮不休，谓之消夜。夫人终日劳劳[2]，夜则宴息[3]，是极有味，何以消遣为？冬夏皆当以日出而起，于夏尤宜。天地清旭[4]之气，最为爽神，失之，甚为可惜。予山居颇闲，暑月日出则起，收水草清香之味，莲方敛而未开，竹含露而犹滴，可谓至快！日长漏永[5]，不妨午睡数刻，焚香垂幙，净展桃笙[6]。睡足而起，神清气爽，真不啻天际真人[7]。况居家最宜早起。倘日高客至，僮则垢面，婢且蓬头，庭除[8]未扫，灶突犹寒[9]，大非雅事。昔何文端公[10]居京师，同年[11]诣之，日晏[12]未起，久之方出。客问曰：“尊夫人亦未起耶？”答曰：“然。”客曰：“日高如此，内外家长皆未起，一家奴仆，其为奸盗诈伪，何所不至耶？”公瞿然[13]，自此至老不晏起。此太守公[14]亲为予言者。

【注释】

[1] 二鼓：指二更天，晚上九时到十一时。古人以击鼓报时。 [2] 劳劳：辛劳忙碌。 [3] 宴息：安寝休息。 [4] 清旭：清晨日出光明的样子。 [5] 漏永：漏，计时之器。指时间长。 [6] 净展桃笙：打开清洁的寝席，

准备睡觉。桃笙，桃枝竹编的席子。　[7] 天际真人：天上的仙人，极言其舒适与满足。　[8] 庭除：庭前阶下。　[9] 灶突犹寒：尚未生火煮饭。灶突，灶上的烟囱。　[10] 何文端公：何如宠，明桐城人，字康侯，号芝岳，谥文端。明万历进士，官至武英殿大学士。　[11] 同年：古代科举考试同科中第者之互称。　[12] 日晏：时候已晚。　[13] 瞿然：惊惧的样子。　[14] 太守公：姚文燮（1628—1692），字经三，清顺治十六年（1659）进士。

圃翁曰：山色朝暮之变，无如春深秋晚。四月则有新绿，其浅深浓淡，早晚便不同；九月则有红叶，其赪黄茜紫[1]，或映朝阳，或回夕照[2]，或当风而吟，或带霜而殷[3]，皆可谓佳胜[4]之极。其他则烟岚雨岫[5]，云峰霞岭，变幻顷刻，孰谓看山有厌倦时耶？放翁诗云："游山如读书，浅深在所得。"[6]故同一登临，视其人之识解学问，以为高下苦乐[7]，不可得而强也。

予每日治装[8]入龙眠[9]，家人相谓："山色总是如此，何用日日相对？"此真浅之乎言看山者[10]。

【注释】

[1] 赪（chēng）黄茜（qiàn）紫：黄叶映日所幻变出来的赤、黄、红、紫等颜色。赪，浅红色。茜，深红色。　[2] 回夕照：夕阳反照。　[3] 殷：黑红色。　[4] 佳胜：美好的景色。　[5] 烟岚雨岫（xiù）：笼罩在烟雨雾气中的山林和峰峦。　[6] 这句话出自陆游《再游天王广教院》诗。能不能有收获取决于其学识修养。　[7] 高下苦乐：优秀或低劣、痛苦或快乐。[8] 治装：整理行装。　[9] 龙眠：龙眠山，在安徽省桐城县西北三十里，以山中有二龙井故名。　[10] 此真浅之乎言看山者：评论看山的人的浅薄之说。

圃翁曰：人家僮仆，最不宜多畜，但有得力二三人，训谕有方，使令得宜，未尝不得兼人[1]之用。太多则彼此相诿[2]，恩养必不能周[3]，教训亦不能及，反不得其力。且此辈当家道盛，则倚势作非，招尤结怨；家道替[4]，则飞扬跋扈[5]，反唇卖主，皆势所必至。予欲令家仆皆各治生业，可省游手游食之弊，不至于冗食为非[6]也。且僮仆甚无取乎黠慧者[7]。吾辈居家居宦，皆简静守理，不为暗昧[8]之事；至衙门政务，皆自料理，不烦干仆[9]巧权门之应对[10]，为远道之输将[11]，打点机密，奔走势利。所用者不过趋蹡[12]洒扫、负重徒步之事耳，焉用聪明才智为哉！至于山中耕田锄圃之仆，乃可为宝，其人无奢望、无机智，不为主人敛怨[13]，彼纵不遵约束，不过懒惰、愚蠢之小过，不必加意防闲[14]，岂不为清闲之一助哉？

【注释】

[1]兼人：兼任其他人的工作。 [2]相诿：互相推卸责任。 [3]周：顾及全部。 [4]替：衰落。 [5]飞扬跋扈：气势凌人。 [6]冗食为非：吃闲饭做恶事。 [7]黠慧者：狡猾之人。 [8]暗昧：愚昧蠢陋。 [9]干仆：能干的仆人。 [10]巧权门之应对：擅长与权势之家打交道。 [11]为远道之输将：到远地去送礼以打通关节。输将，缴纳财物。 [12]趋蹡(qiāng)：赶路。 [13]敛怨：招致怨恨。 [14]防闲：防备。

圃翁曰：昔人论致寿之道有四，曰慈、曰俭、曰和、曰静。人能慈心于物，不为一切害人之事，即一言有损于人，亦不轻发。推之，戒杀生以惜物命，慎剪伐以养天和。无论冥报[1]不爽，即胸中一段吉祥恺悌[2]之气，自然灾沴[3]不干，而可以长龄矣。

人生福享，皆有分数[4]。惜福之人，福尝有余；暴殄[5]之人，易至罄竭。故老氏以俭为宝。不止财用当俭而已，一切事常思俭啬[6]之义，方有余地。俭于饮食，可以养脾胃；俭于嗜欲[7]，可以聚精神；俭于言语，可以养气息非；俭于交游，可以择友寡过；俭于酬错[8]，可以养身息劳；俭于夜坐，可以安神舒体；俭于饮酒，可以清心养德；俭于思虑，可以蠲[9]烦去扰。凡事省得一分，即受一分之益。大约天下事，万不得已者，不过十之一二。初见以为不可已，细算之，亦非万不可已。如此逐渐省去，但日见事之少。白香山诗云："我有一言君记取，世间自取苦人多。"[10]今试问劳扰烦苦之人，此事亦尽可已，果属万不可已者乎？当必恍然自失矣。

人常和悦，则心气冲[11]而五脏安，昔人所谓养欢喜神。真定梁公[12]每语人："日间办理公事，每晚家居，必寻可喜笑之事，与客纵谈，掀髯[13]大笑，以发舒一日劳顿郁结[14]之气。"此真得养生要诀。何文端公时，曾有乡人过百岁，公扣[15]其术，答曰："予乡村人无所知，但一生只是喜欢，从不知忧恼。"噫，此岂名利中人所能哉！

传曰："仁者静。"又曰："知者动。"[16]每见气躁之人，举动轻佻[17]，多不得寿。古人谓："砚以世计，墨以时[18]计，笔以日计。"动静之分也。静之义有二：一则身不过劳，一则心不轻动。凡遇一切劳顿、忧惶、喜乐、恐惧之事，外则顺以应之，此心凝然不动，如澄潭，如古井，则志一动气[19]，外间之纷扰皆退听[20]矣。

此四者于养生之理，极为切实。较之服药引导[21]，奚啻万倍哉！若服药，则物性易偏，或多燥滞[22]。引导吐纳[23]，则易至作辍。必以四者为根本，不可舍本而务末也。《道德经》[24]五千言，其要旨不外于此。铭之座右，时时体察，当有裨益耳。

【注释】

[1] 冥报：冥冥中的善恶报应。　[2] 恺悌：和乐平易。　[3] 灾沴（lì）：灾害。　[4] 分数：天命，一定之数。　[5] 暴殄：不知爱惜物力。　[6] 俭啬：节省。　[7] 嗜欲：放纵耳、目、口、鼻等之所欲。　[8] 酬错：应酬交际。错，交互。　[9] 蠲（juān）：免除。　[10] 这句话出自白居易《感

兴二首》。 [11] 心气冲：心意平和。 [12] 真定梁公：指梁清标，明末进士，后降清，官至保和殿大学士。 [13] 掀髯：笑时开口张须的样子。 [14] 劳顿郁结：身体劳累疲倦，内心抑郁。 [15] 扣：求教，问询，探询。 [16] 这句话出自《论语·雍也》："知者乐水，仁者乐山；知者动，仁者静；知者乐，仁者寿。" [17] 轻佻：举止不庄重。 [18] 时：四时，即春、夏、秋、冬，一年之意。 [19] 志一动气：心志凝住浮动之气。 [20] 退听：不听、不受，指不受影响。 [21] 引导：为道家养生之法，如五禽戏。 [22] 燥滞：干燥停滞。 [23] 吐纳：道家养生之法，口吐出恶浊之气，鼻吸入清新之气。 [24]《道德经》：相传为老子所作，为道家基本经典，凡五千余言。

圃翁曰：人生不能无所适[1]以寄其意。予无嗜好，惟酷好看山种树。昔王右军[2]亦云："吾笃嗜[3]种果，此中有至乐存焉。"手种之树，开一花，结一实，玩之偏爱，食之益甘，此亦人情也。

阳和里五亩园，虽不广，倘所谓"有水一池，有竹千竿"[4]者耶。花有十二种，每种得十余本[5]，循环玩赏，可以终老。城中地隘，不能多植，然在居室之西数武[6]，花晨月夕，不须肩舆策蹇[7]，自朝至夜分[8]，可以酣赏饱看。一花一草，自始开至零落，无不穷极其趣，则一株可抵十株，一亩可敌十亩。

山中向营赐金园[9]，今购芙蓉岛，皆以田为本，于隙地疏池种树，不废耕耘。阅耕[10]是人生最乐。古人所云"躬耕"，亦止是课仆督农[11]，亦不在沾体涂足[12]也。

【注释】

[1] 无所适：没有安适之处。 [2] 王右军：王羲之（301—361，一作321—379），东晋书法家，官至右军将军，世称"王右军"。 [3] 笃嗜：非常喜好。 [4] 这句话出自白居易《池上篇》："十亩之宅，五亩之园；有水一池，有竹

千竿。”　[5] 本：草本植物一株曰一本。　[6] 武：半步为武。[7] 肩舆策蹇：乘轿骑驴。　[8] 夜分：半夜之时。　[9] 赐金园：张英用康熙二十一年（1682）皇上颁给的赐金的一半“谋山林数亩之地为憩息、树蓺之区”，用以“赐金”名园。　[10] 阅耕：观察农耕。　[11] 课仆督农：考核监督仆役农事。　[12] 沾体涂足：手脚沾上田中泥土。

圃翁曰：山居宜小楼，可以收揽[1]群峰众壑之势。竹杪松梢[2]，更有奇趣。予拟于芙蓉岛南向构[3]一小楼，题曰“千崖万壑之楼”。大溪环抱，群峰耸峙[4]，可谓快矣！筑小斋三楹[5]，曰“佳梦轩”。夫人生如梦，信矣！使[6]夕梦至此，岂不以为佳甚耶？陆放翁梦至仙馆，得诗云：“长廊下瞰碧莲沼，小阁正对青萝[7]峰。”便以为极胜之景。予此中颇有之[8]，可不谓之佳梦耶？香山诗云：“多道人生都是梦，梦中欢乐亦胜愁。”[9]人既在梦中，则宜税驾[10]咀嚼其梦，而不当为梦幻泡影之嗟[11]。予固将以此为睡乡[12]，而不复从邯郸道上，向道人借黄粱枕也[13]。

【注释】

[1] 收揽：尽揽概观。　[2] 竹杪松梢：松、竹的末梢。　[3] 构：架设，建筑。　[4] 耸峙：高起屹立。　[5] 小斋三楹：小屋三间。斋，燕居之室。楹，房屋一间曰一楹。　[6] 使：假使，如果。　[7] 青萝：青色的常青藤。[8] 颇有之：颇有，很有。之，指胜景。　[9] 这句话出自白居易《城上夜宴》诗。　[10] 税驾：犹言解驾，停车休息之意。　[11] 嗟：叹息。　[12] 睡乡：睡梦之境。　[13] 这句话用“黄粱一梦”的典故，寓不再追求荣华富贵之意。

圃翁曰：人生于珍异之物，决不可好。昔端恪公[1]言：“士人于一研一琴，当得佳者；研可适用，琴能发音，其他皆属无益。”良然。磁器最不当好。瓷佳者必脆薄，一盏[2]值数十金，僮仆捧持，易致不谨，过于矜束[3]，反致失手。朋客欢宴[4]，亦鲜乐趣，此物在席，宾主皆有戒心，何适意[5]之有？瓷取厚而中等者，不至大粗，纵有倾跌，亦不甚惜，斯为得中之道也。名画法书[6]及海内有名玩器，皆不可畜[7]。从来贾祸招尤[8]，可为龟鉴。购之不啻千金，货[9]之不值一文。且从来真赝[10]难辨，变幻奇于鬼神。装潢易于窃换，一轴得善价，继至者遂不旋踵[11]。以伪为真，以真为伪，互相讪笑，止可供喷饭[12]。昔真定梁公有画字之好，竭生平之力收之，捐馆[13]后为势家所求索殆尽。然虽与以佳者，辄谓非是[14]，疑其藏匿，其子孙深受斯累，此可为明鉴者也。

【注释】

[1] 端恪公：姚文然，字弱侯，号龙怀，谥端恪，清初名臣、文学家。[2] 盏：酒器。[3] 矜束：庄重约束。[4] 宴：宴请朋友。[5] 适意：轻松自在。[6] 法书：即书法。艺术境界高可为取法的书法作品。[7] 畜：存藏。[8] 贾祸招尤：带来怨恨和灾祸。[9] 货：指卖。[10] 赝：指仿制品或假货。[11] 不旋踵：来不及回转脚步，比喻迅速。[12] 喷饭：吃饭时突然发笑，把嘴里的饭都喷了出来，比喻失笑不能自禁。[13] 捐馆：去世。捐，弃。人死则弃其所住之馆舍，故曰捐馆。[14] 辄谓非是：每每以为不是真品。

圃翁曰：天体至圆，故生其中者无一不肖[1]其体。悬象[2]之大者，莫如日月。以至人之耳目手足、物之毛羽、树之花实。土得雨而成丸，水得雨而成泡，凡天地自然而生皆圆。其方者，皆人力所为。盖禀天之性者，无一不具天之体。万事做到极精妙处，无有不圆者。圣人之德，古今之至文法帖[3]，以至一艺一术，必极圆而后登峰造极。裕亲王[4]曾畅言其旨，适与予论相合。偶论及科场文[5]，想必到圆处始佳。即饮食做到精美处，到口也是圆底。余尝观四时之旋运[6]，寒暑之循环，生息之相因，无非圆转。人之一身与天时相应，大约三四十以前是夏至前，凡事渐长；三四十以后是夏至后，凡事渐衰，中间无一刻停留。中间盛衰关头无一定时候，大概在三四十之间。观于须发可见：其衰缓者，其寿多；其衰急者，其寿寡。人身不能不衰，先从上而下者多寿，故古人以早脱顶为寿征；先从下而上者，多不寿，故须发如故而脚软者难治。凡人家道亦然，盛衰增减，决无中立之理。如一树之花，开到极盛，便是摇落之期。多方保护，顺其自然，犹恐其速开，况敢以火气[7]催逼之乎？京师温室之花，能移牡丹、各色桃于正月，然花不尽其分量[8]，一开之后，根干辄萎。此造化之机，不可不察也。尝观草木之性，亦随天地为圆转，梅以深冬为春；桃、李以春为春；榴、荷以夏为春；菊、桂、芙蓉以秋为春。观其节枝含苞之处，浑然[9]天地造化之理。故曰："复，其见天地之心乎[10]！"

【注释】

[1] 肖：类似。 [2] 悬象：天象，指日月星辰。 [3] 至文法帖：好文章和名家书法的范本。 [4] 裕亲王：清世祖顺治第二子，名福全，康熙六年（1667）封亲王。 [5] 科场文：参加科举应试的文章。 [6] 旋运：旋转运行。 [7] 火气：用人工方式加高温度。 [8] 分量：力量。 [9] 浑然：全然，整个事物不可分别之状。 [10] "复，其见天地之心乎"：出自《易经·复卦》的彖传："复，其见天地之心乎！"复卦为坤上震下合成之卦。复卦代表一月，春天的开始，阳气萌动，万物生发,《易传》言："天地之大德曰生。"所以说见天地之心。

圃翁曰：人往往于古人片纸只字，珍如拱璧。其好之者，索价千金。观其落笔神彩，洵[1]可宝矣。然自予观之，此特一时笔墨之趣所寄耳。

若古人终身精神识见，尽在其文集中，乃其呕心刿肺[2]而出之者。如白香山、苏长公[3]之诗数千首，陆放翁之诗八十五卷。其人自少至老，仕宦之所历，游迹之所至，悲喜之情，怫愉[4]之色，以至言貌謦欬[5]，饮食起居，交游酬错，无一不寓其中。较之偶尔落笔，其可宝不且[6]万倍哉！予怪世人于古人诗文集不知爱，而宝其片纸只字，为大惑也。

余昔在龙眠，苦于无客为伴。日则步屧[7]于空潭碧涧、长松茂竹之侧；夕则掩关[8]读苏、陆诗。以二鼓为度，烧烛焚香煮茶，延两君子于坐，与之相对，如见其容貌须眉然。诗云："架头苏陆有遗书，特地携来共索居[9]。日与两君同卧起，人间何客得胜渠[10]？"良非解嘲[11]语也。

【注释】

[1]洵：实在，真的。　[2]呕心刿（guì）肺：指构思诗文时劳心苦虑、费尽心力。刿：伤，割。　[3]苏长公：指苏轼。　[4]怫愉：抑郁和欢乐。　[5]謦（qǐng）欬：指谈笑。　[6]且：将近。　[7]步屧（xiè）：步行、行走。屧，木屐。　[8]掩关：闭门。关，横持门户之木。　[9]索居：离开众人独自散处一方。　[10]渠：即他。　[11]解嘲：因被他人嘲笑而自为解释。

圃翁曰：予尝言享山林之乐者，必具四者而后能长享其乐，实有其乐，是以古今来不易觏[1]也。四者维何？曰道德，曰文章，曰经济，曰福命[2]。所谓道德者，性情不乖戾，不谿刻[3]，不褊狭[4]，不暴躁，不移情于纷华，不生嗔[5]于冷暖。居家则肃雍[6]闲静，足以见信于妻孥；居乡则厚重谦和，足以取重[7]于邻里；居身[8]则恬淡寡营[9]，足以不愧于衾影[10]。无忤于人，无羡于世，无争于人，无憾于己。然后天地容其隐逸，鬼神许其安享。无心意颠倒之病，无取舍转徙[11]之烦。此非道德而何哉？

佳山胜水，茂林修竹，全恃我之性情识见取之。不然，一见而悦，数见而厌心生矣。或吟咏古人之篇章，或抒写性灵之所见，一字一句，便可千秋相契，无言亦成妙谛[12]。古人所谓："行到水穷处，坐看云起时。"[13]又云："登东皋以舒啸，临清流而赋诗。"[14]断非不解笔墨人所能领略。此非文章而何哉？

夫茅亭草舍，皆有经纶[15]；菜垄瓜畦[16]，具见规划；一草一木，其布置亦有法度。淡泊而可免饥寒，徒步而不致委顿[17]。良辰美景，而匏樽[18]不空；岁时伏腊[19]，而鸡豚可办。分花乞竹[20]，不须多费，而自有雅人深致[21]；疏池结篱，不烦华侈，而皆能天然入画。此非经济而何哉？

从来爱闲之人，类[22]不得闲；得闲之人，类不爱闲。公卿将相，时至则为之。独是山林清福，为造物之所深吝。试观宇宙间几人解脱，书卷之中亦不多得。置身在穷达毁誉[23]之外，名利之所不能奔走，世味[24]之所不能缚束。室有莱妻[25]，而无交谪[26]之言；田有伏腊[27]，而无乞米之苦。白香山所谓“事了心了[28]”。此非福命而何哉？

四者有一不具，不足以享山林清福。故举世聪明才智之士，非无一知半见，略知山林趣味，而究竟不能身入其中，职[29]此之故也。

【注释】

[1] 覯（gòu）：遇见。 [2] 经济、福命：经济，指经世济民；福命，指福分与命运。 [3] 谿（xī）刻：指刻薄。 [4] 褊（biǎn）狭：度量狭小。 [5] 生嗔（chēn）：发怒。 [6] 肃雍：恭敬平和。 [7] 取重：见重，以他为有德者而敬重之。 [8] 居身：立身处世。 [9] 寡营：不钻营谋利，指淡泊名利。 [10] 无愧于衾（qīn）影：出自北齐刘昼《刘子·慎独》：“独立不惭影，独寝不愧衾。”指无丧德败行之事。 [11] 转徙：辗转漂泊。 [12] 妙谛：佛教经典中的真言，指精妙的道理。 [13] 这句话出自王维《终南别业》，指走到水源的尽头，坐下来欣赏刚刚升起的云彩。 [14] 这句话出自陶渊明《归去来辞》，指登上东边的高地放声歌唱，下来面对清澈的溪流吟作诗篇。 [15] 经纶：以整理丝缕之事来比喻规划政治，指治理国家的才能。经，理其绪而分之。纶，比其类而合之。 [16] 菜垄瓜畦（qí）：指田地。垄，田中高处。畦，田中一区谓一畦。 [17] 委顿：疲困、废坏。 [18] 匏樽（páo zūn）：用匏作的酒樽。匏，葫芦的一种，实圆大而扁。

[19] 岁时伏腊：古代两种祭祀的名称，分别在冬夏季节，在此泛指一年中的节日。岁时，季节。伏腊，指夏季的伏日及冬季的腊日。 [20] 分花乞竹：分棵花来栽，讨棵竹子种。指以自种之花与他人换竹。 [21] 雅人深致：风雅之人，意致深远。 [22] 类：大抵、都。[23] 穷达毁誉：指困顿、显达、诽谤和称誉。 [24] 世味：人在世上所感受种种欲乐之况味。 [25] 莱妻：老莱之妻。春秋时，老莱子欲应楚王之召出仕，其妻止之。君子谓：老莱妻果于从善。后将"莱妻"作为贤妻的代称。语载于汉代刘向《列女传·贤明》。 [26] 交谪：交相责难。 [27] 田有伏腊：一年到头田中皆有收获。 [28] 事了心了：出自白居易《自在》诗："心了事未了，饥寒迫于外。事了心未了，念虑煎于内。" [29] 职：由于。

圃翁曰：予于归田之后，誓不着缎，不食人参。夫古人至贵，犹服三浣之衣[1]。缎之为物，不可洗，不可染，而其价六七倍于湖州绉绸与丝绸[2]，佳者三四钱一尺，比于一匹布之价。初时华丽可观，一沾灰油，便色改而不可浣洗。况予素性疏忽，于衣服不能整齐，最不爱华丽之服。归田后惟着绒、褐[3]、山茧[4]、文布[5]、湖绸，期于适体养性。冬则羔裘[6]，夏则蕉葛[7]，一切珍裘细縠[8]，悉屏弃之，不使外物妨吾坐起也。老年奔走应事务，日服人参一二钱。细思吾乡米价，一石不过四钱，今日服参，价如之或倍之[9]，是一人而兼百余人糊口之具，忍[10]孰甚焉？侈孰甚焉？夫药性原以治病，不得已而取效于旦夕，用是补续血气，乃竟以为日用寻常之物，可乎哉？无论物力不及，即及亦不当为。予故深以为戒。倘得邀恩遂初[11]，此二事断然不渝[12]吾言也。

【注释】

[1] 三浣之衣：经过多次洗涤的粗质衣服。 [2] 绸：丝织物的通称。[3] 绒、褐：绒，细布；褐，粗布衣服。古时候贫贱之人所穿的衣服。[4] 山茧：指用山蚕茧制成的布。 [5] 文布：有花纹的布。 [6] 羔裘：

用羔羊皮制的衣服。古时候为诸侯、公卿、大夫的朝服。 [7] 蕉葛：用蕉麻纤维织成的布。 [8] 珍裘细縠（hú）：珍贵的皮衣，精细的纱绸。縠，有皱纹的纱。 [9] 如之或倍之：相等或加倍。 [10] 忍：狠心。 [11] 邀恩遂初：谋求恩准，完成归田的心愿。遂，完成。初，本意，指辞去官职隐去。 [12] 不渝：不改变。

圃翁曰：予性不爱观剧，在京师一席之费，动逾数十金。徒有应酬之劳，而无酣适之趣，不若以其费济困赈急，为人我利溥[1]也。予六旬[2]之期，老妻礼佛时，忽念：诞日例，当设梨园[3]宴亲友。吾家既不为此，胡不将此费制绵衣绔百领，以施道路饥寒之人乎？次日为余言，笑而许之。予意欲归里时，仿陆梭山[4]居家之法：以一岁之费，分为十二股，一月用一分，每日于食用节省。月晦[5]之日，则总一月之所余，别作一封，以应贫寒之急。能多作好事一两件，其乐逾于日享大烹之奉[6]多矣！但在勉力[7]而行之。

【注释】

[1] 溥：大。 [2] 六旬：此指六十岁。 [3] 梨园：指戏剧演出。唐玄宗时，曾于梨园中教授艺人，后遂以梨园为演戏之所。 [4] 陆梭山：指南宋陆九韶。学问渊粹，隐居不仕，与学者讲学于梭山，因号梭山居士。 [5] 月晦：即月尽之日，农历每月最后一天。 [6] 大烹之奉：丰盛的食物。 [7] 勉力：尽力。

圃翁曰：古人美王司徒之德，曰“门无杂宾”[1]，此最有味。大约门下奔走之客，有损无益。主人以清正、高简[2]、安静为美，于彼何利焉？可以啖[3]之以利，可以动之以名，可以怵[4]之以利害，则欣动[5]其主人。主人不可动，则诱其子弟，诱其僮仆：外探无稽之言，以荧惑[6]其视听；内泄机密之语，以夸示其交游。甚且以伪为真，将无作有，以侥幸其语之或验，则从中而取利焉。或居要津[7]之位，或处权势之地，尤当远之益远也。又有挟术技以游者，彼皆借一艺以售其身[8]，渐与仕宦相亲密，而遂以乘机遘会[9]，其本念决不在专售其技也。挟术以游者，往往如此。故此辈之朴讷迂钝[10]者，犹当慎其晋接[11]。若狡黠便佞[12]，好生事端，踪迹诡秘者，以不识其人，不知其姓名为善。勿曰："我持正，彼安能惑我？我明察，彼不能蔽我！"恐久之自堕其术中，而不能出也。

【注释】

[1] 门无杂宾：指家中没有杂七杂八的客人，谓不妄交接。 [2] 清正、高简：清正、简约。 [3] 啖（dàn）：饵诱。 [4] 怵（chù）：引诱、诱惑。 [5] 欣动：宾客欣喜于说动主人。 [6] 荧惑：迷惑。 [7] 要津：重要的渡口，比喻显要的职位。 [8] 售其身：推销自己。其，指宾客。 [9] 遘（gòu）会：攀附，相遇聚合。 [10] 朴讷迂钝：朴拙木讷迂直愚钝。 [11] 晋接：本谓人臣升进而蒙天子接见。 [12] 狡黠便佞：狡黠，诡诈。巧言善辩，阿谀奉承。

圃翁曰：移树之法，江南以惊蛰[1]前后半月为宜。大约从土掘出之根，最畏春风，故须用土裹密，用草包之，不宜见风，甚不宜于隔宿[2]。所以吴门、建业来卖花者，行千里经一月而犹活，乃用金汁土[3]密护其根，不使露风[4]之故。近地移植反不活者，不知此理之故也。其新生细白根，系生气所托[5]，尤不当损。人但知深根固蒂，不知亦不宜太深种植。书谓："加旧迹[6]一指。"若太深，则泥水伤树皮，断然[7]不茂矣！

凡树大约花时[8]移，则彼精脉[9]在枝叶，易活，于桂尤甚。花已有蓓蕾，移之多开，然此最泄气[10]。故移树而花盛开者，多不活；惟叶茂，则其树必活矣。牡丹移在秋，当春宜尽去其花，若少爱惜，则其气泄，树即活亦不茂，数年后多自萎。树之作花[11]甚不易，气泄则本伤。

古人云："再实之木，其根必伤。[12]" 人之于文章功名也，亦然。不可不审也。

【注释】

[1] 惊蛰：节气名，在公历3月5日或6日。此时气温上升，土地解冻，蛰伏过冬的动物惊起活动。故名惊蛰。 [2] 隔宿：过了一夜。 [3] 金汁土：以粪汁浇过的土。 [4] 露风：本为寒气，今指暴露风中。 [5] 生气所托：生长气息所寄托。 [6] 旧迹：移植前根干露出土面的痕迹。 [7] 断然：绝对。 [8] 花时：花期。 [9] 精脉：精气血脉，此处指植物的生命力。 [10] 泄气：不能保持固有的精力。 [11] 作花：开花。 [12] 再实之木，其根必伤：果树一年两次结实，根部会损伤。

圃翁曰：予少年嗜六安茶[1]，中年饮武夷[2]而甘，后乃知岕茶[3]之妙。此三种可以终老，其他不必问矣。岕茶如名士[4]，武夷如高士[5]，六安如野士[6]，皆可为岁寒之交。六安尤养脾，食饱最宜，但鄙性好多饮茶，终日不离瓯[7]碗，为宜节约耳！

【注释】

[1] 六安茶：安徽省六安所产的茶，产自霍山县大独山，农历于四月初八日进贡之后，始得发售。 [2] 武夷：武夷茶为福建省武夷山所产红茶。 [3] 岕（jiè）茶：产于浙江省长兴县的罗岕山，为长兴茶之最上品。 [4] 名士：指恃才放达、不拘小节之士。 [5] 高士：志行高洁之士。 [6] 野士：鄙野之士，质朴之人。 [7] 瓯（ōu）：指用以酌酒饮茶之具。

圃翁曰：《论语》云："不知命，无以为君子。[1]" 考亭[2]注："不知命，则见利必趋，见害必避，而无以为君子。" 予少奉教于姚端恪公，服膺斯语。每遇疑难踌躇之事，辄依据此言，稍有把握。古人言"居易以俟命”[3]，又言“行法以俟命”[4]。人生祸福荣辱得丧，自有一定命数，确不可移。审此，则利可趋而有不必趋之利，害宜避而有不能避之害。利害之见既除，而为君子之道始出，此“为”字甚有力。既知利害有一定，则落得做好人也。权势之人，岂必与之相抗以取害？到难于相从[5]处，亦要内不失己果，谦和以谢之，宛转以避之，彼亦未必决能祸我。此亦命数宜然，又安知委曲从彼之祸不更烈于此也？使我为州县官，决不用官银媚上官，安知用官银之祸，不甚于上官之失欢[6]也？

昔者米脂令[7]萧君，掘李贼[8]之祖坟。贼破京师后获萧君，置军中，欲甘心焉[9]？挟至山西，以二十人守之。萧君夜遁，后复为州守[10]，自著《虎吻余生》记其事。李贼杀人数十万，究不能杀一萧君。生死有命，宁不信然[11]耶？

予官京师日久，每见人之数[12]应为此官，而其时本无此一缺；有人焉竭力经营，干办停当，而此人无端值之[13]，或反为此人之所不欲，且滋诟詈[14]。如此者，不一而足，此亦举世之人共知之，而当局则往往迷而不悟。其中之求速反迟，求得反失，彼人为此人而谋，此事因彼事而坏，颠倒错乱，不可究诘[15]。人能将耳目闻见之事，平心体察，亦可消许多妄念[16]也！

【注释】

[1] 这句话出自《论语·尧曰》：“不知命，无以为君子也。不知礼，无以立也。不知言，无以知人也。” [2] 考亭：在今福建省，指南宋大儒朱熹。朱熹，字元晦，号晦庵。宋代理学集大成者、思想家。朱熹晚年居此，建沧州精舍。讲学之所曰“考亭”，世称考亭先生。 [3] 居易以俟命：出自《中庸》第十四章：“君子居易以俟命，小人行险以侥幸。”俟，等待。 [4] 行法以俟命：出自《孟子·尽心下》：“君子行法以俟命而已矣。”奉公守法，等候天命到临。 [5] 相从：跟随。 [6] 失欢：失去别人的欢心。 [7] 米脂令：应指明末静海人边大绶，边大绶曾为米脂县令，曾奉诏发掘李

自成的祖坟。后被李自成俘获，但又侥幸得以逃脱。[8]李贼：对明末起义领袖李自成的称呼。李自成，米脂人，自称闯王。崇祯十七年，陷京师。清兵入关后，兵败自杀于九宫山。[9]欲甘心焉：想要杀之而后快。[10]州守：指绥德州太守。[11]宁不信然：难道不是这样吗？[12]数：气数，运数。[13]无端值之：无缘无故遇上。值，逢。[14]且滋诟詈（lì）：同时还加上一些批评谩骂。詈，责骂。[15]究诘：追问原委。[16]妄念：虚妄的或不正当的念头。

圃翁曰：人生适意之事有三：曰贵、曰富、曰多子孙。然是三者，善处之则为福，不善处之则足为累。至为累而求所谓福者，不可见矣！何则？高位者，责备之地[1]，忌嫉之门，怨尤之府，利害之关，忧患之窟，劳苦之薮[2]，谤讪之的[3]，攻击之场，古之智人往往望而却步。况有荣则必有辱，有得则必有失，有进则必有退，有亲则必有疏。若但计丘山之得[4]，而不容铢两之失[5]，天下安有此理？但己身无大谴过[6]，而外来者[7]平淡视之，此处贵之道也。

佛家以货财为五家公共之物：一曰国家；二曰官吏；三曰水火；四曰盗贼；五曰不肖子孙。夫人厚积，则必经营布置，生息防守，其劳不可胜言；则必有亲戚之请求，贫穷之怨望，僮仆之奸骗；大而盗贼之劫取，小而穿窬之鼠窃[8]；经商之亏折，行路之失脱，田禾之灾伤，攘夺之争讼[9]，子弟之浪费；种种之苦，贫者不知，惟富厚者兼而有之。人能知富之为累，则取之当廉，而不必厚积以招怨；视之当淡，而不必深恨以累心。思我既有此财货，彼贫穷者不取我而取谁？不怨我而怨谁？平心息忿，庶不为外物所累。俭于居身，而裕于待物；薄于取利，而谨于盖藏[10]，此处富之道也。

至子孙之累尤多矣！少小则有疾病之虑，稍长则有功名之虑，浮奢不善治家之虑，纳交匪类之虑。一离膝下，则有道路寒暑饥渴之虑，以至由子而孙，展转无穷，更无底止。夫年寿既高，子息蕃衍，焉能保其无疾病痛楚之事？贤愚不齐，升沉各异[11]，聚散无恒，忧乐自别。但当教之孝友，教之谦让，教之立品，教之读书，教之择友，教之养身，教之俭用，教之作家[12]。其成败利钝，父母不必过为萦心[13]；聚散苦乐，父母不必忧念成疾。但视己无甚刻薄，后人当无倍出[14]之患；己无大偏私，后人自无攘夺之患；己无甚贪婪，后人自当无荡尽之患。至于天行之数[15]，禀赋之愚，有才而不遇，无因而致疾，延良医慎调治，延良师谨教训，父母之责尽矣！父母之心尽矣！此处多子孙之道也。

予每见世人处好境，而郁郁不快，动多悔吝忧戚[16]，必皆此三者之故。由不明斯理，是以心褊见隘[17]，未食其报[18]，先受其苦。能静体吾言，于扰扰[19]之中，存荧荧[20]之亮，岂非热火坑中一服清凉散，苦海波中一架八宝筏[21]哉！

【注释】

[1] 责备之地：指责批评的对象。　[2] 劳苦之薮（sǒu）：劳心尽力所在。薮，湖泽、深渊。　[3] 谤讪之的：毁谤讥刺的目标。　[4] 丘山之得：得到的很多。　[5] 铢两之失：损失的很少。　[6] 谴过：过错，过失。　[7] 外来者：指前文所说的“责备、忌嫉、怨尤、利害、忧患、劳苦、谤讪、攻击”。　[8] 穿窬（yú）之鼠窃：穿垣跳墙，指小偷小摸。窬，从墙上爬过去。　[9] 攘夺之争讼：因偷窃抢夺而引起的诉讼官司。　[10] 盖藏：指府库仓廪中所掩盖覆藏之物。　[11] 升沉各异：得意或失意，处境各有不同。　[12] 作家：积储货财，兴立家业。　[13] 萦心：旋绕在心，指操心。　[14] 倍出：即“悖出”，指财物在不合情理的情况下失去，如被人巧夺或浪费以尽。　[15] 天行之数：天命运数所在。　[16] 悔吝忧戚：悔恨顾惜、忧虑烦恼。　[17] 心褊见隘：心胸窄小而见地狭隘。　[18] 未食其报：尚未享受到好处。　[19] 扰扰：纷乱的样子。　[20] 荧荧：微弱的光亮。　[21] 八宝筏：佛教用语。八宝合成之筏，指引导众生渡过苦海到达彼岸的佛法。

圃翁曰：予自四十六七以来，讲求安心之法：凡喜怒哀乐、劳苦恐惧之事，只以五官四肢应之，中间有方寸之地[1]，常时空空洞洞、朗朗惺惺[2]，决不令之入，所以此地常觉宽绰洁净。予制为一城，将城门紧闭，时加防守，惟恐此数者[3]阑入[4]。亦有时贼势甚锐，城门稍疏，彼间或[5]阑入，即时觉察，便驱之出城外，而牢闭城门，令此地仍宽绰洁净。十年来渐觉阑入之时少，不甚用力驱逐。然城外不免纷扰，主人居其中，尚无浑忘天真之乐。倘得归田遂初[6]，见山时多，见人时少，空潭碧落，或庶几[7]矣！

【注释】

[1] 方寸之地：指内心。 [2] 朗朗惺惺：光明而清晰的样子。 [3] 数者：指喜怒哀乐、劳苦恐惧之事。 [4] 阑入：混入。 [5] 间或：偶尔。 [6] 归田遂初：辞官归隐，完成本来的心愿。 [7] 庶几：差不多。

圃翁曰：予之立训，更无多言，止有四语：读书者不贱，守田者不饥，积德者不倾，择交者不败。尝将四语律身训子[1]，亦不用烦言夥说[2]矣。虽至寒苦之人，但能读书为文，必使人钦敬，不敢忽视。其人德性亦必温和，行事决不颠倒，不在功名之得失，遇合之迟速也。守田之说，详于《恒产琐言》[3]。积德之说，六经、语孟、诸史百家[4]，无非阐发此义，不须赘说。择交之说，予目击身历，最为深切。此辈毒人，如鸩之入口，蛇之螫肤，断断不易[5]，决无解救之说，尤四者之纲领也。余言无奇，止布帛菽粟[6]，可衣可食，但在体验亲切耳。

【注释】

[1] 律身训子：自己以此为律，同时以此教化子孙。 [2] 烦言夥说：琐碎而繁多的议论。 [3]《恒产琐言》：张英著，告诫子弟如何保守田产和家业。[4] 六经、语孟、诸史百家：指《诗》《书》《礼》《易》《乐》《春秋》《论语》

《孟子》及各种史书和诸子百家之言。 [5] 断断不易：绝对不可改变。 [6] 布帛菽（shū）粟（sù）：平常的衣物和食品。帛，丝织品的总称。菽，豆类。粟，小米。

康熙三十六年丁丑春，大人[1]退食[2]之暇，随所欲言，取素笺书之，得八十四副，示长男廷瓒[3]。装成二册，敬置座右，朝夕览诵，道心自生，传示子孙，永为世宝。廷瓒敬识。

【注释】

[1] 大人：此处指张英。 [2] 退食：指大臣退朝就餐，休息。 [3] 长男廷瓒：张英的长子张廷瓒。张廷瓒，康熙十八年（1679）进士。

卷二

圃翁曰：人生必厚重沉静，而后为载福之器[1]。王谢子弟[2]，席丰履厚[3]，田庐仆役，无一不具，且为人所敬礼，无有轻忽之者。视寒畯之士[4]，终年授读，远离家室，唇燥吻枯[5]，仅博束脩[6]数金，仰事俯育，咸取诸此。应试则徒步而往，风雨泥淖，一步三叹；凡此情形，皆汝辈所习见。仕宦子弟，则乘舆驱肥[7]，即僮仆亦无徒行者，岂非福耶？乃与寒士一体怨天尤人，争较锱铢得失，讵非过耶？古人云："予之齿者去其角，傅之翼者两其足。"[8]天道造物，必无两全。汝辈既享席丰履厚之福，又思事事周全，揆[9]之天道，岂不诚难？惟有敦厚谦谨，慎言守礼，不可与寒士同一般感慨欷歔，放言高论，怨天尤人，庶不为造物鬼神所呵责也。况父祖经营多年，有田庐别业[10]，身则劳于王事[11]，不获安享。为子孙者，生而受其福，乃又不思安享，而妄想妄行，岂不大可惜耶！思尽人子之责，报父祖之恩，致乡里之誉，贻后人之泽，惟有四事：一曰立品，二曰读书，三曰养身，四曰俭用。世家子弟原是贵重，更得精金美玉[12]之品。言思可道，行思可法。不骄盈、不诈伪、不刻薄、不轻佻，则人之钦重较三公[13]而更贵。

予不及见祖父[14]（赠光禄公恂所府君），每闻乡人言其厚德，邑人仰之如祥麟威凤[15]。方伯公[16]己酉登科，邑人荣之，赠以联曰："张不张威，愿秉文文名天下；盛有盛德，期可藩[17]藩屏王家。"至今桑梓[18]以为美谈。

父亲[19]赠光禄公拙庵府君，予逮事三十年，生平无疾言遽色[20]，居身节俭，待人宽厚。为介弟[21]未尝以一事一言干谒[22]州县，生平未尝呈送一人。见乡里煦煦以和[23]，所行隐德[24]甚多，从不向人索逋欠[25]，以故三世皆祀于乡贤。请主入庙[26]之日，里人莫不欣喜，道盛德之报，是亦何负于人哉！予行年六十有一，生平未尝送一人于捕厅[27]，令其呵谴之，更勿言笞责。愿吾子孙终守此戒，勿犯也。

【注释】

[1] 载福之器：能够承受福德的人。　[2] 王谢子弟：指望族的子孙。王、谢，东晋两大家族，世代为官，延至南朝而不衰。　[3] 席丰履厚：凭借祖先积业，享受豪华的生活。　[4] 寒畯（jùn）之士：出身贫寒而才能杰出的人。　[5] 唇燥吻枯：口干舌燥。　[6] 束脩（xiū）：十条干肉。古代敬师的礼物或酬金。　[7] 驱肥：骑乘肥壮的马。　[8] 这句话意思是天生利齿的动物，头上不长角；天生双翅的动物，就只长两只脚。比喻任何事物不可能十全十美。　[9] 揆：衡量。　[10] 别业：别墅。　[11] 劳于王事：勤于政事。　[12] 精金美玉：比喻纯良温和的人品。　[13] 三公：古代高级官爵之名，历代各有不同，周朝曰"太师、太傅、太保"，东汉曰"太尉、司徒、司空"。　[14] 祖父：张英祖父张四维，字立甫。张英官至大学士后，追封三代，父亲、祖父皆赠光禄大夫之号。府君，对于逝者的敬称。　[15] 祥麟威凤：麒麟、凤凰，代表祥瑞和威仪，指德高望重之人。　[16] 方伯公：张秉文，字含之。万历年间进士。　[17] 期可藩：

字屏之，万历年间举人。藩屏王家：为帝王之家的藩篱、屏障。[18]桑梓：出自《诗经·小雅·小弁》："维桑与梓，必恭敬止。"东汉以来，桑梓指故乡或乡亲父老。[19]父亲：张英之父张秉彝，字孩之，县学生。追赠为光禄大夫。[20]遽色：急躁的表情。[21]介弟：对他人弟弟的尊称，亦指自己弟弟的爱称，此处指后者。指张秉彝在家中为弟。[22]干谒：为有所求而去求见。[23]煦煦以和：温和的样子。[24]隐德：施德于人而不为人所知。[25]逋欠：拖欠的钱粮。[26]请主入庙：持祖先牌位，安放于宗庙中。[27]捕厅：指县衙中的杂官，负责缉拿盗贼等杂务。

不足，则断不可借债；有余，则断不可放债。权子母[1]起家，惟至寒之士稍可，若富贵人家为之，敛怨养奸，得罪招尤[2]，莫此为甚。

乡里间，荷担负贩及佣工小人，切不可取其便宜。此种人所争不过数文，我辈视之甚轻，而彼之含怨甚重。每有愚人，见省得一文，以为得计，而不知此种人心忿口碑[3]，所损实大也。待下我一等之人，言语辞气最为要紧。此事甚不费钱，然彼人受之，同于实惠，只在精神照料得来，不可惮烦，《易》所谓"劳谦[4]"是也。予深知此理，然苦于性情疏懒，惮于趋承[5]，故我惟思退处山泽，不要见人，庶少斯过[6]，终日懔懔[7]耳。

【注释】

[1]权子母：母为本钱，子为利息。指以资本经营或借债生息。[2]招尤：招来怨恨。[3]心忿口碑：心中愤恨而嘴上到处传说。[4]劳谦：出自《易经·谦卦》："劳谦，君子有终，吉。"有功劳而仍能谦虚，君子必有好结果。[5]趋承：逢迎奉承。[6]庶少斯过：希望可以少犯这种过错。[7]懔懔：严正的样子。

读书固所以取科名、继家声[1]，然亦使人敬重。今见贫贱之士，果胸中淹博[2]，笔下氤氲[3]，则自然进退安雅，言谈有味。即使迂腐不通方[4]，亦可以教学授徒，为人师表。至举业[5]乃朝廷取士之具，三年开场大比[6]，专视此为优劣。人若举业高华秀美，则人不敢轻视。每见仕宦显赫之家，其老者或退或故，而其家索然[7]者，其后无读书之人也；其家郁然[8]者，其后有读书之人也。山有猛兽，则藜藿[9]为之不采；家有子弟，则强暴为之改容，岂止掇青紫[10]、荣宗祊[11]而已哉？予尝有言曰："读书者不贱，"不专为场屋[12]进退而言也。

【注释】

[1] 取科名、继家声：求取科举功名，继承家世声誉。　[2] 淹博：犹渊博，见多识广之意。　[3] 氤氲（yūn）：烟气、烟云弥漫的样子，气或光混合动荡的样子。这里指文章写得好。　[4] 迂腐不通方：拘泥鄙陋而不知变通。方，法术，技艺。　[5] 举业：科举时代应试的文字。　[6] 大比：举行科举考试。　[7] 索然：离散零落的样子。　[8] 郁然：兴盛的样子。　[9] 藜藿（huò）：贱菜，指粗劣的饭菜。藜，像蓬一类的草。藿，豆叶。　[10] 掇（duō）青紫：取得高位贵官。掇，拾取。青紫，指高位贵官。汉制，公侯印绶紫色，九卿青色。　[11] 荣宗祊（bēng）：光宗耀祖之意。宗祊，宗庙。祊，宗庙门。　[12] 场屋：科举时代士子应试的场所。亦称科场。

父母之爱子，第一望其康宁[1]，第二冀[2]其成名，第三愿其保家。《语》曰："父母惟其疾之忧。"[3]夫子以此答武伯之问孝。至哉斯言[4]！安其身以安父母之心，孝莫大焉。

养身之道，一在谨嗜欲，一在慎饮食，一在慎忿怒，一在慎寒暑，一在慎思索，一在慎烦劳。有一于此，足以致病，以贻[5]父母之忧，安得[6]不时时谨凛[7]也！

【注释】

[1] 康宁：平安无病。 [2] 冀：希望。 [3]“父母惟其疾之忧”：出自《论语·为政》。指父母关心子女身心健康。 [4] 至哉斯言：这句话说得真好。 [5] 贻：留下，留给。 [6] 安得：怎么可以。 [7] 谨凛：谨慎小心。

吾贻子孙，不过瘠田数处耳，且甚荒芜不治，水旱多虞[1]。岁入之数，谨足以免饥寒、畜[2]妻子而已。一件儿戏事做不得，一件高兴事做不得[3]。生平最喜陆梭山过日治家之法，以为先得我心，诚仿而行之，庶几无鬻[4]产荡家之患。予有言曰：“守田者不饥[5]。”此二语足以长世[6]，不在多言。

凡人少年，德性不定，每见人厌之曰“悭[7]”，笑之曰“啬”，诮[8]之曰“俭”，辄面发热，不知此最是美名。人肯以此诮之，亦最是美事，不必避讳。人生豪侠周密[9]之名至不易副，事事应之，一事不应，遂生嫌怨；人人周之，一人不周，便存形迹[10]。若平素俭啬，见谅于人，省无穷物力，少无穷嫌怨，不亦至便乎？

【注释】

[1] 水旱多虞：经常担心发生水患或旱灾。虞，忧虑。 [2] 畜：养。 [3] 这句话的意思是无法任凭自己的喜好做事。 [4] 鬻产：卖掉田产。鬻，卖。 [5] 不饥：不怕饥荒到来。 [6] 长世：历世久远，永存。[7] 悭（qiān）：吝啬。 [8] 诮：讥刺。 [9] 豪侠周密：做人讲义气，做事周到细密。 [10] 形迹：嫌疑。

四者[1]立身行己[2]之道，已有崖岸[3]，而其关键切要，则又在于择友。人生二十内外，渐远于师保[4]之严，未跻于成人之列，此时知识大开，性情未定，父师之训不能入，即妻子之言亦不听，惟朋友之言，甘如醴[5]而芳若兰。脱[6]有一淫朋匪友，阑入其侧，朝夕浸灌，鲜有不为其所移者。从前四事，遂荡然[7]而莫可收拾矣！此予幼年时知之最切。

今亲戚中，倘有此等之人，则踪迹常令疏远，不必亲密。若朋友，则直以不识其颜面、不知其姓名为善。比之毒草哑泉，更当远避。芸圃有诗云："于今道上揶揄鬼，原是尊前妩媚人。"[8]盖痛乎其言之矣。择友何以知其贤否？亦即前四件能行者为良友；不能行者为非良友。

予暑中退休，稍有暇晷[9]，遂举胸中所欲言者，笔之于此。语虽无文，然三十余年涉履仕途[10]，多逢险阻，人情物理，知之颇熟，言之较亲。后人勿以予言为迂而远于事情也。

【注释】

[1] 四者：指立品、读书、养身、俭用。 [2] 立身行己：处世待人。 [3] 崖岸：边际。 [4] 师保：古时辅弼帝王和教导王室子弟的官员，有师有保，统称"师保"。泛指老师。 [5] 醴：甜酒，甘泉。 [6] 脱：假如，万一。 [7] 荡然：全部失去。 [8] 于今道上揶揄鬼，原是尊前妩媚人：今天路上嘲弄你的人，以前曾是你酒樽之前的嘉客。 [9] 暇晷（guǐ）：空闲的时日。晷，按照日影测定时刻的仪器，指时间。 [10] 涉履仕途：历经官场所积累的为人处世经验。

楷书如坐如立，行书如行，草书如奔。人之形貌虽不同，然未有倾斜跛侧为佳者。故作楷书，以端庄严肃为尚；然须去矜束拘迫之态，而有雍容[1]和愉之象。斯晋书之所独擅也。分行布白[2]，取乎匀净，然亦以自然为妙。《乐毅论》[3]如端人雅士[4]；《黄庭经》[5]如碧落[6]仙人；《东方朔画像赞》[7]如古贤前哲；《曹娥碑》[8]有孝女婉顺之容；《洛神赋》[9]有淑姿纤丽之态。盖各象其文，以为体要，有骨有肉。一行之间，自相顾盼。如树木之枝叶扶疏，而彼此相让；如流水之沦漪[10]杂见，而先后相承。未有偏斜倾侧，各不相顾，绝无神形，步伍[11]连络映带[12]，而可称佳书者。细玩《兰亭》[13]，委蛇[14]生动，千古如新。董文敏[15]书，大小疏密，于寻行数墨[16]之际，最有趣致，学者当于此参之。

【注释】

[1]雍容：有威仪。 [2]布白：布局留白。 [3]《乐毅论》：三国魏夏侯玄作。小楷法帖，晋王羲之书。 [4]端人雅士：正人君子。 [5]《黄庭经》：道教典籍，阐发道家养生修炼之道，小楷法帖，为王羲之所书。 [6]碧落：天空。 [7]《东方朔画像赞》：法帖，晋王羲之书。像赞，画像上的赞语。 [8]《曹娥碑》：曹娥墓前之碑。原为东汉上虞县令度尚，为孝女曹娥写的诔词。王羲之书。 [9]《洛神赋》：原赋为魏曹植所作。此处指小楷法帖，著名的有晋王献之书十三行残本与元赵孟頫书两种。 [10]沦漪（yī）：水之波纹。 [11]步伍：军队操演行进的队伍。 [12]连络映带：衔接、照应、关联。 [13]《兰亭》：晋王羲之为兰亭宴集所作之序。 [14]委蛇（wěi yí）：绵延曲折。 [15]董文敏：董其昌，字玄宰，清人避讳，常改玄为元，当复其旧，万历年间进士，卒谥文敏。明代著名文学家、书画家。 [16]寻行数墨：一笔一画逐行地体味和鉴赏。

法昭禅师偈[1]云："同气连枝[2]各自荣，些些言语莫伤情。一回相见一回老，能得几时为弟兄？"词意蔼然[3]，足以启人友于[4]之爱。然予尝谓人伦有五[5]，而兄弟相处之日最长。君臣之遇合[6]，朋友之会聚，久速固难必也。父之生子，妻之配夫，其早者皆以二十岁为率[7]。惟兄弟或一二年，或三四年相继而生，自竹马游戏[8]，以至鲐背鹤发[9]，其相与周旋[10]，多者至七八十年之久。若恩意浃洽[11]，猜间不生[12]，其乐岂有涯哉？近时有周益公[13]，以太傅退休，其兄乘成先生[14]，以将作监丞退休，年皆八十，诗酒相娱者终其身。章泉赵昌甫兄弟[15]，亦俱隐于玉山之下，苍颜华发，相从于泉石之间，皆年近九十，真人间至乐之事，亦人间罕有之事也！

【注释】

[1] 偈（jì）：佛经中的唱词。　[2] 同气连枝：谓兄弟如同一棵树上相连的枝干。　[3] 蔼然：和气的样子。　[4] 友于：出自《尚书·君陈》："孝乎惟孝，友于兄弟。"兄弟之爱。　[5] 人伦有五：指君臣有义、父子有亲、夫妇有别、长幼有序、朋友有信。　[6] 遇合：相遇契合。　[7] 率：准则。[8] 竹马游戏：儿童游戏，把竹竿当马骑，比喻童年。　[9] 鲐（tái）背鹤发：形容老年。鲐背，鲐鱼背有黑纹，老人皮肤有斑纹亦似之。鹤发，鹤羽为白色，老人头发斑白亦似之。　[10] 周旋：来往应接。　[11] 恩意浃（jiā）洽：感情融洽。　[12] 猜间不生：没有猜疑嫌忌。　[13] 周益公：周必大，字子充。南宋政治家，官至枢密使、右丞相，后封济国公。宋光宗时封益国公。　[14] 乘成先生：周必正，周必大的从兄，官至将做监丞。[15] 章泉赵昌甫兄弟：赵藩，字昌父，号章泉，南宋名士。官至直秘阁。

《论语》文字，如化工肖物[1]，简古浑沦[2]而尽事情，平易含蕴[3]而不费辞[4]。于《尚书》《毛诗》[5]之外，别为一种。《大学》《中庸》之文，极闳阔精微[6]而包罗万有。《孟子》则雄奇跌宕[7]，变幻洋溢。秦汉以来，无有能此四种文字者，特以儒生习读而不察，遂不知其章法、字法[8]之妙也。当细心玩味[9]之。

【注释】

[1] 化工肖物：天工造化成自然万物。化工，自然的造化者。肖物，刻画事物。[2] 简古浑沦：简洁古雅，浑然一体。浑沦，不分明。　[3] 平易含蕴：文字简单，内容却非常丰富。　[4] 费辞：无用之言。　[5]《毛诗》：《诗经》毛传。汉代传诗者有鲁、齐、韩、毛四家。毛传，为西汉毛亨所作。[6] 闳阔精微：广大精深。　[7] 雄奇跌宕：雄伟奇特，放逸不羁。　[8] 章法、字法：作诗文时，按抒情达理要求，依据体裁，安排全篇章节所遵循的法则，叫章法。写好文章字句的方法，叫字法。　[9] 玩味：寻绎其中深趣。

古人读《文选》[1]而悟养生之理，得力于两句，曰："石蕴玉而山辉，水涵珠而川媚。"[2]此真是至言[3]。尝见兰蕙芍药[4]之蒂间，必有露珠一点，若此一点为蚁虫所食，则花萎[5]矣。又见笋初出，当晓[6]则必有露珠数颗在其末，日出则露复敛[7]而归根，夕则复上。田间[8]有诗云"夕看露颗上梢[9]行"是也！若侵晓[10]入园，笋上无露珠，则不成竹，遂取而食之。稻上亦有露，夕现而朝敛。人之元气[11]，全在于此。故《文选》二语，不可不时时体察，得诀[12]固不在多也！

【注释】

[1]《文选》:《昭明文选》，南朝梁昭明太子萧统编，为我国最早的诗文总集。[2]这一句话出自晋陆机《文赋》："石藏美玉，山必有光；水涵明珠，川则美好。" [3]至言：至切之言，至善之言。 [4]兰蕙芍药：指高贵的植物。兰、蕙、芍药三者皆为香草。 [5]萎：衰败。 [6]当晓：正逢早晨。 [7]敛：收，聚。 [8]田间：钱澄之，字饮光，自号"田间老人"，以经济自负。明末政治家、文学家。 [9]梢：树枝的顶尖。 [10]侵晓：天渐明时。 [11]元气：人的精气。 [12]得诀：获得要诀。诀，在此指养生之理。

世人只因不知命、不安命，生出许多劳扰[1]。圣贤明明说与，曰："君子居易以俟命。"又曰"君子行法以俟命"，又曰"修身以俟之"，"不知命，无以为君子"。因知之真，而后俟之，安也。予历世故颇多，认此一字颇确。曾与韩慕庐[2]宿齐天坛[3]，深夜剧谈[4]。慕庐谈当年乡会考[5]时，乡试则有得售之想[6]，场中颇着意[7]。至会试殿试[8]，则全无心而得会[9]状。会试场[10]大风，吹卷欲飞，号中人[11]皆取石坚押，韩独无意。祝曰[12]："若当中，则自不吹去！"亦竟无恙。故其会试殿试文皆游行自在[13]，无斧凿痕[14]。予谓慕庐足下两掇巍科[15]，当是何如勇猛？以此言告人，人决不信，余独信之。何以故？予自谕德[16]后，即无意仕进，不止无竞进之心，且时时求退不已。乃由讲读学士[17]，跻学士，登亚卿正卿[18]，皆华膴清贵之官[19]。自傍人观之，不知是何如勇猛精进。以予自审[20]，则知慕庐之非妄矣！慕庐亦可以己事推之，而知予之非诳也，愿与世人共知之。

【注释】

[1] 劳扰：劳苦困扰。　[2] 韩慕庐：韩菼，字元少，别字慕庐。点勘诸经注疏，旁及诸史，以文章名世。　[3] 齐天坛：祭天的地方。　[4] 剧谈：畅谈、尽情交谈。　[5] 乡会考：明清两代，每三年一次在各省城举行的考试，叫作乡试，应试者为秀才，及第者称举人。每三年在京城礼部举行的考试，叫作会试，应试者为举人，及第者称贡士。　[6] 得售之想：志在必得。　[7] 着意：用心。　[8] 殿试：由皇帝在殿廷上对贡士亲自策问的考试，又称廷试，及第者称进士。　[9] 得会：刚好遇上。　[10] 会试场：科举的考场。　[11] 号中人：科举考场中的考生。　[12] 祝曰：祈祷。　[13] 游行自在：信手拈来，毫不勉强。　[14] 无斧凿痕：非常自然，没有矫揉造作。　[15] 两掇巍科：两次考取第一。巍科，古代称科举考试名次在前者。　[16] 谕德：唐朝开始设置，秩正四品下，掌对皇太子教谕道德。　[17] 讲读学士：官名，指侍讲学士和侍读学士。　[18] 亚卿正卿：官名，诸侯以下极尊贵之臣。　[19] 华膴（wǔ）清贵之官：高官显要。华膴，华贵，显贵。　[20] 自审：自我检视。

予生平嗜卉木，遂成奇癖，亦自觉可哂[1]。细思天下歌舞声伎[2]、古玩书画、禽鸟博弈之属[3]，皆多费而耗物力，惹气[4]而多后患，不可以训子孙。惟山水花木，差可自娱，而非人之所争。草木日有生意而妙于无知[5]，损[6]许多爱憎烦恼。

京师难于树植，艰于旷土[7]。书阁中置盆花数种，滋培收护[8]，颇费心力，然亦可少供耳目之玩。琴荐书幌[9]，床头十笏之地[10]，无非落花填塞，亦一佳话也。

古人佩玉，朝夕不离，义取温润坚栗[11]。君子无故不撤琴瑟，义取和平温厚。故质性爽直者，恐近高亢[12]，益当深体此意，以自箴砭[13]，不可任其一往之性[14]也。

【注释】

[1]可哂：可笑。　[2]伎：古代称以歌舞为业的女子。　[3]禽鸟博弈之属：玩鸟赌博之类。　[4]惹气：招引烦恼。　[5]无知：本为不明事理，指草木没有知觉。　[6]损：减少。　[7]旷土：空旷之地。　[8]滋培收护：浇水培土、收存保护。　[9]琴荐书幌：读书弹琴处。荐，草席。书幌，书斋的帷幕。　[10]十笏（hù）之地：喻距离之短。笏，古代大臣上朝拿着的手板，用玉、象牙或竹片制成，上面可以记事。　[11]温润坚栗：温和柔润而又坚固不移。　[12]高亢：骄傲不肯屈服。　[13]箴砭：规劝过失。　[14]一往之性：旧有的习性。

人生以择友为第一事。自就塾以后，有室有家，渐远父母之教，初离师保之严。此时乍得友朋，投契[1]缔交，其言甘如兰芷，甚至父母、兄弟、妻子之言，皆不听受，惟朋友之言是信。一有匪人[2]侧于间，德性未定，识见未纯，鲜未有不为其移者。余见此屡矣。至仕宦之子弟尤甚！一入其彀中[3]，迷而不悟，脱有尊长诫谕，反生嫌隙，益滋乖张[4]。故余家训有云："保家莫如择友。"盖痛心疾首[5]其言之也！

汝辈但于至戚中，观其德性谨厚，好读书者，交友两三人足矣！况内有兄弟，互相师友，亦不至岑寂[6]。且势利言之，汝则温饱，来交者岂能皆有文章道德之切劘[7]？平居则有酒食之费、应酬之扰。一遇婚丧有无，则有资给[8]称贷[9]之事，甚至有争讼[10]外侮，则又有关说救援之事。平昔既与之契密，临事却之[11]，必生怨毒反唇[12]。故余以为宜慎之于始也。

况且游戏征逐[13]，耗精神而荒正业，广言谈而滋是非，种种弊端，不可纪极。故特为痛切发挥之。昔人有戒："饭不嚼便咽，路不看便走，话不想便说，事不思便做"。洵为格言。予益[之曰："友不择便交，气不忍便动，财不审便取，衣不慎便脱。"

【注释】

[1] 投契：情意相合。 [2] 匪人：行为不正的人。 [3] 彀中：圈套之中。 [4] 益滋乖张：越生不和。乖张，背离。 [5] 痛心疾首：悔恨之极。痛心，伤心。 [6] 岑寂：孤独冷清。 [7] 切劘（mó）：切磋琢磨。 [8] 资给：资助，供给。 [9] 称贷：举债。 [10] 争讼：相争而起诉。 [11] 却之：退缩，拒绝。 [12] 反唇：翻脸，仇视。 [13] 征逐：朋友往来之繁密。

学字当专一。择古人佳帖或时人墨迹与己笔路相近者，专心学之。若朝更夕改，见异而迁，鲜有得成者。楷书如端坐，须庄严宽裕，而神彩自然掩映[1]。若体格不匀净[2]，而遽讲[3]流动，失其本矣！

汝小字可学《乐毅论》。前见所写《乐毅论》，大有进步，今当一心临仿之。每日明窗净几，笔精墨良，以白奏本纸[4]，临四五百字，亦不须太多，但工夫不可间断。纸画乌丝格[5]，古人最重分行布白，故以整齐匀净为要。学字忌飞动草率，大小不匀，而妄言奇古磊落[6]，终无进步矣。

行书亦宜专心一家。赵松雪[7]佩玉垂绅[8]，丰神清贵，而其原本则出于《圣教序》[9]《兰亭》，犹见晋人风度，不可訾议[10]之也。汝作联字[11]，亦颇有丰秀之致。今专学松雪，亦可望其有进，但不可任意变迁耳。

【注释】

[1] 掩映：隐约映照，即逐渐显现之意。 [2] 体格不匀净：结体的法度不匀称、纯粹。 [3] 遽讲：匆忙讲求。 [4] 奏本纸：具疏上奏朝廷时所

用的纸。 [5] 乌丝格：以墨线在笺纸上画出的格子。 [6] 奇古磊落：奇特古朴、错落有致。 [7] 赵松雪：赵孟頫，元代书法绘画大家，字子昂，号松雪道人。宋代宗室，颇得元世祖赏识，官至翰林学士承旨。 [8] 佩玉垂绅：原指任官者的装饰。形容赵松雪书法高贵庄重。 [9]《圣教序》：唐碑名，即《大唐三藏圣教序》，由沙门怀仁以王羲之书法集字而成，内容为太宗述玄奘法师至西域求经译经之事。 [10] 訾（zī）议：非议、批评。[11] 联字：楹联的字。

龙眠芙蓉溪，吾朝夕梦寐所在也。垂云沜[1]，天然石壁，上倚青山，下临流水，当为吾相度[2]可亭[3]之地，期于对石枕流[4]。双溪草堂前，引南北二涧为两池，中一闸[5]相通，一种莲，一种鱼[6]。制扁舟[7]，容五六人，朱栏翠棂[8]，兰桨桂棹[9]，从芙蓉溪亭登舟，至舣舟亭[10]登岸，襟带吾庐[11]。汝归当谋疏凿，阔处十二丈，窄处二三丈，但[12]可以行舟。汝兄弟侄轮日督工，于九月杪[13]从事[14]，渠成以报吾。堂轩[15]基址，预以绳定之，以俟异日[16]。

临河有大石，土人名为獾洞[17]，此地相度亭子。下临澄潭，四围岭岫[18]，既旷然轩豁[19]，亦窈然[20]幽深。其旁当种梅柳以映带[21]之，亦此时事也。向来梅杏桃梨之属，种植者亦不少矣，使皆茂达，尽可自娱。此时浇溉、修治、扶植、去草为急。仆人纸上之树[22]日增，园中之树日减，汝当为吾稽察[23]之。树不活，与不种同。山中须三五日静坐经理[24]，晨入暮归，不如其已[25]也。可与兄弟侄言之。

【注释】

[1] 垂云沜（pàn）：室名。在安徽桐城龙眠乡。沜，通“畔”，岸边。[2] 相度：观察测量。 [3] 亭：此处为动词，指建亭子。 [4] 枕流：靠近流水。 [5] 闸：水门。 [6] 种鱼：犹养鱼。 [7] 扁舟：小船。[8] 棂（líng）：窗槛上雕成种种花纹的孔格。 [9] 兰桨桂棹：以兰木与桂

木做桨。[10] 舣（yǐ）舟亭：亭之名。舣，停船靠岸。[11] 襟带吾庐：山水环绕在我房子的四周。庐，屋舍。[12] 但：只要。[13] 杪（miǎo）：树枝的细梢，或指时节之末。[14] 从事：治其事。[15] 堂轩：大厅和长廊。[16] 俟异日：待他日再行动工之意。[17] 土人名为獾（huān）洞：当地人称之为“獾洞”。土人，指世居本地的人。獾，哺乳动物，毛灰色，善掘土，穴居山野，昼伏夜出。[18] 岭岫：山岭。[19] 旷然轩豁：空旷开朗。[20] 窈然：深远的样子。[21] 映带：景物相照映联络，自成情致。[22] 纸上之树：记录在册上的要种树木的数目。[23] 稽察：察考，检查。[24] 静坐经理：定心经营管理。[25] 不如其已：意指适可而止。

辛巳春分日，予携大郎、二郎、六郎，出西直门[1]，过高梁桥，沿溪水至法华寺，饭于僧舍。因至万寿寺[2]时，甫[3]移华严钟于后阁，尚未悬架，遂过天禧宫看白松。盖余最心赏古松，枝干如凝雪，清响[4]如飞涛，斑剥离奇，扶疏诘曲[5]，枝枝入画，叶叶有声，如对高人逸士，不敢亵玩[6]。京师寺观，此种为多，而时代久远，则无过天禧宫者。共二十余株，皆异态殊形，可谓巨观[7]矣！是行也，春寒初解，野色苍茫[8]，然已有融润[9]之气。得小诗曰：“绿溪来古寺，石堰旧河梁。冰泮[10]波澄绿，风轻柳曲黄[11]。苔痕春已半，松影日初长；篮笋[12]携诸子，僧寮[13]野蔌香。”

【注释】

[1] 西直门：北京内城的西城门。[2] 因至万寿寺：由法华寺至万寿寺。因，由，从。[3] 甫：方始，才。[4] 清响：清脆的响声。[5] 斑剥离奇、扶疏诘曲：班，通“斑”。树干斑驳剥落奇特幻异，枝叶交错曲折繁密茂盛。扶疏，枝叶繁茂或枝干高下疏密有致。诘曲，曲折。[6] 亵玩：相狎而玩弄之。[7] 巨观：壮观。[8] 苍茫：杳无边际的样子。[9] 融

润：暖和湿润。 [10] 泮（pàn）：散解，融化。 [11] 曲黄：淡黄色。 [12] 篮笋：乘坐竹轿。 [13] 寮（liáo）：小屋、小窗。

时文以多作为主，则工拙自知，才思自出，溪迳[1]自熟，气体[2]自纯。读文不必多，择其精纯条畅，有气局[3]词华者，多则百篇，少则六十篇。神明[4]与之浑化[5]，始为有益。若贪多务博[6]，过眼辄忘，及至作时，则彼此不相涉，落笔仍是故吾。所以思常窒而不灵，词常窘而不裕，意常枯而不润。记诵劳神，中无所得，则不熟不化[7]之病也。学者患此弊最多。故能得力于简，则极是要诀。古人言“简练以为揣摩”[8]，最是立言之妙，勿忽而不察也。

【注释】

[1] 迳：通“径”，门径。 [2] 气体：气质。 [3] 气局：文章的气势和风格。 [4] 神明：精神，心思。 [5] 浑化：浑然化一，融为一体。 [6] 务博：致力多学。 [7] 不化：不能融会贯通。 [8] 简练以为揣摩：撮其精要作为揣度观摩的对象。

治家之道，谨肃为要。《易经·家人卦》[1]义理极完备，其曰：“家人嗃嗃，悔、厉、吉；妇子嘻嘻，终吝。”[2]“嗃嗃”近于烦琐，然虽厉而终吉。“嘻嘻”流于纵轶[3]，则始宽而终吝。余欲于居室自书一额，曰“惟肃乃雍”[4]，常以自警，亦愿吾子孙共守也。

人之居家立身，最不可好奇。一部《中庸》[5]，本是极平淡，却是极神奇。人能于伦常无缺，起居动作、治家节用、待人接物，事事合于矩度，无有乖张，便是圣贤路上人，岂不是至奇？若举动怪异，言语诡激[6]，明明坦易道理，却自寻奇觅怪，守偏文过[7]，以为不坠恒境[8]，是穷奇梼杌之流[9]，乌足以表异[10]哉？布帛菽粟，千古至味，朝夕不能离，何独至于立身制行[11]而反之也？

【注释】

[1]《易经·家人卦》：指《周易》，中国古代儒家经典。共分六十四卦，始于“乾”而终于“未济”。家人卦，为巽上离下合成之卦。 [2]这句话出自《周易·家人卦》的九三爻辞。意指家人相处以刚正为原则，虽过于严厉，但结果是好的。妇人孩子嘻笑玩闹，结果是不好的。嗃嗃（hè）：严厉；嘻嘻，玩乐。 [3]纵轶：放纵安逸。 [4]惟肃乃雍：意谓治家只有肃穆，才能达到和顺。 [5]《中庸》：《礼记》中的一篇，相传为先秦儒者子思所作。与《论语》《孟子》《大学》合称“四书”。 [6]诡激：奇异而激烈。 [7]守偏文过：追求不正之事物，掩饰错误。 [8]不坠恒境：不落常境。 [9]穷奇梼杌（tāo wù）之流：穷奇、梼杌，与浑敦、饕餮，传说均为远古凶恶之人。 [10]乌足以表异：哪里能够表现出特别的地方。 [11]立身制行：为人处世，规范道德。

与人相交，一言一事皆须有益于人，便是善人。余偶以忌辰[1]著朝服[2]出门，巷口见一人，遥呼曰：“今日是忌辰！”余急易[3]之。虽不识其人，而心感之。如此等事，在彼无丝毫之损，而于人为有益。每谓同一禽鸟也，闻鸾凤[4]之名则喜，闻鸺鹠[5]之声则恶，以鸾凤能为人福，而鸺鹠能为人祸也。同一草木也，毒草则远避之，参苓[6]则共宝之，以毒草能鸩人，而参苓能益人也。人能处心积虑，一言一动皆思益人，而痛戒损人，则人望之若鸾凤，宝之若参苓，必为天地之所佑，鬼神之所服，而享有多福矣！此理之最易见者也。

【注释】

[1]忌辰：旧指父母及其他亲属逝世的日子。该日禁忌饮酒和作乐。 [2]朝服：上朝时所著的官服。 [3]易：更换。 [4]鸾凤：鸾鸟与凤凰。[5]鸺鹠（xiū liú）：猫头鹰的别名。 [6]参苓：人参与茯苓（fú líng）：皆中药草名，服之有益于身体。茯苓，寄生在松树根上的一种块状菌，可入药。

凡读书，二十岁以前所读之书与二十岁以后所读之书迥异。幼年知识未开，天真纯固，所读者虽久不温习，偶尔提起，尚可数行成诵。若壮年所读，经月则忘，必不能持久。故六经、秦汉之文，词语古奥[1]，必须幼年读。长壮后，虽倍蓰[2]其功，终属影响[3]。自八岁至二十岁，中间岁月无多，安可荒弃或读不急之书？此时，时文[4]固不可不读，亦须择典雅醇正、理纯词裕、可历二三十年无弊者读之。若朝华夕落、浅陋无识、诡僻[5]失体、取悦一时者，安可以珠玉难换之岁月而读此无益之文？何如诵得《左》《国》[6]一两篇及东西汉典贵华腴[7]之文数篇，为终身受用之宝乎？

且更可异者：幼龄入学之时，其父师必令其读《诗》《书》《易》《左传》《礼记》、两汉、八家文[8]；及十八九，作制义[9]、应科举时，便束之高阁，全不温习。此何异衣中之珠，不知探取，而向涂人[10]乞浆[11]乎？且幼年之所以读经书，本为壮年扩充才智，驱驾古人，使不寒俭，如畜钱待用者然。乃不知寻味其义蕴，而弁髦[12]弃之，岂不大相刺谬[13]乎？

我愿汝曹[14]将平昔已读经书，视之如拱璧[15]，一月之内，必加温习。古人之书，安可尽读？但我所已读者，决不可轻弃：得尺则尺，得寸则寸；毋贪多，毋贪名；但读得一篇，必求可以背诵，然后思通其义蕴，而运用之于手腕之下。如此，则才气自然发越[16]。若曾读此书，而全不能举其词，谓之“画饼充饥”；能举其词而不能运用，谓之“食物不化”。二者其去枵腹[17]无异。汝辈于此，极宜猛省。

【注释】

[1] 古奥：古拙深奥，不容易理解。 [2] 倍蓰（xǐ）：由一倍至五倍，形容很多。倍，一倍。蓰，五倍。 [3] 影响：影子和回音，指不切实际、不持久。 [4] 时文：当时人的文章。 [5] 诡僻：荒谬邪僻。 [6]《左》《国》：指《左传》与《国语》。 [7] 华腴：丰美有光彩。 [8] 八家

文：指唐宋八大家的文章，包括唐韩愈、柳宗元，宋欧阳修、王安石、曾巩、苏洵、苏轼、苏辙共八大名家所写的古文。 [9] 制义：指习作八股文。明清科举考试时的文体，全文分为八段，分别是破题、承题、起讲、提比、虚比、中比、后比、大结，字数固定，过多或太少皆不及格。 [10] 涂人：路人。 [11] 乞浆：讨要浆汤。 [12] 弁髦（biàn máo）：古代男子成人时举行冠礼，先加缁布冠，次加皮弁，最后加爵弁，三加之后剃掉垂髦，不再用缁布冠。后来用弁髦来比喻没有用的东西。弁，古代男子的帽子。髦，古代孩童下垂到眉的头发。 [13] 剌（là）谬：乖戾谬误。剌，违背常理。 [14] 汝曹：你们。 [15] 拱璧：两手合抱的大块璧玉，比喻非常珍贵的宝物。拱，两手合围。 [16] 发越：播散。 [17] 枵（xiāo）腹：腹中空虚。枵，空虚。

凡物之殊异者，必有光华发越于外，况文章为荣世之业，士子进身之具乎！非有光彩，安能动人？闱中之文，得以数言概之，曰："理明词畅，气足机圆。"要当知棘闱[1]之文，与窗稿房行书[2]不同之处。且南闱[3]之文，又与他省不同处。此则可以意会，难以言传。惟平心下气，细看南闱墨卷，将自得之。即最低下墨卷，彼亦自有得手[4]，亦不可忽。此事最渺茫。古称射虱者，视虱如车轮，然后一发而贯[5]。今能分别气味截然不同，当庶几矣！

【注释】

[1] 棘闱（jí wéi）：指科举时代的考场。唐、五代科举考试时，以棘围试院以防止闲人进入。 [2] 窗稿房行书：窗稿，古代称私塾中学生习作的诗文。房稿，明清进士平日所作的八股文选集。行书，举人所作的八股文选本。[3] 南闱：明清科举称江南乡试为南闱。 [4] 得手：得心应手，技巧纯熟。[5]"这句话出自《列子·汤问》。指射艺之精熟，虽细微如虱也能射中。

汝曹兄弟叔侄，自来岁正月为始，每三六九日一会，作文一篇，一月可得九篇。不疏不数[1]，但不可间断，不可草草塞责。一题入手，先讲求书理[2]极透澈，然后布格遣词，须语语有着落[3]。勿作影响语[4]，勿作艰涩[5]语，勿作累赘语，勿作雷同语。凡文中鲜亮出色之句，谓之“调”，调有高卑。疏密相间，繁简得宜处，谓之“格”，此等处最宜理会。深悯人读时文，累千累百而不知理会，于身心毫无裨益。夫能理会，则数十篇百篇已足，焉用如此之多？不能理会，则读数千篇，与不读一字等。徒使精神瞶乱[6]，临文捉笔，依旧茫然，不过胸中旧套应副[7]，安有名理精论、佳词妙句，奔汇于笔端乎？

所谓理会者，读一篇则先看其一篇之“格”，再味其一股之“格”，出落[8]之次第，讲题之发挥，前后竖义[9]之浅深，词调之华美，诵之极其熟，味之极其精。有与此等相类之题，有不相类之题，如何推广扩充？如此，读一篇有一篇之益，又何必多，又何能多乎？每见汝曹读时文成帙[10]，问之不能举其词，叩[11]之不能言其义，粗者不能，况其精者乎？自诳乎？诳人乎？[12]此绝不可解者。汝曹试静思之，亦不可解也。以后当力除此等之习。读文必期有用，不然宁可不读。古人有言：“读生文不如玩[13]熟文。必以我之精神，包乎此一篇之外；以我之心思，入乎此一篇之中。”噫嘻！此岂易言哉？

汝曹能如此用功，则笔下自然充裕，无补缉[14]、寒涩[15]、支离、冗泛、草率之态。汝每月寄所作九首来京，我看一会两会，则汝曹之用心不用心，务外不务外，了然矣。作文决不可使人代写，此最是大家子弟陋习。写文要工致[16]，不可错落涂抹，所关于色泽[17]不小也。汝曹不能面奉教言，每日展此一次，当有心会[18]。幼年当专攻举业，以为立身根本。诗且不必作，或可偶一为之，至诗余[19]则断不可作。余生平未尝为此，亦不多看。苏、辛尚有豪气[20]，余则靡靡[21]，焉可近也？

【注释】

[1] 不疏不数（shuò）：不少不多。疏，稀少。数，屡次。 [2] 书理：文理，文辞，义理。 [3] 着落：归宿。 [4] 影响语：人云亦云的句子。 [5] 艰涩：艰深。 [6] 瞆（kuì）乱：昏乱。 [7] 应副：敷衍应付。 [8] 出落：起笔和落笔的次序。 [9] 竖义：立义。 [10] 成帙：形容其多。帙，书套。[11] 叩：问。 [12] 自诳乎？诳人乎？：指自欺欺人。 [13] 玩：体会，玩味。 [14] 补缉：修补，修改。 [15] 寒涩：偏僻艰深。 [16] 工致：工巧细致。 [17] 色泽：指文采。 [18] 心会：领悟。 [19] 诗余：词的别称。以词由诗发展而来而得名。 [20] 苏、辛尚有豪气：苏、辛，即苏东坡与辛弃疾。辛弃疾，字幼安，自号稼轩居士，南宋豪放派诗人。于政治上倾向抗击金兵，收复中原失地。豪气，指豪放的气势。 [21] 靡靡：颓废。

余久历世[1]，日在纷扰荣辱、劳苦忧患之中，静念解脱之法，成此八章。自谓于人情物理、消息盈虚[2]，略得其大意。醉醒卧起，作息往来，不过如此而已。顾[3]以年增衰老，无由自适。二十余年来，小斋仅可容膝[4]。寒则温室拥杂花，暑则垂帘对高槐，所自适于天壤间者止此耳。求所谓烟霞林壑[5]之趣，则仅托于梦想，形诸篇咏[6]，皆非实境也。辛巳春分前一日，积雪初融，霁色回暖[7]，为三郎廷璐[8]书此，远寄江乡，亦可知翁针砭气质之偏[9]，流览造物之理；有此一知半见，当不至于汩没本来[10]耳。

【注释】

[1] 世：人生道路。 [2] 消息盈虚：事物的盛衰，变化。 [3] 顾：乃，表示转折。 [4] 容膝：仅能容下双膝，极言地方狭小。 [5] 烟霞林壑：山林泉谷。 [6] 篇咏：文章，诗作。 [7] 霁（jì）色回暖：天气放晴，气温转暖。霁，雨雪停止，天放晴。 [8] 廷璐：张廷璐（1675—1745），

字宝臣，号药斋。张英第三子。清康熙年间进士，官至礼部侍郎。 [9]气质之偏：偏差不正的气质。 [10]汩（gǔ）没本来：埋没了本然良好的状态。汩，淹没。

古称："仕宦之家[1]，如再实之木，其根必伤。"旨哉斯言，[2]可为深鉴。世家子弟，其修行立名之难，较寒士百倍。何以故？人之当面待之者，万不能如寒士之古道[3]：小有失检，谁肯面斥其非？微有骄盈，谁肯深规其过？幼而骄惯，为亲戚之所优容[4]；长而习成，为朋友之所谅恕。至于利交而谄[5]，相诱以为非；势交而谀[6]，相倚而作慝[7]者，又无论矣。

人之背后称之者，万不能如寒士之直道：或偶誉其才品，而虑人笑其逢迎；或心赏其文章，而疑人鄙其势利。甚至吹毛索瘢[8]，指摘其过失而以为名高；批枝伤根[9]，讪笑[10]其前人而以为痛快。至于求利不得，而嫌隙易生于有无[11]；依势不能，而怨毒相形于荣悴[12]者，又无论矣。故富贵子弟，人之当面待之也恒恕，而背后责之也恒深，如此则何由知其过失，而显其名誉乎？

故世家子弟，其谨饬[13]如寒士，其俭素如寒士，其谦冲小心如寒士，其读书勤苦如寒士，其乐闻规劝如寒士，如此则自视[14]亦已足矣；而不知人之称之者，尚不能如寒士，必也。谨饬倍于寒士，俭素倍于寒士，谦冲小心倍于寒士，读书勤苦倍于寒士，乐闻规劝倍于寒士，然后人之视之也，仅得与寒士等。今人稍稍能谨饬俭素、谦下勤苦，人不见称[15]，则曰"世道不古"，"世家子弟难做"。此未深明于人情物理之故者也。

我愿汝曹常以席丰履盛为可危可虑、难处难全之地，勿以为可喜可幸、易安易逸。人有非之责之者，遇之不以礼者，则平心和气，思所处之时势，彼之施于我者，应该如此，原非过当；即我所行十分全是，无一毫非理，彼尚在可恕，况我岂能全是乎？

【注释】

[1] 仕宦之家：古代指世代出仕为官的家族。 [2] 旨哉斯言：这句话很精当。 [3] 古道：正直，坦白，忠厚。 [4] 优容：宽容。 [5] 利交而谄：因利益关系而交往，便极尽谄媚之能事。 [6] 势交而谀：因势力关系而交往，便极尽阿谀之能事。 [7] 相倚而作慝（tè）：倚重利用他而作恶。慝，奸邪、邪恶。 [8] 吹毛索瘢（bān）：即吹毛求疵，挑小毛病。瘢，疮痕。 [9] 批枝伤根：意谓攻击其子孙，伤害其祖先。 [10] 讪笑：讥笑。 [11] 嫌隙易生于有无：因利益而产生嫌隙和矛盾。 [12] 相形于荣悴：相互比较彼此的富贵贫贱。 [13] 谨饬：谨慎检点。 [14] 自视：自我检视。 [15] 见称：称赞。

古人有言："终身让路，不失尺寸。"[1]老氏[2]以"让"为宝。左氏曰："让，德之本也。"[3]处里闬[4]之间，信世俗之言，不过曰："渐不可长"。[5]不过曰："后将更甚。是大不然！"人孰无天理良心、是非公道？揆之天道，有"满损谦益"之义；揆之鬼神，有"亏盈福谦"之理。自古只闻"忍"与"让"，足以消无穷之灾悔，未闻"忍"与"让"，翻[6]以酿后来之祸患也。欲行忍让之道，先须从小事做起。余曾署刑部事[7]五十日，见天下大讼大狱，多从极小事起。君子敬小慎微，凡事从小处了。余行年五十余，生平未尝多受小人之侮，只有一善策——能转弯[8]早耳。每思天下事，受得小气则不致于受大气；吃得小亏则不致于吃大亏，此生平得力之处。凡事最不可想占便宜[9]，子曰："放于利而行[10]，多怨。"便宜者，天下人之所共争也，我一人据之，则怨萃[11]于我矣；我失便宜，则众怨消矣。故终身失便宜，乃终身得便宜也。

【注释】

[1] 这句话形容一生谦让的人，最终不会有多少损失。 [2] 老氏：即老子，姓李名耳，字聃。先秦思想家，道家创始人。 [3] 这句话出自《左传·昭公

十年》："让，德之主也，让之谓懿德。" [4] 里闬（hàn）：里门、乡里。闬，里巷的门，乡里。 [5] 渐不可长：不可让其蔓延滋长。 [6] 翻：反而。 [7] 署刑部事：兼代刑部之事。署，代理任事。 [8] 转弯：另寻出路，不逞强，不执着。 [9] 便宜：好处。 [10] 放于利而行：出自《论语·里仁》。依据利之大小多寡而行。放，依照。 [11] 萃：聚集。

汝曹席[1]前人之资，不忧饥寒，居有室庐，使有臧获[2]，养有田畴，读书有精舍[3]，良不易得。其有游荡非僻[4]，结交淫朋匪友[5]，以致倾家败业，路人指为笑谈，亲戚为之浩叹者，汝曹见之闻之，不待余言也。其有立身醇谨[6]，老成俭朴，择人而友，闭户读书，名日美而业日成，乡里指为令器[7]，父兄期其远大者，汝曹见之闻之，不待余言也。二者何去何从，何得何失；何芳如芝兰，何臭如腐草；何祥如麟凤，何妖如鸺鹠，又岂俟余言哉！

汝辈今皆年富力强，饱食温衣，血气未定，岂能无所嗜好？古人云："凡人欲饮酒博弈[8]，一切嬉戏之事，必皆觅伴侣为之，独读快意书、对佳山水，可以独自怡悦。凡声色货利一切嗜欲之事好之，有乐则必有苦，惟读书与对佳山水，止有乐而无苦。"今架有藏书，离城数里有佳山水，汝曹与其狎[9]无益之友，听无益之谈，赴无益之应酬，曷若[10]珍重难得之岁月，纵[11]读难得之诗书，快对难得之山水乎？

我视汝曹所作诗文，皆有才情、有思致[12]、有性情，非梦梦全无所得于中者[13]，故以此谆谆告之。欲令汝曹安分省事，则心神宁谧而无纷扰之害；寡交择友，则应酬简而精神有余；不闻非僻之言，不致陷于不义；一味谦和谨饬，则人情服而名誉日起。

制义者，秀才立身之本，根本固，则人不敢轻，自宜专力攻之，余力及诗、字，亦可怡情。良时佳辰，与兄弟姊夫辈，一料理山庄，抚问松竹，以成余志。是皆于汝曹有益无损、有乐无苦之事，其味聪听之义[14]。

座右箴：

立品、读书、养身、择友。右四纲。

戒嘻戏，慎威仪；谨言语，温经书；精举业，学楷字；谨起居，慎寒暑；节用度，谢酬应；省宴集，寡交游。右十二目。

【注释】

[1] 席：凭借。[2] 使有臧获：有仆人可以差遣使唤。臧获，奴婢，仆人。[3] 精舍：学舍。[4] 非僻：邪恶不正。[5] 淫朋匪友：淫荡浮靡、为非作歹的朋友。[6] 醇谨：敦厚谨慎。[7] 令器：美材，比喻优秀的人才。[8] 博弈：赌博下棋。[9] 狎：亲近而不庄重。[10] 曷若：何如。[11] 纵：尽情。[12] 思致：才思。[13] 非梦梦全无所得于中者：不是昏乱糊涂而内心全然没有收获的人。[14] 其味聪听之义：出自《尚书·酒诰》："聪听祖考之彝训越小大德"。体会长辈训言中的道理。味，体会。聪听，明白地听取，后因指长辈的教论、训言。

子弟自十七八以至廿三四，实为学业成废之关。盖自初入学至十五六，父师以童子视之，稍知训子者，断不忍听[1]其废业。惟自十七八以后，年渐长，气渐骄，渐有朋友，渐有室家[2]，嗜欲渐开，人事渐广，父母见其长成，师傅视为侪辈[3]，德性未坚，转移最易，学业未就，蒙昧非难[4]。幼年所习经书，此时皆束高阁。酬应交游，侈然大雅[5]。博弈高会[6]，自诩名流[7]。转盼[8]廿五六岁，儿女累多，生计迫蹙，蹉跎潦倒，学植荒落[9]。予见人家子弟半涂而废者，多在此五六年中。弃幼学之功，贻终身之累，盖覆辙相踵[10]也。汝正当此时，离父母之侧，前言诸弊，事事可虑。为龙为蛇，为虎为鼠，分于一念[11]，介在两岐[12]，可不慎哉！可不畏哉！

【注释】

[1] 听：任凭。[2] 室家：指妻子儿女。[3] 侪辈：同辈。[4] 蒙

昧非难：容易受蒙蔽而不明事理。　[5] 侈然大雅：高谈阔论，附庸风雅。　[6] 博弈高会：赌博，下棋，聚会。高会，盛大的聚会。　[7] 自诩名流：自以为是上流人士。　[8] 盼：看。　[9] 学植荒落：学业荒废。　[10] 覆辙相踵：失败的例子接二连三。　[11] 分于一念：由于一念之差。分，差别。　[12] 介在两岐：两出的岔路，喻指走向人生两种前途的关键之处。

读书须明窗净几，案头不可多置书。读文作文，皆须凝神静气，目光炯然[1]。出文于题之上，最忌坠入云雾中，迷失出路。多读文而不熟，如将不练之兵[2]，临时全不得用，徒疲精劳神，与操空拳者无异。

作文以握管之人为大将，以精熟墨卷百篇为练兵，以杂读时艺为散卒，以题为坚垒。若神明不爽朗，是大将先坠云雾中，安能制胜？人人各有一种英华光气，但须磨炼始出。譬如一草一卉，苟深培厚壅[3]，尽其分量，其花亦有可观。而况于人乎？况于俊特之人乎？

天下有形之物，用则易匮[4]。惟人之才思气力，不用则日减，用则日增。但做出自己声光，如树将发花时，神壮气溢，觉与平时不同，则自然之机候[5]也。

读书人独宿，是第一义[6]。试自己省察：馆中独宿时，漏[7]下二鼓，灭烛就枕；待日出早起，梦境清明，神酣气畅[8]。以之读书则有益，以之作文必不潦草枯涩[9]。真所谓一日胜两日也。

【注释】

[1] 炯然：眼光锐利的样子。　[2] 不练之兵：未经训练的士兵。　[3] 深培厚壅（yōng）：深厚培植养护。壅，用土或肥料培在植物的根部。　[4] 匮：缺乏。　[5] 机候：适当的时间、机会。　[6] 第一义：首要的道理。　[7] 漏：即更漏。古时视漏刻以转更，谓之更漏。　[8] 神酣气畅：精神充沛，心情畅快。　[9] 枯涩：枯燥无味。

《易经》一书，言“谦道”最为详备：“天道亏盈而益谦；地道变盈而流谦；鬼神祸盈而福谦；人道恶盈而好谦。”[1]又曰：“日中则昃[2]，月满则亏。”天地不能常盈，而况于人乎？况于鬼神乎？于此理不啻[3]反复再三，极譬罕喻[4]。《书》曰“满招损，谦受益”[5]，古昔贤圣，殆无异词[6]。尧舜大圣人，而史称之曰“允恭克让”[7]；孔子甚圣德，及门称之曰“恭俭让”[8]。况乎中人之才，安能越斯义？古云“终身让路，不失尺寸”，言“让”之有益无损也。世俗瞽谈[9]，妄谓“让人则人欺之”，甚至有尊长教其卑幼无多让，此极为乱道。

以世俗论，富贵家子弟，理不当为人所侮，稍有拂意，便自谓：“我何如人，而彼敢如是以加我？”从傍人[10]亦不知义理，用一二言挑逗之，遂尔气填胸臆，奋不顾身，全不思富贵者众射之的也，群妒之媒[11]也。谚曰：“一家温饱，千家怨忿。”惟当抚躬自返[12]：我所得于天者已多，彼同生天壤，或系亲戚，或同里闬，而失意如此，我不让彼而彼顾肯让我乎？尝持此心，深明此理，自然心平气和。即有拂意之事，逆耳之言，如浮云行空，与吾无涉[13]。姚端恪公有言：“此乃成就我福德相[14]，愈加恭谨以逊谢之，则横逆之来，盖亦少矣！”愿以此为热火世界[15]一帖清凉散也。

【注释】

[1] 这句话的意思是：天道亏损盈满者而补益谦虚者；地道变易盈满者而弘扬谦虚者；鬼神危害盈满者而造福谦虚者；人道厌恶盈满者而喜好谦虚者。《易经·谦卦》彖传：“谦亨。天道下济而光明，地道卑而上行，天道亏盈而益谦，地道变盈而流谦，鬼神害盈而福谦，人道恶盈而好谦。谦尊而光，卑而不可逾，君子之终也。”谦卦，为上坤下艮合成之卦。 [2] 日中则昃（zè）：太阳过了正午，就开始偏斜。昃，日偏西。 [3] 不啻（chì）：何止，简直可以。啻，但，只。 [4] 极譬罕喻：深刻而难得的比喻。 [5] 这句话出自《尚书·大禹谟》，训诫人不要自满。 [6] 殆无异词：几乎都是相

同的赞美词。　[7] 允恭克让：出自《书·尧典》："允恭克让，光被四表，格于上下。"诚信谦恭、能忍让。　[8] 恭俭让：子贡曰：出自《论语·学而》："夫子温良恭俭让以得之。"　[9] 瞽（gǔ）谈：肤浅而不合事理的言辞。瞽，瞎眼，此处指不达事理，没有见识。　[10] 从傍人：在身边的人。[11] 群妒之媒：招致群众嫉妒的原由。　[12] 抚躬自返：扪心自问，反省检讨。　[13] 与吾无涉：和我没有关系。　[14] 福德相：佛教用语，一切善行之名相。　[15] 热火世界：人心躁动的世界。

谭子《化书》[1]训"俭"字最详。其言曰："天子知俭，则天下足；一人知俭，则一家足。且俭非止节啬财用而已也。俭于嗜欲，则德日修，体日固；俭于饮食，则脾胃宽[2]；俭于衣服，则肢体适；俭于言语，则元气藏[3]而怨尤寡；俭于思虑，则心神宁；俭于交游，则匪类远；俭于酬酢，则岁月宽而本业修[4]；俭于书札[5]，则后患寡；俭于干请[6]，则品望尊；俭于僮仆[7]，则防闲省；俭于嬉游，则学业进。"其中义蕴甚广，大约不外于葆啬[8]之道。

东坡千古才人，以百五十钱为一块，每日只用画杈[9]挑取一块，尽此钱为度[10]，决不用明日之钱。汝辈中人，可无限制？陆梭山训居家之法最妙：以一岁所入，除完官粮外，分为三分。存一分以为水旱及意外之费，其余二分析为十二分，每月用一分，但许存余，不许过界。能从每日饮食杂用加意节省，使一月之用常有余，别置一处，不入经费，留以为亲戚朋友小小周济缓急之用，亦远怨积德之道，可恃以长久者也。

居家治生之理，《恒产琐言》备之矣！虽不敢谓"圣人复起，不易吾言"[11]，其于谋生，不啻左券[12]。总之，饥寒由于鬻产，鬻产由于债负，债负由于不经[13]，相因[14]之理，一定不易，予视之洞若观火[15]。仕宦之日，虽极清苦，毕竟略有交际，子弟习见习闻，由之不察[16]；若以此作田舍度日之计[17]，则立见其仆蹶[18]，不可不深长思者也。人生俭啬之名，可受而不必避。世俗每以为耻，不知此名一噪，则人绝觊觎之想[19]。偶有所用，人即德[20]之，所谓以虚名而受实益，何利如之？

【注释】

[1] 谭子《化书》：谭子，即谭峭，唐末五代道士。字景升。得养气炼丹之术，著有《化书》，大旨多以黄老之学附合于儒家。　[2] 脾胃宽：胃口开。[3] 元气藏：保住精神气力。　[4] 岁月宽而本业修：时间宽裕而能尽力于自己的本行。　[5] 书札：书信。　[6] 干请：有求于人。　[7] 俭于僮仆：指少用仆人自然就不必四处防范、时加禁制。　[8] 葆啬：珍爱、吝惜。[9] 画杈：雕有图案的木制器具，尾端分枝，可挑取物品。　[10] 尽此钱为度：以这些钱为限度。　[11] 圣人复起，不易吾言：出自《孟子·滕文公下》，意谓所言真确，即使圣人再世，也会表示赞同。　[12] 不啻左券：简直就是最好的依据。左券，古代称契约为券，用竹做成，分左右两片，是索取偿还的凭证。　[13] 不经：偏离正途。　[14] 相因：相到关联，凭借。　[15] 洞若观火：形容观察事物非常清楚明白。　[16] 由之不察：照着做而不知反省观察。　[17] 田舍度日之计：置田筑舍，指不任官职，老百姓寻常度日的谋划。　[18] 仆蹶（jué）：跌倒，颓败。　[19] 觊觎之想：不良的企图、念头。　[20] 德：赞美。

人生髫稚[1]，不离父母；入塾则有严师傅督课，颇觉拘束。逮十六七岁时，父母渐视为成人，师傅亦渐不严惮[2]。此时，知识初开，嬉游渐习，则必视朋友为性命。虽父母师保之训，与妻孥[3]之言，皆可不听。而朋友之言，则投若胶漆，契若芳兰[4]。所与正，则随之而正；所与邪，则随之而邪。此必然之理，身验之事也。

余镌[5]一图章，以示子弟，曰："保家莫如择友。"盖有所叹息、痛恨、惩艾[6]于其间也。古人重朋友，而列之五伦，谓其"志同道合"，有善相勉，有过相规，有患难相救。今之朋友，止可谓相识耳，往来耳，同官同事耳，三党[7]姻戚耳。朋友云乎哉[8]？

汝等莫若就亲戚兄弟中，择其谨厚老成，可以相砥砺[9]者，多则二人，少则一人，断无目前良友，遂可得十数人之理！平时既简于应酬，有事可以请教。若不如己之人，既易于临深为高[10]，又日闻鄙猥之言，污贱之行，浅劣之学，不知义理，不习诗书。久久与之相化，不能却而远矣！此《论语》所以首诫之也。

【注释】

[1] 髫（tiāo）稚：幼年时期。髫，小孩额前下垂的发。 [2] 严惮：严加管教。 [3] 妻孥：妻子和儿女。 [4] 投若胶漆、契若芳兰：投契得如胶漆、如芳兰；极言与朋友关系的亲密。 [5] 镌（juān）：雕刻。 [6] 惩艾（yì）：警示戒止。艾，治理。 [7] 三党：即父、母、妻三族。 [8] 朋友云乎哉：算是什么朋友呢？ [9] 砥砺：相互激励。 [10] 临深为高：在地位卑下的人面前显示自己的高贵。

人生第一件事，莫如安分。"分"者，我所得于天多寡之数也。古人以得天少者谓之"数奇[1]"，谓之"不偶[2]"，可以识其义矣。董子曰："予之齿者，去其角，傅之翼者，两其足。"啬于此则丰于彼，理有乘除[3]，事无兼美。予阅历颇深，每从旁冷观，未有能越此范围者。功名非难非易[4]，只在争命中之有无。尝譬之温室养牡丹，必花头中原结蕊，火焙[5]则正月早开，然虽开而元气索然[6]，花既不满足，根亦旋萎[7]矣。若本来不结花，即火焙无益。既有花矣，何如培以沃壤，灌以甘泉，待其时至敷华[8]，根本既不亏，而花亦肥大经久。此余所深洞于天时物理，而非矫为迂阔之谈也。曩时[9]，姚端恪公每为余言，当细玩"不知命无以为君子"章。朱注最透，言"不知命，则见利必趋，见害必避，而无以为君子矣"，"为"字甚有力！知命是一事，为君子是一事。既知命不能违，则尽有不必趋之利，尽有不必避之害，而为忠为孝，为廉为让，绰有余地矣！小人固不当取怨于他，至于大节目[10]，亦不可诡随[11]，得失荣辱，不必太认真，是亦知命之大端[12]也。

【注释】

[1] 数奇：运气不好，遇事多不利。 [2] 不偶：无所遇合。 [3] 乘除：消长。 [4] 功名非难非易：意谓功名的获取，并非人力所能完全决定。 [5] 火焙（bèi）：用文火烘烤，提升温度。焙，用文火烘烤。 [6] 索然：乏味，没有兴趣的样子。 [7] 旋萎：不久即枯萎。 [8] 敷华：开花。 [9] 曩（nǎng）时：以往，从前。 [10] 大节目：关键所在。 [11] 诡随：不论是非而妄随人意。 [12] 大端：事情的主要方面。

冢宰库公[1]，曩与予同事，谈及知命之义：时有山左鹿御史，以偶尔公函发遣[2]，彼方在言路，时果能拼得一个流徒[3]，甚么本上不得？彼在位碌碌耳，究竟不能违一定之数。非谓人当冒险寻事，但素明此义，一旦遇大节所关[4]，亦不至专计利害犯名义矣。库然之。

【注释】

[1] 冢宰库公：此处指吏部尚书。库公，库勒纳。满洲镶蓝旗，瓜尔佳氏。康熙年间曾任吏部尚书。 [2] 发遣：遣送，流放。 [3] 流徒：流放的囚犯。 [4] 大节所关：生存兴亡的大事。

张英：恒产琐言

《恒产琐言》是清代名臣张英的又一部家训名作。家训的书名取自《孟子·滕文公上》中孟子论恒产与恒心。张英在本书中的基本观点是，人有恒产而后有恒心。因此，如何保持恒产就成为治家的重要内容。在《恒产琐言》中，张英对其子孙阐述了恒产对于一个家庭的至关重要。张英认为，田产不可以卖出，只可以悉心维护。他指出了以往很多家庭没有很好保持田产的诸多原因，其中最为重要的两点是家中子弟的骄奢放纵和经不起卖田从商的诱惑。若家中的年轻人没有经过良好的家风熏陶和教育，那么他们很容易将祖父辈积累的财产挥霍掉。经商的方式有很多种，但是张英不同意以变卖田地的方式来从事商业。他进而提出了许多保持田产的方式方法，比如勤俭节约、量入为出、精择佃农等。《恒产琐言》中拥有深刻的中国家庭理财智慧，成书之后，影响巨大。是关于中国古代家庭经济财产管理的名作，对于当代中国每个家庭来说都会有很多启示。其中被反复强调的勤俭持家和量入为出的道理，对当前中国构建节约型社会有着很强的借鉴意义。

三代而上[1]，田以井授[2]，民二十受田，六十归田，尺寸之地，皆国家所有，民间不得而私之。至秦以后，废井田，开阡陌[3]，百姓始得私相买卖。然则三代以上，虽至贵巨富，求数百亩之田贻[4]子及孙不可得也。后世既得而买之矣！以乾坤之大块，国家之版图，听人画界分疆、立书契、评价值而鬻[5]之。县官虽有易姓改氏，而田主自若。董江都[6]

诸人，亦愤贫者无立锥之地，而富者田连阡陌，欲行限民名田之法，立为节制，而不果行[7]。其乃[8]祖乃父以一朝之力而竟奄有之[9]，使后人食土之毛[10]，善守而不轻弃，则子孙百世，苟不至经变乱，亦断不能为他人之所有。呜呼！深念及此，其可不思所以保之哉！

人家[11]子弟从小便读《孟子》，每习焉而不察。夫孟子以王佐之才[12]说齐宣、梁惠，议论阔大，志趣高远，然言“病”虽多端，用“药”止一味，曰“有恒产者有恒心”[13]而已，曰“五亩之宅”“百亩之田”而已，曰“富岁子弟多赖”而已，重见叠出。一部《孟子》，实落处不过此数条。而终之曰：“诸侯之宝三：土地、人民、政事。”又尝读《苏长公[14]集》，其天才横轶[15]，古今无俦匹[16]，宜若不屑屑生计[17]者。《游金山》之诗曰“有田不去如江水”，《游焦山》之诗曰“无田不去宁非贪”，其《题王晋卿〈烟江叠嶂图〉》亦曰“不知人间何处有此境，径欲往买二顷田”。可知此老胸中，时时有此一段经画[18]：生平欲买阳羡[19]之田，至老而其愿不偿。今人动言“才子”“名士”“伟丈夫”，不事家人生产，究至谋生无策，犯孟子之戒而不悔，岂不深可痛惜哉！

【注释】

[1] 三代而上：指夏、商、周及更远的时代。　[2] 田以井授：指井田制，周代的土地制度，以方里划分为九个区域，形如井字，中间区域为公田，外围八个区域为私田。　[3] 阡陌：田地上南北走向和东西走向并且相互交错的土埂。开阡陌：指秦国商鞅变法时期，将周代的井田制改变为土地私人所有制。　[4] 贻：赠给、遗留。　[5] 鬻（yù）：卖。　[6] 董江都：指西汉大儒董仲舒，曾任江都相。　[7] 不果行：最终没有得到实行。　[8] 乃：你的。　[9] 竟奄有之：最终全部拥有土地。　[10] 毛：指草或谷物，此处指农作物。　[11] 人家：家族。　[12] 王佐之才：辅佐帝王成就大业的才能。　[13] 有恒产者有恒心：出自《孟子·滕文公上》。恒产，不动产。恒心，道德之心。　[14] 苏长公：指苏轼。　[15] 横轶：纵横

宏阔。　[16] 俦匹：相比。　[17] 宜若不屑屑生计：表面上来看似乎不介意生计之事。　[18] 经画：谋划。　[19] 阳羡：宜兴，在今江苏省。

天下之物，有新则必有故：屋久而颓，衣久而敝，臧获牛马服役久而老且死。当其始，重价以购，越十年而其物非故矣！再越十年，而化为乌有矣！独有田之为物，虽百年千年而常新。即或农力不勤，土敝产薄，一经粪溉则新矣。即或荒芜草宅，一经垦辟则新矣。多兴陂池[1]，则枯者可以使之润；勤媷荼蓼[2]，则瘠者可以使之肥。亘古及今，无有朽蠹颓坏之虑，逃亡耗缺之忧。呜呼！是洵可宝也哉。吾友陆子名遇霖，字洵若，浙江人，今为归德别驾[3]。其人通晓事务，以经济自许，在京师日，常与之过从。一日从容谈及谋生毕竟以何者为胜，陆子思之良久，曰："予阅世故多矣，典质[4]贸易权子母，断无久而不弊之理，始虽乍获厚利，终必化为子虚。惟田产房屋二者可持以久远，以二者较之，房舍又不如田产。何以言之？房产，乃向人索租钱，每至岁暮，必有干仆[5]，盛衣帽著靴，喧哗叫号以取之。不偿，则愬[6]于官长。每至争讼雀角[7]，甚有以奋斗窘逼而别生祸殃者。稍懦焉，则又不可得矣！至田租则不然！子孙虽为齐民[8]，极单寒懦弱，其仆不过青鞋布袜，手持雨伞，诣佃人之门，而人不敢藐视之。秋谷登场，必先完田主之租，而后分给私债。取其所本有而非索取其所无，与者受者，皆可不劳。且力田皆愿民[9]，与市厘商贾之狡健者不同。以此思之，房产殆[10]不如也。"予至今有味乎陆子之言。

【注释】

[1] 陂（bēi）池：池塘。　[2] 勤薅（hāo）荼蓼：薅，除草。荼蓼，泛指野草。　[3] 归德别驾：别驾，清代相当于今河南商丘。别驾，汉置，为州刺史的佐官。因其地位较高，出巡时不与刺史同车，别乘一车，故名。清代时无别驾官职，此处为尊称。　[4] 典质：典押，以物为抵押换

钱，可在限期内赎回。　[5] 干仆：有能力的仆役。　[6] 愬：通“诉”。诉讼。　[7] 争讼雀角：争吵，诉讼。　[8] 齐民：平民。　[9] 愿民：朴实善良之人。　[10] 殆：大概。

尝读《雅》《颂》之诗，而叹古人之于先畴[1]如此其重也。《楚茨》《大田》[2]之诗，皆公卿有田禄者。周有世卿[3]，其祖若父之采地，传诸后人，故云“曾孙”。今观其言，曰“我疆我理”，曰“我田既臧”，曰“我黍我稷”“我仓我庾”。农夫爱其曾孙，则曰“曾孙不怒”，曾孙爱其农夫，则曰“农夫之庆”[4]。以至攘馌者之食而尝其旨否[5]，剥疆场之瓜而献之皇祖。何其民风淳朴，上下相亲如此？不止家给人足，无分外之谋；而且流风余韵，有为善之乐。后人有祖父遗产，正可循陇观稼[6]，策蹇课耕[7]，《雅》《颂》之景，如在眼前，而乃视为鄙事，不一留意，抑独何哉？

【注释】

[1] 先畴：先人之田地。　[2]《楚茨》《大田》：《诗经·小雅》中的诗篇。　[3] 世卿：可以传承的官位及附属田产。　[4]“故云‘曾孙’”之后所引用的诗句，皆出自《诗经·小雅·莆田》和《诗经·小雅·谷风》。　[5]“以至攘馌（yè）者之食”句：出自《诗经·小雅·甫田》：“馌彼南田，田畯至喜。攘其左右，尝其旨否。”馌，送饭。攘，揖让，此处意为邀请。旨，美味。　[6] 循陇观稼：沿着田垅察看农田。　[7] 策蹇课耕：督促劳作。策蹇，即策蹇驴，骑跛足驴。课，监督。

今人家子弟，鲜衣怒马[1]，恒舞酣歌[2]。一裘之费，动至数十金；一席之费，动至数金。不思吾乡十余年来谷贱，竭十余石谷，不足供一筵；竭百余石谷，不足供一衣。安知农家作苦，终年沾体涂足，岂易得此百石？况且水旱不时，一年收获不能保诸来年。闻陕西岁饥，一石价至六七两。今以如玉如珠之物，而贱价粜[3]之，以供一裘一席之费，岂不深可惧哉？古人有言："惟土物爱，厥心臧。"[4]故子弟不可不令其目击田家之苦，开仓粜谷时，当令其持筹[5]。以壮夫之力不过担一石，四五壮夫之所担，仅得价一两，随手花费了，不见其形迹，而已仓庾[6]空竭矣！便稍有知觉，当不忍于浪掷。奈何深居简出，但知饱食暖衣，绝不念物力之可惜，而泥沙委之[7]哉！

【注释】

[1] 鲜衣怒马：美服壮马。 [2] 恒舞酣歌：沉溺于歌舞。 [3] 粜（tiào）：卖出粮食。 [4] 这句话出自《尚书·酒诰》，意为凡是土地所生之物，皆爱惜，则其心善。 [5] 持筹：手持算盘。 [6] 仓庾：贮藏粮食的仓库。 [7] 泥沙委之：像抛弃泥沙一样花费金钱。委，抛弃。

天下货才[1]所积，则时时有水火、盗贼之忧，至珍异之物，尤易招尤速祸[2]。草野之人，有十金之积，则不能高枕而卧。独有田产，不忧水火，不忧盗贼。虽有强暴之人，不能竟夺尺寸；虽有万钧之力，亦不能负之而趋[3]。千顷万顷，可以值万金之产，不劳一人守护。即有兵燹[4]离乱，背井去乡，事定归来，室庐畜聚[5]，一无可问，独此一块土，张姓者仍属张，李姓者仍属李，芟夷[6]垦辟，仍为殷实之家。呜呼，举天下之物不足较其坚固，其可不思所以保之哉！

【注释】

[1] 才：通"财"。 [2] 招尤速祸：招致怨恨和祸患。 [3] 负之而趋：将它背起来带走。 [4] 兵燹（xiǎn）：战乱带来的灾祸。燹，野火，多指兵乱中纵火焚烧。 [5] 畜聚：积蓄的财物。 [6] 芟（shān）夷：芟，割草，除草。夷，铲除。

予与四方之人，从容闲谈，则必询其地土物产之所出，以及田里之事，大约田产出息[1]最微，较之商贾不及三四。天下惟山右、新安人[2]善于贸易，彼性至悭啬能坚守，他处人断断不能，然亦有多覆蹶[3]之事。若田产之息，月计不足，岁计有余；岁计不足，世计有余[4]。尝见人家子弟，厌田产之生息微而缓，羡贸易之生息速而饶，至鬻产以从事，断未有不全军尽没者。余身试如此，见人家如此，千百不爽一。无论愚弱者不能行，即聪明强干者亦行之而必败，人家子弟万万不可错此著也。

【注释】

[1] 出息：产生利息。　[2] 山右、新安人：山西、安徽之人，指晋商和徽商。[3] 覆蹶：挫败，失败。蹶，跌倒。　[4] 这句话的意思是每月、每年、每世代的收支总计。

人思取财于人，不若取财于天地。余见放债收息以及典质人之田产者，三年五年，得其息如其所出之数，其人则哓哓[1]有词矣。不然则怨于心，德于色[2]，浸假[3]而并没其本。间有酷贫之士，得数十金可暂行于一时，稍裕则不能矣。惟地德则不然，薄植之而薄收，厚培之而厚报，或四季而三收，或一岁而再种。中田以种稻麦，旁畦余陇以植麻菽、衣棉之类。有尺寸之壤，则必有锱铢之入，故曰“地不爱宝”，此言最有味。始而养其祖父，既而养其子孙。无德色，无倦容，无竭欢尽忠之怨，有日新月盛之美。受之者无愧怍，享之者无他虞，虽多方以取而无罔利[4]之咎，上可以告天地，幽可以对鬼神。不劳心计，不受人忌疾。呜呼，天下更有物焉能与之比长絜短[5]者哉！

【注释】

[1] 哓哓（xiāo）：唠叨，吵嚷。　[2] 德于色：对人有恩而形于色。[3] 浸假：逐渐。　[4] 罔利：谋取不正当利益。　[5] 比长絜（xié）短：絜，

衡量。比较长短优劣。

余既言田产之不可鬻，而世之鬻产者，比比而然，聪明者亦多为之，其根源则必在乎债负[1]。债负之来，由于用度不经[2]，不知量入为出，至举息既多，计无所出，不得不鬻累世之产。故不经者，债负之由也；债负者，鬻产之由也；鬻产者，饥寒之由也。欲除鬻产之根，则断自经费始。居家简要可久之道，则有陆梭山“量入为出”之法。在其法：合计一岁之所入，除完给公家而外，分为三分。留一分为歉年不收之用，其二分，分为十二分，一月用一分。若岁常丰收，则是古人耕三余一之法。值一岁歉，则以一岁所留补给；连岁歉，则以积年所留补给。如此，始无举债之事。若一岁所入，止给一岁之用，一遇水旱，则产不可保矣！此最目前可见之理，而人不知察。陆梭山之法最详，即百金之产，亦行此法。使必富饶，而后可行，则大误矣。且其法于十二分，又分三十小分，余恐其太烦，故止作十二分。要知古人之意，全在小处节俭。大处之不足，由于小处不谨；月计之不足，由于每日之用过也。若能从梭山每月三十分之，更为稳实。一月之中，饮食应酬宴会，稍可节者节之。以此一月之所余，另置一封，以周贫乏亲戚些小之急，更觉心安意适。此专言费用不经，举债而鬻产之由。此外则有赌博、狭斜[3]、侈靡，其为败坏者无论矣。更有因婚嫁而鬻产者，绝为可哂。夫有男女则必有婚嫁，只当以丰年之所积，量力治装[4]，奈何鬻累世仰事俯育[5]之具，以图一时之华美？岂既婚嫁后，遂可不食而饱，不衣而温乎？呜呼，亦愚之甚矣！

【注释】

[1]债负：债务。　[2]不经：不得其法。　[3]狭斜：小街曲巷，和娼妓、伶人厮混，指淫邪秽乱之事。　[4]治装：置办嫁妆。　[5]仰事俯育：在上抚育子女，在下赡养父母，维系全家人的生活。

吾既言产之断不可鬻矣，虽然，鬻产之家岂得已哉！其平时费用不经，以致举债而鬻产，吾既详言之矣。处承平之日，行“量入为出”之法，自不致狼狈困顿，而为此独是。一遇兵燹，则必有水旱，水旱则必逃亡，逃亡则田必荒芜，荒芜则谷入必少，此时赋税必多，而且急数端相因而至[1]，乃必然之理。有田之家，其为苦累较常人更甚，此时轻弃贱鬻，以图免追呼[2]，实必至之势也。然天下乱离日少，太平日多。及至平定，而产业既鬻于人，向时[3]富厚之子，今无立锥矣。此时当大有忍力，咬定牙根，平时少有积畜，或鬻衣服，或鬻簪珥[4]，或鬻臧获，籍以完粮[5]。打叠精神[6]，招佃辟垦[7]，乘间投隙[8]，收取些须，以救旦夕。谷食不足，充以糟糠[9]，凡百费用，尽从吝啬。千辛万苦，以保守先业。大约不过一二年，过此凶险，仍可耕耘收获，不失为殷厚之家，此亦予所目击者。譬如熬过隆冬冱寒[10]，春明一到，仍是柳媚花明矣。此际全看力量，更有心计之人，于此时收买贱产，其益宏多，吾乡草野起家之人，多行此法。

【注释】

[1] 相因而至：接二连三到来。 [2] 追呼：官府催缴田租赋役。 [3] 向时：从前。 [4] 簪珥（zān ěr）：发簪和耳环。 [5] 完粮：缴纳租税。 [6] 打叠精神：振作精神。 [7] 招佃辟垦：招募佃人开垦土地。 [8] 乘间投隙：利用机会。 [9] 糟糠：穷人用来充饥的酒渣、米糠等粗劣食物。 [10] 冱（hù）寒：寒冷。冱，冻结。

吾既极言产之不可鬻矣，虽然，守之有道，不可不讲。不善经理[1]，付之僮仆之手，任其耗蠹[2]，积日累月，沃者变而为瘠，润者化而为枯，稍瘠者化而为石田[3]。田瘠而亩不减，入少而赋不轻，平时仅可支持，一遇水旱，催科而立槁[4]矣！是田本为养生之物，变而为累身之物，且将追怨祖父，留此累物[5]以贻子孙，予见此亦不少矣。然则如之何而可哉？欲无鬻产，当思保产；欲保产，当使尽地利。尽地利之道有二；一在择庄佃[6]；一在兴水利。谚曰："良田不如良佃。"此最确论。主人虽有气力心计，佃惰且劣，则田日坏。譬如父母虽爱婴儿，却付之悍婢之手，岂能知其疾苦乎？良佃之益有三：一在耕种及时；一在培壅[7]有力；一在畜泄[8]有方。古人言："农最重时。"早犁一月有一月之益，故冬最良，春次之；早种一日有一日之益，故晚禾必在秋前一日。至培壅，则古人所云"百亩之粪"，又云"凶年粪其田[9]而不足"。《诗》云："荼蓼朽止，黍稷茂止。"[10]用力如此，一亩可得两亩之入。地不加广，亩不加增，佃有余而主人亦利矣。畜水用水，最有缓急先后，当救则救[11]，当待则待，当弃则弃，惟有良农老农知之。劣农之病有三：一在耕稼失时；一在培壅无力；一在畜泄无力。若遇丰稔[13]之年，雨泽应时而降，惰农、劣农亦卤莽收获，隐藏其害而不觉。一遇旱干，则彼之优劣立见矣。凶年主人得一石可值两石，而受此劣佃之害，悔何及哉！

【注释】

[1] 经理：经营。　[2] 耗蠹：消耗损害。　[3] 石田：地力衰竭之土地。　[4] 催科而立槁：因被催缴租税而至无法维持生计。　[5] 累物：累赘。　[6] 庄佃：庄农与佃户。　[7] 培壅（yōng）：在植物根部培土，指养护农作物。　[8] 畜泄：蓄水与排水。　[9] 粪其田：给田地施肥。　[10]"荼蓼朽止，黍稷茂止"：出自《诗经·周颂·良耜》。　[11] 救：指用水救苗。　[12] 丰稔（rěn）：庄稼成熟、丰收。

人家僮仆管庄务，每喜劣佃而不喜良佃，良佃则家必殷实有体面，而不肯谄媚人，且性必耿直朴野，饮食必节俭，又不听僮仆之指使。劣佃则必惰而且穷，谄媚僮仆，听其指使，以任其饕餮[1]。种种情状不同，此所以性喜劣佃而不喜良佃。至主人之田畴美恶，彼皆不顾。且又甚乐于水旱，则租不能足额，而可以任其高下[2]。此积弊陋习，安可不知？

且良佃所居，则屋宇整齐，场圃茂盛，树木葱郁，此皆主人僮仆力之所不能及，而良佃自为之，劣佃则件件反是。此择庄佃为第一要务也。禾在田中，以水为命，谚云："肥田不敌瘦水。"虽有膏腴[3]，若水泽不足，则亦等石田矣。江南有塘有堰[4]，古人开一亩之田，则必有一亩之水以济之。后人狃[5]于多雨之年，塘堰都不修治，堰则破坏不蓄水，塘则浅且漏不容水。每岁方春时，必有洪水数次，任其横流而不收。入夏亢旱，束手无策，仰天长叹而已。人家僮仆管理庄事，以兴塘几石，修屋几石，为开账[6]时浮图合尖[7]之具而已，何尝有寸土一锸[8]及于塘堰乎？夫塘宜深且坚固。余曾过江宁[9]南乡，其田最号沃壤，其塘甚小，不及半亩。询之土人，知其深且陡，有及二丈者，故可以溉数十亩之田而不匮[10]。吾乡塘最多，且大有数亩者、有十数亩者，然浅且漏，大雨后亦不满，稍旱则露底。田待此为命，其何益之有哉！向后兴塘筑堰，必躬自阅视，若有雨之年，塘犹不满，其为渗漏可知，急加培筑。大抵劣农之性惰而见识浅陋，每侥幸于岁多雨而不为预备。僮仆既以此开入花账[11]，又不便向主人再说。一遇亢旱，田禾立槁，日积月累，田瘠庄敝，租入日少，势必鬻变，此兴水利为第一要务也。若不知务此，而止云保守前业，势岂能由己哉！

【注释】

[1] 饕餮（tāo tiè）：传说中的一种贪食怪物，比喻贪婪，残忍。 [2] 任其高下：任他随意确定（租粮）的多少。 [3] 膏腴：指土地肥沃。 [4] 堰（yàn）：挡水的堤坝。 [5] 狃（niǔ）：因袭，拘泥。 [6] 开账：开列账单。 [7] 浮图合尖：造佛塔最后一步是为塔顶合尖，比喻任务之最后一道工序。 [8] 锸：锹。 [9] 江宁：今江苏南京。 [10] 匮：缺乏。 [11] 花账：虚报的账目。

予置田千余亩，皆苦瘠[1]。非予好瘠田也，不能多办价值，故宁就瘠田。其膏腴沃壤，则大有力者[2]为之，余不能也。然细思：膏腴之价数倍于瘠田，遇水旱之时，膏腴亦未尝不减。若丰稔之年，瘠土亦收，而租倍于膏腴矣！膏腴之所以胜者，鬻时可以得善价[3]，平时度日同此稻谷一石耳，无大差别。且腴田不善经理，不数年变而为中田，又数年变而为下田矣。瘠田若善经理，则下田可使之为中田，中田可使之为上田，虽不能大变，能高一等。故但视后人之能保与不能保，不在田之瘠与不瘠。况名庄胜业[4]，易为势力家所垂涎，子弟鬻田必先鬻善者。予家祖居田甚瘠，在当时兴作尽善，故称沃壤，四世祖东川公[5]卒时，嘱后人葬于宅之左，曰："恐为势家所夺。"由此观之，当时何尝非善地，今始成瘠壤耳！惟视人之经理不经理也。尝见荒瘠之地，见一二土著老农之家，则田畴开辟，陂池修治，禾稼茂郁[6]，庐舍完好，竹木周布，居然一佳产。其仕宦之田，则荒败不可观而已，汝侪[7]试留心察之。

【注释】

[1] 苦瘠：指土壤贫瘠。　[2] 大有力者：有权势之人。　[3] 善价：好价钱。　[4] 名庄胜业：指好田地。　[5] 四世祖东川公：指张鹏，字腾霄，号东川。张英家之祖先。　[6] 禾稼茂郁：庄稼茂盛。　[7] 汝侪：你们，指家中子侄。

人家子弟每年春秋，当自往庄细看，平时无事亦可策蹇一往，然徒往无益也。第一，当知田界。田界不易识也，令老农指视，一次不能记而再三，大约五六次便熟。有疑处便问之，勿以曾经问过而嫌于再问，恐被人讥笑，则终身不知矣。第二，当察农夫用力之勤惰，耕种之早晚，畜积之厚薄，人畜之多寡，用度之奢俭，善治田以为优劣。第三，当细看塘堰之坚窳[1]浅深，以为兴作。第四，察山林树木之耗长。第五，访稻谷时值[2]之高下，期于真知确见。若听僮仆之言，深入茅檐，一坐、一饭、一宿，目不见田畴，足不履阡陌。僮仆纠诸佃人环绕喧哗，或借种稻，或借食租，或称塘漏，或称屋倾，以此恫喝主人。主人为其所窘，去之惟恐不速，问其疆界则不知，问其孰勤孰惰则不知，问其林木则不知，问其价值则不知。及入城遇朋友，则彼揖之曰："履亩归矣！"[3]此笑之曰："循行阡陌回矣。"主人方自谓："吾从村庄来，劳苦劳苦！"呜呼，何益之有哉！此予少年所身历者，至今悔之。大约人家子弟，最不当以经理田产为俗事鄙事而避此名，亦不当以为故事[4]而袭此名。细思此等事，较之持钵求人[5]，奔走嗫嚅[6]，孰得孰失，孰贵孰贱哉？

【注释】

[1] 窳（yǔ）：恶劣粗劣。 [2] 时值：即时价。 [3] 履亩归矣：检查田地庄产而归。 [4] 故事：先例。 [5] 持钵求人：拿着钵向人乞衣食。[6] 嗫嚅（niè rú）：想说而又吞吞吐吐不敢说出来。

人家"富""贵"二字，暂时之荣宠耳。所恃以长子孙者，毕竟是"耕""读"两字。子弟有二三千金之产[1]，方能城居。何则？二三千金之产，丰年有百余金之入，自薪炭、蔬菜、鸡豚、鱼虾、醯醢[2]之属，亲戚人情应酬宴会之事，种种皆取办于钱。丰年则谷贱，歉年谷亦不昂，仅可支吾[3]，或能不致狼狈。若千金以下之业，则断不宜城居矣。何则？居乡则可以课耕数亩，其租倍入，可以供八口。鸡豚畜之于栅，蔬菜畜之于圃，鱼虾畜之于泽，薪炭取之于山，可以经旬屡月，不用数钱。且乡居则亲戚应酬寡，即偶有客至，亦不过具鸡黍[4]。女子力作，可以治纺绩[5]，衣布衣，策蹇驴，不必鲜华。凡此皆城居之所不能。且耕且读，延师训子[6]，亦甚简静。囊无余畜，何致为盗贼所窥？吾家湖上翁[7]子弟，甚得此趣。其所贻不厚，其所度日皆较之城中数千金之产者，更为丰腴。且山水间，优游俯仰，复有自得之乐而无窘迫之忧，人苦不深察耳。果其读书有成，策名仕宦[8]，可以城居，则再入城居。一二世而后宜于乡居，则再往乡居。乡城耕读，相为循环，可久可大，岂非吉祥善事哉！况且世家之产，在城不过取额租，其山林湖泊之利，所遗甚多，此亦不能兼。若贫而乡居，尚有遗利可收，不止田租而已，此又不可不知也。

【注释】

[1] 千金之产：指丰厚的家底。 [2] 醯醢（xī hǎi）：醯，醋。醢，用鱼肉等制成的酱。 [3] 支吾：支付，应付。 [4] 具鸡黍：准备饭菜。 [5] 纺绩：织布。 [6] 延师训子：请老师教导子女。 [7] 湖上翁：指隐居不仕之人，姓张，故称其为“吾家”。 [8] 策名仕宦：科举及第而做官。

予仕宦人[1]也，止宜知仕宦之事，安能知农田之事？但余与四方英俊交且久，阅历世故多。五十年来，见人家子弟成败者不少，鬻田而穷，保田而裕，千人一辙[2]。此予所以谆谆苦口为汝辈陈说。先大夫[3]戊子年析产[4]，予得三百五十余亩。后甲辰年再析予一百五十余亩。予戊戌年初析爨[5]，始管庄事。是时，吾里田产正当极贱之时。人问曰：“汝父析产有银乎？”予对曰：“但有田耳。”问者索然[6]，予时亦曰：“田非不佳，但苦急切难售耳！”及丁未后，予以公车有称贷[7]，遂卖甲辰年所析百五十亩。予四十以前，全不知田之可贵，故轻弃如此。后以予在仕宦，又不便向人赎取。至今始悟析产正妙在无银，若初年宽裕，性既习惯，一二年后，所分既尽，怅怅然失其所恃矣！田之妙，正妙在急切难售，若容易售，则脱手甚轻矣！此予晚年之见，与少年时绝不相同者也。是皆予三折肱之言[8]，其思之毋忽。

【注释】

[1] 仕宦人：为官之人。 [2] 千人一辙：指道理相同。 [3] 先大夫：指先父。 [4] 析产：指分割财产。 [5] 析爨（cuàn）：分灶。指分割家产。

爨，灶。 [6] 索然：索然无味。 [7] 以公车有称贷：因为参加科举考试而借贷钱款。 [8] 三折肱之言：出自《左传·定公十三年》。多次折断胳膊，就知道医生治疗的有效方法，比喻对某事阅历多而积累的经验多。

张廷玉：澄怀园语

张廷玉（1672—1755），字衡臣，号砚斋，安徽桐城人，大学士张英次子。康熙三十九年（1700）进士，历任太子洗马、吏部尚书、翰林院掌院学士、户部尚书、文渊阁大学士、文华殿大学士、保和殿大学士、军机大臣等职务，是清代前期汉人大臣中知名的重臣。张廷玉去世后，配享太庙，谥号文和。整个清代，汉大臣配享太庙的，仅有张廷玉一人。《澄怀园语》是张廷玉一生修身处世、齐家为政的经验总结。在为人处世方面，张廷玉训诫子侄要恪守圣贤的教化，刻苦读书治学，居家行孝悌之义，交友则谨慎坦诚待人。在为政方面，张廷玉深感自身所受到的清廷恩宠厚重，他告诫子侄戒骄戒躁，在为官方面须谨慎安静、居安思危才能保证家族事业的昌盛不息。《聪训斋语》和《澄怀园语》是张英、张廷玉所作的家训名篇，由于二人为父子，且同为清廷重臣和大学士，因此两篇家训往往被后世并称为"父子宰相家训"。正是在历代先人的悉心努力和苦心经营之下，张英、张廷玉的后辈才能够人才济济，由此可以看出家训和家风对于家庭中的后辈所起的重要作用。

序

先公[1]诗文集外，杂著内有《聪训斋语》二卷以示子孙，廷玉终身诵之。雍正戊申、己酉[2]间，扈从[3]西郊，蒙恩赐居"澄怀园"，五侄筠[4]随往，课两儿读书。予退直之暇，谈论所及，侄逐日纪录，得数十条，曰："此可继《聪训斋语》曰《澄怀园语》也。"予闻之，惭恧[5]不胜，而又不欲违其请，第裒集有限[6]，未为完书。自是厥后，凡意念之所及、耳目之所经与典籍之所载，可以裨益问学，扩充识见者，辄取片纸书之，纳敝箧中。而日用纤细之事亦附及焉。十数年，日积月累，合之遂得二百五十余条，因厘[7]为四卷。不分门类，但就日月之先后以为次序，命曰《澄怀园语》，从侄筠之请也。

窃念通籍[8]而后牵于官守，职务繁多，比年精力惫顿，常有意所欲书而倏忽遗忘者，不可胜数。且自知学识短浅，文辞拙陋，较之《聪训斋语》，不啻霄壤。又随手掇拾，本无所爱惜，不过藏之家塾，俾子孙辈读之，知我立身行己、处心积虑之大端云尔。然有能观感兴起者，是则是效[9]，不视为纸上空谈，未必无所裨补，或不负老人承先启后之意也夫！

乾隆丙寅[10]冬十月澄怀居士张廷玉撰

【注释】

[1] 先公：指张廷玉的父亲张英。 [2] 雍正戊申、己酉：1728年、1729年。 [3] 扈从：随从，此处指随侍皇帝。 [4] 五侄筠：即张筠（1693—1766），张廷玉的侄子。雍正年间举人，乾隆时官至内阁中书、内阁典籍。 [5] 惭恧（nǜ）：惭愧。 [6] 第裒（póu）集：第，只是。裒集，收集。 [7] 厘：梳理。 [8] 通籍：把官吏姓名登记在宫门外，以便出入的时候核查。指进入仕途。 [9] 是则是效：出自《诗·小雅·鹿鸣》："君子是则是效。"效法的意思。 [10] 乾隆丙寅：1746年。

卷一

凡人得一爱重之物，必思置之善地以保护之。至于心，乃吾身之至宝[1]也。一念善，是即置之安处矣；一念恶，是即置之危地矣。奈何以吾身之至宝，使之舍安而就危乎？亦弗思之甚[2]矣！

一语而干[3]天地之和，一事而折[4]生平之福。当时时留心体察，不可于细微处忽之。

昔我文端公[5]，时时以“知命”之学，训子孙。晏[6]闲之时则诵《论语》，曰：“不知命，无以为君子也。”[7]盖穷通得失[8]，天命既定，人岂能违？彼营营扰扰，趋利避害者，徒劳心力坏品行耳，究何能增减毫末哉！先兄宫詹公[9]，习闻庭训，是以主试山左[10]，即以“不知命”一节为题。惜乎！能觉悟之人少也。

【注释】

[1] 至宝：最为珍贵的宝物。　[2] 弗思之甚：非常不认真地考虑问题。　[3] 干：冲犯。　[4] 折：减少。　[5] 文端公：指张廷玉的父亲张英，谥文端。　[6] 晏（yàn）：安定，安乐。　[7] 这句话出自《论语·尧曰》，“知命”指感知和顺应天命。　[8] 穷通得失：人的一生中起伏好坏、富贵贫穷等现象。穷通，贫困或显达。得失，是非成败。　[9] 宫詹公：指张廷瓒，张英的长子，张廷玉的兄长，曾任太子詹事。先兄，指已经逝去的兄长。　[10] 主试山左：担任山东的科举考试主考官。

康熙庚子[1]冬，山东贩盐奸民，聚众劫掠村庄。渠魁[2]六七人，各率匪类数百人，昼夜横行，南北道路，几至阻隔。又有青州生员[3]鞠士林者，倡率邪教，招集亡命，肆行不法。巡抚总兵竭力捕治，擒获一百五十余人。时余为刑部侍郎，圣祖仁皇帝命同都统托赖、学士登德前往济南，会同该抚镇严行审讯。并谕曰：“伊等俱系妄伪称将军名号，谋为不轨之人，若照例由部科覆奏请旨，则致迟误，又恐别生事端。尔等可审讯明确，其应正法者，即在济宁正法；应发遣者，带至京师发遣。”余奉命惴惴，深以不称任为惧，且同事二公，皆属初交，恐有意见参差、猜疑掣肘之患。途中偕行，以诚信相与，颇无间言。抵东之日，昼夜检阅卷案，廉得其概，因于大庭广众，谓同事诸公曰："此盗案，非叛案也！"诸公皆曰："若何？"余曰："伊等口供内有仁义王、无敌将军之称，又有义勇王、飞腿将军之称。观'飞腿'二字，不过市井混名耳！凡所谓伪号者，皆道路讹传，不足深究矣！"诸公皆曰："然。"已而一一研诘，作盗案归结。即时正法者七人，发遣者三十五人，割断脚筋者十八人，因残废疾病而免罪者七十二人，审系无干，即行释放者二十五人。

先是盗首供某名下有四百人，某名下有五百人，合讯之，已不下二千余人之众。因思罪在首恶，若将胁从附和之辈一概株连，非所以仰体皇仁也。于是止就臬司[4]械送之一百五十余人审讯归结，外此，未曾拘拿一人。即到案众犯中，有供系某姓佃户者，有供系某姓家人者，有供系某乡绅富户家佣工，或赁居房屋者，亦概不究问。至于失察、疏纵之罪，通省文武官，自抚镇至典史、千把总，无一人得免者，因录其捕贼之功，予以免议，亦体圣主宽大之盛心也。此案谳狱[5]将定，本地文武官进而言曰："公等如此治狱，宽则宽矣！第若辈党羽甚众，未到案者，尚有数千人，若不加严惩，使之畏惧，公等还朝后，仍复蠢动，恐有经理不善之咎，奈何？"余笑曰："我等但知宣布'皇上如天，好生，罪疑惟轻'之至德。若为地方有司思患豫防，草菅民命，甚非鞫狱[6]初意。且以用法宽而得咎，恐无此天理，诸公不必为余过虑。"既而余回京，后访察山左情形，知匪党渐次解散，并无萑苻[7]之警，盖圣主德化之感人，而治狱之不宜刻核也如此。大凡乌合之众，必有一二巨恶为之倡率，果能歼厥渠魁，则胁从者，皆可使之革面革心，不必以多杀为防患之计也。此案爰书定自余手，愿举以告天下之治狱者。

【注释】

[1] 康熙庚子：康熙五十九年（1720）。 [2] 渠魁：盗寇的首领。 [3] 生员：官学中的在读学生。 [4] 臬司：指明清时期的按察使。 [5] 谳

（yàn）狱：审理诉讼。　[6] 鞫（jū）狱：审理案件。　[7] 萑（huán）苻：春秋时郑国沼泽名，据记载，那里密生芦苇，盗贼出没，后以此代指盗贼藏聚的地方。

《周易》曰："吉人之辞寡。"[1]可见多言之人即为不吉，不吉则凶矣。趋吉避凶之道，只在矢口[2]间。朱子云："祸从口出。"此言与《周易》相表里。黄山谷[3]曰："万言万当[4]，不如一默。"当终身诵之。

一言一动，常思有益于人，惟恐有损于人。不惟积德，亦是福相。

文端公对联曰："万类相感以诚，造物最忌者巧。"又曰："保家莫如择友，求名莫如读书。"姚端恪公对联曰："常觉胸中生意满，须知世上苦人多。"又《虚直斋日记》曰："我心有不快，而以戾气加人，可乎？我事有未暇，而以缓人之急，可乎？"均当奉为座右铭。

【注释】

[1] 吉人之辞寡：出自《周易·系辞下》。吉人，指贤能、有福气的人。

[2] 矢口：指随口、信口。　[3] 黄山谷：北宋文学家黄庭坚（1045—1105）。

[4] 当：合宜，恰当。

向日读书设小几，笔砚纵横，卷帙堆积，不免踞己之苦；及易一大几，则位置绰有余地，甚觉适意。可知天下之道，宽则能容。能容，则物安而已，亦适。虽然，宽之道亦难言矣！天下岂无有用宽而养奸贻患者乎？大抵内宽而外严，则庶几矣！

凡人病殁之后，其子孙家人往往以为庸医误投方药之所致，甚至有衔恨终身者。余尝笑曰："何其视我命太轻，而视医者之权太重若此耶！"庸医用药差误，不过使病体缠绵，多延时日，不能速痊耳。若病至不起，是前数已定[1]，虽卢扁[2]岂能为功？乃归咎于庸医用药之不善，不亦冤哉！

雍正八年八月，京师地动，儿辈恐惧忧煎，觉宇宙间无可置身处。余谓之曰：“天变当惧，理所宜然。惟是北方陆居之地震与南方舟行之风涛，皆出于不及觉，何从预知而逃避之？尔等惟有慎持此心。若果终身不曾行一恶事，不曾存一恶念，可以对衾影即可以对神明，断无有上天谴罚而加以奇殃者。方寸之间，我可自主，此为避灾免祸之道，最易为力。”

世之有心计者，每行一事，必思算无遗策[3]。夫使犹有遗策，则多算何为？不过招刻严之名，致众人怨恨而已。若果算无遗策，则上犯造物之怒，其为不祥莫大焉！

【注释】

[1] 前数已定：天命之数，不可更改。　[2] 卢扁：指战国时期名医扁鹊。因家在卢国，故名“卢扁”。　[3] 算无遗策：指心思缜密，计算精细。

凡事当极不好处宜向好处想；当极好处宜向不好处想。

人生荣辱进退皆有一定之数，宜以义命自安[1]。余承乏纶扉[2]，兼掌铨部[3]，常见上所欲用之人，及至将用时，或罹参罚，或病，或故，竟不果用。又常见上所不欲用之人，或因一言荐举而用，或因一时乏材而用。其得失升沉，虽君上且不能主，况其下焉者乎？乃知君相造命之说，大不其然。

为善所以端品行也。谓为善必获福，则亦尽有不获福者。譬如文字好则中式，世亦岂无好文而不中者耶？但不可因好文不中，而遂不作好文耳！

制行愈高，品望愈重，则人之伺之益密，而论之亦愈深，防检稍疏则身名俱损。昔闻人言：有一老僧，道力甚坚，精勤不怠。上帝使神人察之曰：“其勤如初，则可度世；苟不如前，则诈伪欺世之人，可击杀之。”神伺之久，不得间[4]。一日，僧如厕，就河水欲盥手[5]。神曰："余得间矣。"将下击，僧忽念曰："此水所饮食也，奈何以手污之。"因以口就水，吸而涤手。神于是出拜曰："子之心坚矣，吾无以伺子矣！"向使不转念，则神鞭一击，不且前功尽弃矣耶！语虽不经，亦可借以自警。

【注释】

[1] 义命自安：安于天命。 [2] 纶扉：清代时指宰辅所在之地。 [3] 铨部：指吏部，有铨选之责。 [4] 得间：获得机会。 [5] 盥手：洗手。

余近来事务益繁，虽眠餐俱不以时，何暇复问家务？乃知古人所称"公尔忘私，国尔忘家"者，非有意忘之也，亦其势不得不忘耳！况受恩愈深，职任愈重，即本无私心，而识浅才疏，尚恐经理之未当。若再存私意于胸中，是乃有心之过，岂不得罪于鬼神哉！

大臣率属之道[1]：非但以我约束人，正须以人约束我。我有私意，人即从而效之，又加甚焉。如我方欲饮茶，则下属即欲饮酒；我方欲饮酒，则下属即欲肆筵设席矣。惟有公正自矢，方不为下人所窥。一为所窥，则下僚无所忌惮，尚望其遵我法度哉？

凡事贵慎密，而国家之事尤不当轻向人言。观古人"温室树"可见。总之真神仙必不说上界事，其轻言祸福者，皆师巫邪术[2]，惑世欺人之辈耳！

"入宫见妒"，"入门见嫉"，犹云同居共事则猜忌易生也。至于与我不相干涉之人，闻其有如意之事，而中心怅怅[3]；闻有不如意之事，而喜谈乐道之，此皆忌心为之也。余观天下之人，坐此病者甚多。时时省察防闲，恐蹈此薄福之相。惟我两先人，忠厚仁慈出于天性。每闻人忧戚患难之事，即愀然[4]不快于心，只此一念，便为人情之所难，而贻子孙之福于无穷矣。

【注释】

[1] 大臣率属之道：统率同僚及下级官员的道理。　[2] 师巫邪术：指欺骗世人的迷信、占卜之术。　[3] 中心怅怅：指内心怅惘和失落。　[4] 愀然：脸色改变，多指悲伤，严肃。

古人以"盛满"为戒。《尚书》曰："世禄之家，鲜克由礼。"[1]盖席丰履厚，其心易于放逸，而又无端人正士、严师益友为之督责，匡救无怪乎流而不返也。譬如一器贮水，盈满虽置之安稳之地，尚虑有倾溢之患；若置之欹侧之地，又从而摇撼之，不但水至倾覆，即器亦不可保矣。处"盛满"而不知谨慎者，何以异是？

吾人进德修业，未有不静而能有成者。《太极图说》[2]曰："圣人定之以中正仁义而主静。"《大学》曰："静而后能安，安而后能虑。"且不独学问之道为然也。历观天下享遐龄、膺厚福[3]之人，未有不静者，静之时义大矣哉！

【注释】

[1]"世禄之家，鲜克由礼"：出自《尚书・毕命》。指尊贵的家庭很少能够世代遵循礼法的规定。　[2]《太极图说》：北宋理学开山周敦颐所作，为宋明理学的重要经典。　[3] 享遐龄、膺厚福：指人长寿、多福。

人生乐事，如宫室之美，妻妾之奉，服饰之鲜，饮馔之丰洁[1]，声技之靡丽，其为适意者皆在外者也，而心之乐不乐不与焉。惟有安分循理，不愧不怍，梦魂恬适，神气安闲，斯为吾心之真乐。彼富贵之人，穷奢极欲，而心常戚戚[2]、日夕忧虞[3]者，吾不知其乐果何在也？

余自幼体羸弱多疾，精神减少，步行里许，辄困惫不能支。两先人时以为忧。余因此谨疾益力，慎起居，节饮食，时时儆惕[4]。至二十九岁通籍后，气体稍壮。三十二岁，蒙圣祖仁皇帝召入南书房[5]，辰入戌出，岁无虚日。塞外扈从凡十一次，夏则避暑热河，秋则随猎于边塞辽阔之地，乘马奔驰，饮食多不以时，而不觉其劳。犹记丁亥秋，圣祖仁皇帝以外藩诸长君望幸心切，车驾远临，遍历蒙古诸部落。穷边绝漠，余皆珥笔[6]以从，计一百余日不离鞍马，而此身勉强支持，不至委顿。及世宗宪皇帝[7]即位，叨荷殊恩，委任綦重。雍正五六年以后，以大学士兼管吏部、户部尚书，翰林院掌院学士，皆极繁要重大之职，兼以晨夕内直，宣召不时，昼日三接，习以为常。而西北两路，军兴旁午[8]，遵奉密谕，筹划经理，羽书四出，刻不容缓。每至朝房或公署听事，则诸曹司及书吏抱案牍于旁者，常百数十人，环立更进，以待裁决。坐肩舆中，仍披览文书。入紫禁城乘马，吏人辄随行于后，即以应行应止者告之。总裁史馆书局，凡十有余处，纂修诸公，时以所疑相质问，亦大费斟酌，不敢草率。每薄暮抵寓，燃双烛以完本日未竟之事，并办次日应奏之事。盛暑之夜，亦必至二鼓始就寝，或从枕上思及某事某稿未妥，即披衣起，亲自改正，于黎明时，付书记缮录以进。每蒙圣慈洞察，垂悯再三，因谕曰："尔事务繁多至此，一日所办竟至成帙[9]，在他人十日尚未能也。恐而眠食之时俱少矣！嗣后切宜爱惜精神，勿过劳，以负朕念。"圣恩如此，益不敢不努力图报于万一。窃思五十岁以后之情形，与三十岁以前迥乎不同。此皆仰赖天地祖宗之默佑，而戒谨恐惧、时时慎疾之一念，亦未尝无功焉。

凡人耳目听睹大率相同。若能神闲气静，则觉有异人处。雍正癸卯[10]甲辰间，予与高安朱文端公两主会试，每坐衡鉴堂阅文，予伏案握管，未尝停批，而四座主考官彼此互相谈论，或开龙门时，外场御史向内帘御史通问讯，予皆闻之，向朱公一一叙述。朱公曰："古称五官并用者，予未遇其人，今于君见之矣！"余曰："公言太过，予何敢当，此不过偶然耳。"今年逾六十，迥不如前，可知耳目之用，亦随血气为盛衰也！

余近蒙圣恩，赐以广厦名园，深愧过分，昔文端公官宗伯时，屋止数楹，其后洊[11]登台辅[12]，数十年不易一椽[13]，不增一瓦，曰："安敢为久远计耶！"其谨如此，其俭如此，其刻刻求退[14]如此。我后人岂可不知此意，而犹存见少之思耶！

【注释】

[1] 饮馔之丰洁：指考究的饮食。 [2] 心常戚戚：指常怀忧惧之心、居安思危。 [3] 忧虞：忧虑。 [4] 儆惕：谨慎，戒惧。 [5] 南书房：康熙早年读书之处，后在康熙时代成为清廷的核心政务机关。 [6] 珥笔：古代史官、谏官、近臣常在帽子上插笔，以便随时记录，谓之"珥笔"。 [7] 世宗宪皇帝：雍正皇帝。 [8] 旁午：交错，纷繁。 [9] 帙：册。 [10] 雍正癸卯：雍正元年（1723）。 [11] 洊（jiàn）：同"荐"。再次、接连。 [12] 台辅：三公之位。 [13] 椽（chuán）：放在檩上架着屋顶的木条，指房屋。 [14] 刻刻求退：时时刻刻准备引退。

大聪明人当困心衡虑之后，自然识见倍增，谨之又谨，慎之又慎。与其于放言高论中求乐境，何如于谨言慎行中求乐境耶？

人臣奉职惟以公正自守，毁誉在所不计。盖毁誉皆出于私心，我不肯徇人之私[1]，则宁受人毁，不可受人誉矣！

他山石曰："万病之毒，皆生于浓。浓于声色[2]，生虚怯病；浓于货利，生贪饕[3]病；浓于功业，生造作病；浓于名誉，生矫激病。吾一味药解之曰：'淡。'"吁，斯言诚药石哉！

【注释】

[1] 徇人之私：曲从他人的私心、私欲。 [2] 声色：指淫声和女色。

[3] 饕（tāo）：传说中的一种凶恶贪食的野兽，古代铜器上面常用它的头部形状做装饰。此处指贪财，贪食。

人以不可行之事来求我，我直指其不可而谢绝之，彼必怫然[1]不乐。然早断其妄念，亦一大阴德[2]也。若犹豫含糊，使彼妄生觊觎[3]，或更以此得罪，此最造孽。人之精神力量，必使有余于事[4]而后不为事所苦。如饮酒者，能饮十杯，只饮八杯，则其量宽然后有余；若饮十五杯，则不能胜矣。

天下万事，莫逃乎命，命有修短，非药石所能挽。文端公常言仁和顾山庸先生，曾患疽[5]发背，医药数百金而愈。同时有邻居贫人，亦患此病，无医药，日饮薄粥，亦愈。其愈之月日与公同。以此知命有一定，不系乎疗治也。

余迁居不择日。或问之，余曰："天下人无论贫富贵贱，莫不择吉日者，莫如婚娶。然其间寿夭穷通不齐者甚多，可知日辰之不足凭，而吾生之有定命也，择日何为乎？"

余生来体弱，每食不过一瓯，肥甘之味，略尝即止。然生平未尝患疟痢，亦由不多饮食之故。世之以快然一饱而致病者，岂少哉！

处顺境则退一步想，处逆境则进一步想，最是妙诀。余每当事务丛集、繁冗难耐时，辄自解曰："事更有繁于此者，此犹未足为繁也。"则心平而事亦就理。即祁寒溽暑[6]，皆作如是想，而畏冷畏热之念，不觉潜消。

为官第一要"廉"。养廉之道，莫如能忍。尝记姚和修之言曰："有钱用钱，无钱用命。"[7]人能拼命强忍不受非分之财，则于为官之道思过半[8]矣！

【注释】

[1] 怫然：忿怒的样子。 [2] 阴德：暗中做的有益于人的事。 [3] 觊觎：非分的希望或企图。 [4] 有余于事：指做事要留余地。 [5] 疽：中医指一种毒疮。 [6] 祁寒溽暑：冬季大寒，夏季湿热。比喻过艰苦的生活。祁寒，大寒。溽暑，湿热。 [7] 这句话指有钱的时候就用钱，无钱的时候就听顺命运的安排。 [8] 思过半：指已经领悟过半。

臣子事君，能供职者，以供职为报恩；不能供职者，即以退休为报恩。盖奉身而退，使国家无素餐之人，贤才有登进之路，亦报恩之道也。

人之葬坟，所以安先人也。葬后子孙昌盛，可以卜先人坟地之吉祥。若先存发福之心[1]以求吉地，则不可。

“货悖而入者，亦悖而出。”[2]平生锱铢必较，用尽心计以求赢余，造物忌之，必使之用若泥沙以自罄其所有。夫劳苦而积之于平时，欢忻[3]鼓舞而散之于一旦，则贪财果何所为耶？所以古人非道非义一介不取。

人家子弟承父祖之余荫，不能克家[4]，而每好声伎[5]，好古玩。好声伎者及身必败；好古玩，未有传及两世者。余见此多矣，故深以为戒。

昔人以《论》《孟》二语，合成一联，云：“约，失之鲜矣；诚，乐莫大焉。[6]”余时佩服此十字。

余在仕途久，每见升迁罢斥事，稍出人意外者，众必惊相告曰：“此中必有缘故。”余笑曰：“宇宙中安得有许多缘故？”而人往往不信。予曰：“细思之，却有缘故。何也？命数如此，非缘故而何？”

【注释】

[1]发福之心：想着为当前之人谋求福禄。　[2]这句话出自《大学》。悖，违背常理。　[3]忻（xīn）：同“欣”。　[4]克家：承担家事。　[5]伎：技巧，才能。古代称以歌舞为业的女子。　[6]这句话分别出自《论语》“以约失之者，鲜矣”和《孟子》“反身而诚，乐莫大焉”，大意是如能约束自己，则很少招致过失；以诚立身行事，便是最大快乐。

夏日退食[1]之暇，阅《津逮秘书》[2]，颇足忘暑，且可为博物恰闻之助，但其中鄙俚秽亵之语，往往而有，可知古人著书轻率下笔，亦是大病，读者不可不择也。

古来帝王避讳甚严。唐明皇讳隆基[3]，则刘知几改名；宋钦宗讳桓[4]，则并嫌名丸字避之；高宗讳构[5]，则并勾字避之，而改勾龙氏为缑氏。惟我朝此禁甚宽。世宗宪皇帝时，见臣工奏事有避嫌名者，辄怒。曰：“朕安得有许多名字。非朕名而避，是不敬也？”至乾隆元年，今上御极特降谕旨：“二名不避讳。”即御名本字亦不避也。圣人度量识见超越千古，即此一事可见。

宋太宗言吕端[6]：“小事糊涂，大事不糊涂。”西林相国[7]曰：“大事不可糊涂，小事不可不糊涂。若小事不糊涂，则大事必至糊涂矣。”斯言最有味，宜静思之。

世宗宪皇帝时，廷玉日直内廷，上进膳时，常承命侍食。见上于饭颗饼屑，未尝弃置纤毫。每燕见[8]臣工，必以珍惜五谷为训，暴殄天物为戒。又尝语廷玉曰：“朕在藩邸时，与人同行，从不以足履其头影，亦从不践踏虫蚁。”圣人之恭俭仁厚，谨小慎微，固有如是者！

【注释】

[1] 退食：退朝休息。　[2]《津逮秘书》：明代崇祯时期毛晋辑录的丛书。　[3] 唐明皇讳隆基：唐玄宗李隆基。　[4] 宋钦宗讳桓：宋钦宗赵桓。　[5] 高宗讳构：宋高宗赵构。　[6] 吕端：宋初大臣，宋太宗时官至平章事。　[7] 西林相国：鄂尔泰，康熙时期举人，官至保和殿大学士兼兵部尚书。　[8] 燕见：古代帝王退朝闲居时召见或接见臣子。

昔人言陆放翁诗：“吐纳众流，浑涵万有，神明变化，融为一气。”予自幼读陆诗，数十年来，不离几案。其妙处不可殚述[1]。即如七言绝句中《游近村》一首曰：“斜阳古柳赵家庄，负鼓盲翁正作场。死后是非谁管得，满村听说蔡中郎。”又《夜食炒栗》一首曰：“齿根浮动叹吾衰，山栗炮燔疗夜饥。唤起少年京辇梦，和宁门外早朝时。”以眼前极平常之事，而出之以含蓄蕴藉，令人百回读之不厌，真化工之笔也。

“三百篇”[2]为诗之祖，人共知之，而不知微言精义有在“三百篇”

之前者。《虞书》曰："诗言志，歌永言。声依永，律和声。[3]"吾人用功于诗数十年，果能心领神会此十二字，则诗自臻妙境，不可以语言文字传也。

西林相国曰："杜少陵《胡马》诗云：'所向无空阔，真堪托死生。'此二语人知其妙，而不知其所以妙。该良马蹀躞[4]奔腾之时，步步著实，所以说'无空'；又步步不越尺，所以说'无阔'；惟其如此，所以'堪托死生'也。"余扈从久，见良马甚多，深知西林确论，能发杜诗之神髓[5]也。

【注释】

[1] 殚述：说尽。 [2]"三百篇"：指《诗经》。 [3] 这两句话出自《尚书·舜典》。 [4] 蹀躞（dié xiè）：马行走的样子。 [5] 神髓：神韵和精髓。

《虞书》言：乐作而"百兽率舞""凤凰来仪"[1]。此史臣极言德化之盛，不必实有其事也。

先公言《摽有梅》[2]之诗，乃女子父母作，非女子自作也。昔人曾有此解，当从之，朱注[3]非也。

先公曰："'民之失德，干糇以愆'[4]，乃古人自检之密，非轻量天下之人。"此解，玉服膺不忘。非此，则诗人之语病不小矣。

余二十岁时，读陶渊明《五柳先生传》，以为此后人代作，非先生手笔也。盖篇中"不慕荣利""忘怀得失""不戚戚于贫贱""不汲汲于富贵"诸语，大有痕迹，恐天怀旷逸[5]者，不为此等语也。此虽少年狂肆之谈，由今思之，亦未必全非。

余向来所作诗，多毁于火，儿辈言及，往往以为憾。一日读《竹坡诗话》[6]，曰："杜牧之尝为宣城幕[7]，游泾溪水西寺，留二诗。其一曰：'三日去还往，一生焉再游。含情碧溪水，重上粲公楼。'此诗今榜壁间，而集中不载，乃知前人好句零落者，多矣。”余读至此，呼若霭[8]，示之曰：“古名人尚如此，何况于余？”为之一笑。

【注释】

[1]“百兽率舞”“凤凰来仪”：出自《尚书·益稷》。 [2]《摽有梅》：《诗经·召南》中的一篇。 [3]朱注：朱熹的注解。 [4]民之失德，干糇（hóu）以愆：出自《诗经·小雅·伐木》。大意是，如果老百姓道德沦丧，一块干粮也会导致罪过。干糇，干粮。愆，罪过，过失。 [5]天怀旷逸：天性超脱旷达。 [6]《竹坡诗话》：宋宣城人周紫芝撰。 [7]幕：幕僚。[8]若霭：张廷玉长子张若霭。

昔先文端公祈梦于吕仙祠[1]，梦迁居新室，家人荷砚一担。玉感其祥，因以砚斋为号，并刻图章二：上则“砚斋”，下则“以钝为体，以静为用”八字，盖取唐庚[2]《古砚铭》中语，以自勉也。

偶读明人《杂记》曰：“今高丽镜面笺，中国无及之者。”吴越钱氏[3]时，浙江温州作蠲纸，洁白坚滑，大略类高丽纸。供者免其赋税，故曰“蠲纸”。至和年间，方入贡，以权贵索取浸广，而纸户力不能胜，遂止之。今京中所用高丽纸，质虽粗而坚厚异常，远胜内地者。至高丽镜面笺，则不可得，惟于董宗伯[4]墨迹中见之。本朝以来，彼国王用作表笺，市肆中则无从购觅矣。

《竹坡诗话》曰：“凡诗人作语，要令事在语中而人不知。予读太史公《天官书》[5]：‘天一，枪、棓[6]、矛、盾动摇，角入，兵起。’杜少陵诗云：‘五更鼓角声悲壮，三峡星河影动摇。’盖暗用迁语，而语中乃有用兵之意。诗至此，可以为工也。”予偶检书见此，指以示儿辈。古人作诗之妙，读诗之妙，并见于此，学诗者不可不知也。

【注释】

[1] 祈梦于吕仙祠：到吕仙祠（相传是仙人吕洞宾的祠）占卜梦境。 [2] 唐庚：北宋文学家。 [3] 吴越钱氏：五代十国时期的吴越国，为钱镠所建。都城为杭州。 [4] 董宗伯：董其昌（1555—1636），明代万历年间进士，官至礼部尚书。明清亦称礼部尚书为大宗伯。著名书画大家。 [5] 太史公《天官书》：指司马迁的《史记·天官书》。 [6] 棓（bàng）：古同“棒”，棒子。

偶阅韩魏公[1]《别录》，公尝曰：“内刚不可屈，而外能处之以和者，所济[2]多矣。”又曰：“以之遇则可以成功，以之不遇则可以免祸者，其惟晦乎？”又曰：“知其为小人，便以小人处之，更不须校也。”又曰：“人能扶人之危，周人之急，固是美事。能勿自谈，则益善矣。”又曰：“寡欲自事简。”公因论待君子小人之际，曰：“一当以诚。但知其为小人，则浅与之接耳。”凡人至于小人欺己处，不觉则已，觉必露出其明以破之。公独不然，明足以照小人之欺，然每受之而不形也。尝说到小人忘恩背义欲倾己处，辞和气平，如说平常事。以上数则，语虽浅近，而一段和平忠厚之意，千载而下，犹令人相遇于楮墨[3]间。因命儿辈抄录，以备观览。

《周书·君臣篇》曰：“尔有嘉谋嘉猷[4]，则入告尔后[5]于内，尔乃顺之于外，曰：‘斯谋斯猷，惟我后之德。’”此数语，自宋儒以来，多有以为成王失言者，余谓不然。周公迁殷顽民于下都，公自监之，公殁，成王命君臣代公。是时，顽民习染已深，非动其尊君亲上感恩戴德之心，不能望其潜消逆志。故令君陈[6]宣布朝廷德意，以为化民成俗之助，非以颂飏谄谀倡导臣工也。观下文曰：“殷民在辟，予曰辟，尔惟勿辟；予曰宥，尔惟勿宥，惟厥中。[7]”其以忠直匡正望君陈者，与大舜“予违汝弼”[8]之心又何间哉？

【注释】

[1] 韩魏公：北宋大臣韩琦。韩琦，字稚圭。北宋政治家。　[2] 济：成效。　[3] 楮墨：纸与墨。借指诗文或书画。　[4] 嘉谋嘉猷（yóu）：良好的治国策略。猷，谋略。　[5] 后：君主。　[6] 君陈：周公旦次子。　[7] 这句话出自《尚书·益稷》。大意是凡殷民有罪尚未法办的，虽然我说当罪，但如果无罪，你该以无罪执法；虽然我说可以宽宥，但如果有罪，你该以不可赦执法，务使合乎中道。辟：法，刑。　[8] 予违汝弼：出自《尚书·虞书·益稷》，大意是我违道，你当以道义辅正我。弼：匡正，辅佐。

《虞书·皋陶》曰："帝德罔愆[1]，临下以简，御众以宽，罚弗及嗣[2]，赏延于世。宥过无大，刑故无小，罪疑惟轻，功疑惟重。与其杀不辜，宁失不经。"以上盛德，古今来仁厚恭俭之主，尚庶几能之。至于"好生之德，洽于民心，兹用不犯于有司"，则所谓过化存神，上下与天地同流者[3]，此固非帝舜不足以当之。然亦必有此数语，始足以见盛德之至，与大圣人功用之全也。予故曰：唐太宗纵囚而囚归，此太宗之所以为太宗也；虞帝好生，而民不犯于有司，此虞帝之所以为虞帝也。

偶读《韩蕲王[4]传》，公尝戒家人曰："吾名世忠，汝曹毋讳'忠'字，讳而不言，是忘忠也。"余名玉字，易用而难避。生平见属吏门人皆戒其毋以犯触为嫌，后世子孙当知此意。果能尊敬其父祖，当以服习教训为先，岂在此区区末节乎！

向见同人诗中好句，辄能记诵，历久不忘。今老矣，迥不如前，所记者不过十之一二而已。如院长揆公叙[5]《咏白杜鹃花》曰："三更枝上月如霜。"查悔余慎行[6]《咏金丝桃》曰："偶分处士篱边色，仍是仙人洞口花。"鄂西林《咏枣花》曰："林端暖爱初长日，叶底香怜最小花。"赵横山大鲸[7]《赋得柳桥晴有絮》曰："雪点朱阑暖未消。"此皆咏物之工者。又见朝鲜诗集中，载其国人《咏渔父绝句》，有曰："人世险巇[8]君莫笑，自家身在急流中。"亦自隽永可味。

【注释】

[1] 罔愆：没有过失。 [2] 罚弗及嗣：定罪不可以牵连其后代。 [3] 这句话出自《孟子·尽心上》，大意是，圣人所过之处，人民无不被感化，受其精神影响，上合天道，下配地德。 [4] 韩蕲王：韩世忠，南宋初年抗金将领。 [5] 院长揆公叙：书院山长揆叙，满洲正白旗人。康熙时官至左都御史。 [6] 查悔余慎行：查慎行，字悔余，康熙年间进士，文学家。 [7] 赵横山大鲸：赵大鲸，字横山。雍正年间进士，官至左都御史。 [8] 险巇（xī）：崎岖，艰险。巇，险恶，险峻。

君子可欺以其方[1]，若终身不被人欺，此必无之事。倘自谓“人不能欺我”，此至愚之见，即受欺之本也。

天下有学问、有识见、有福泽之人，未有不静者。

天下矜才使气[2]之人，一遇挫折，倍觉人所难堪。细思之，未必非福。

凡人好为翻案[3]之论，好为翻案之文，是其胸襟褊浅处，即其学问偏僻处。孔子曰：“中庸不可能也。”[4]请看一部《论语》，何曾有一句新奇之说？

不深知“知人论世”四字之义，不可以读史。

【注释】

[1] 君子可欺以其方：君子可以用合乎情理的方法欺骗。 [2] 矜才使气：凭借自身的才能意气用事。 [3] 翻案：推翻已定的成案。 [4] 中庸不可能也：出自《中庸》，形容中庸之道难以轻易达到。

卷二

雍正丙午[1]秋，蒋文肃公[2]主顺天乡试，时太夫人[3]高年在堂。世宗宪皇帝恐其悬念起居，命余索其平安信，于降旨之便传入闱中，以慰其心。圣主锡类之仁，优待大臣之恩谊，至于如此，千古所未有也。

居官清廉乃分内之事。每见清官多刻且盛气凌人，盖其心以清为异人能，是犹未忘乎货贿[4]之见也。至诚而不动者，未之有也。问如何著力，曰："言忠信，行笃敬。"[5]

孝昌程封翁汉舒《笔记》曰："人看得自己重，方能有耻。"又曰："人世得意事，我觉得可耻，亦非易事。此有道之言也。"

读《论语》觉《孟子》太繁，且甚费力。读《孟子》又觉诸子之书费力矣，不可不知。

【注释】

[1] 雍正丙午：雍正四年（1726）。 [2] 蒋文肃公：蒋廷锡，字扬孙。清康熙年间进士，官至户部尚书、文华殿大学士。 [3] 太夫人：汉制，列侯之母称"太夫人"。后世官绅之母，不论存殁，均如是称呼。 [4] 货贿：财物和谋利。 [5] 这句话出自《论语·卫灵公》。

程封翁汉舒曰："一家之中，老幼男女无一个规矩礼法，虽眼前兴旺，即此便是衰败景象。"又曰，"小小智巧用惯了，便入于下流而不觉。"此二语乃治家训子弟之药石[1]也。

凡人看得天下事太容易，由于未曾经历也。待人好为责备之论，由于身在局外也。"恕"之一字，圣贤从天性中来；中人以上者则阅历而后得之；资秉庸暗者虽经阅历，而梦梦如初矣。

"人而不仁，疾之已甚，乱也。"熟读全史，方知此语之妙。

乾隆五年正月灯节[2]，家庭闲话之际，长男若霭曰："凡占卜星相之事，若深信而笃好之，其人必有受累处，但大小或有不同耳。"余闻之甚喜。盖余几经阅历而后知之，不意若霭少年，能见及此也。

本朝定制：各部满尚书在汉尚书之前。廷玉以大学士管吏部、户部事，特命在满尚书之前。雍正六年，公富尔丹[3]管部务，富以公爵兼尚书，非他人可比。玉逊让再四，上仍命余居前。又朝会班次：大学士在领侍卫内大臣之下。上命玉在公侯领侍卫内大臣之上。皆异数也。

【注释】

[1] 药石：药剂和砭石，泛指药物。在此比喻规戒。 [2] 乾隆五年正月灯节：1740年正月十五。 [3] 富尔丹：满族镶黄旗人。任振武将军、靖边将军，乾隆十三年（1748）官至川陕总督、参赞军事。

先文端公《聪训斋语》曰："予自四十六七以来，讲求安心之法：凡喜怒哀乐、劳苦恐惧之事，只以五官四肢应之，中间有方寸之地，常时空空洞洞、朗朗惺惺，决不令之入，所以此地常觉宽绰洁净。予制为一城，将城门紧闭，时加防守，惟恐此数者阑入。亦有时贼势甚锐，城门稍疏，彼间或阑入，即时觉察，便驱之出城外，而牢闭城门，令此地仍宽绰洁净。十年来渐觉阑入之时少，不甚用力驱逐。然城外不免纷扰，主人居其中，尚无浑忘天真之乐。倘得归田遂初，见山时多，见人时少，空潭碧落，或庶几矣！"此先公生平得力处，故言之亲切若此。玉常举以告人，无论行者不可得，即解者，亦复寥寥。吁，难矣哉！

注解古人诗文者，每牵合附会以示淹博，是一大病。古人用事用意，有可以窥测者，有不可窥测者，若必欲强勉著笔，恐差之毫厘失之千里，不可不慎也。

欧阳公[1]论诗曰："状难写之景如在目前，含不尽之意，见于言外然后为工。"此数语，看来浅近，而义蕴深长，得诗家之三昧[2]矣。

忧患皆从富贵中来，阅历久而后知之。

"有不虞之誉，有求全之毁。"[3]在《孟子》则两者平说。究竟不虞之誉少，而求全之毁多，此人心厚薄所由分也。孔子曰："如有所誉者，其有所试矣"[4]。是则圣人之心，宁偏于厚。其异乎常人者亦在此。

【注释】

[1] 欧阳公：指北宋欧阳修。 [2] 三昧：诀要，佛教用语。指止息杂念，心神平静；也指得其精要。 [3] 这句话出自《孟子·离娄上》。指行为不足以受到赞美反而受到了赞美，而想要达到完美却反而遭到诋毁。 [4] 这句话出自《论语·卫灵公》，指假如我对人有所称誉，必然是曾经考验过他的。

余斋[1]《耻言》曰："名谏[2]者，忠之贼也。因他人之过以市名[3]，长厚者不为，矧[4]君子乎？"又曰："实二而名一，则名立而不毁矣。行五而言三，则言出而寡尤矣，斯之谓有余地。"又曰："有家者，莫患乎昧大体而听小言，夫衅起于背语[5]，而祸烈于传构。若能结妇妾之口，锢仆婢之唇，宜家将过半矣。"又曰："士大夫在乡，使乡之人敬之，其次爱之，若人可侮焉，末矣，然犹贤于使人惴惴而莫或敢侮者。"又曰："仁，生理也。故卉木实中之含生者，命之仁。实即诚也，物之终始也，故卉木之既结而又传生者，命之实。"余斋，徐姓，祯稷其名也，江南华亭人，明末官至副宪。

开卷有益，此古今不易之理。犹记余友姚别峰[6]有诗曰"掩书微笑破疑团"，尤得开卷有益自然而然之乐境也。余深爱之。

后世取士舍科目，更无良法，但在主考同考官公与明耳！虽所得之士，不能尽备国家之用，而司其柄者，能公正无私，使天下士子安于义命，则士心自静，士品自端，于培养人才，不无裨补。余自通籍以来，累蒙三朝圣主委任，三与会闱分校[7]，一典顺天乡试，三为会试总裁。不敢云鉴别无爽，而秉公之念，则恪遵先人之训，可以对天地神明耳！

【注释】

[1] 余斋：徐祯稷，明代万历年间进士，曾任四川副使，政绩良好。 [2] 名谏：通过谏诤而博取声名。 [3] 市名：求取名声。 [4] 矧（shěn）：何况。[5] 背语：私下传话。 [6] 姚别峰：清代桐城人，举人，有才气。 [7] 会

闱分校：会试考场。分校，阅卷。

《女论语》[1]曰："凡为女人，先学立身。立身之本，惟务清贞。清则身洁，贞则身荣。行莫回头，语莫露齿。坐莫动膝，立莫摇裙。喜莫大笑，怒莫高声。内外各处，男女异群。莫窥外壁，莫出外庭。居必掩面，出必藏形。男非眷属[2]，莫与通名。女非善淑，莫与相亲。立身端正，方可为人。"此训女之至言也！凡为父母者，当书一通于居室中。

康熙壬午[3]春，先公予告归里，谕廷玉曰："嗣后可写日记寄归，俾知汝起居近况，以慰老怀。"玉遵命，每日书之。甲申[4]四月，奉命入直南书房。仰蒙圣祖仁皇帝恩谊稠渥，锡赉便蕃[5]，不啻家人父子。且每岁扈从避暑塞外，凡口外山川形胜，风土人物，以及道理之远近，气候之凉燠[6]，草木之华实，饮食日用之微，游览登眺，寓目适情之趣，悉载日记中。越数日，邮寄数纸，以博堂上一笑。先公每接到，辄命小胥[7]缮录[8]之，积之既久，遂成四帙。因以抄本及原稿寄廷玉，曰："好藏之，他日载之集中，亦著述中一种也。"廷玉受而藏之箧笥，后因室庐不戒于火，遂成灰烬。每念先公集邮寄之意，辄为泫然[9]！而曩时所历之境，已阅三十余年，静中思之，不过得其仿佛，欲举以笔之于书，不能矣！抚今追昔，慨惜曷胜。

【注释】

[1]《女论语》：唐代宋若莘著，宋若昭作解。与《女诫》《内训》《女范捷录》合称《女四书》。与《列女传》等均为中国古代女性德育教材。　[2]眷属：指夫妻。　[3]康熙壬午：康熙四十一年（1702）。　[4]甲申：康熙四十三年（1704）。　[5]锡赉（lài）便蕃：频繁恩赐。锡赉，赏赐。便蕃，多次。　[6]燠（yù）：热。　[7]胥：官府中的小吏。　[8]缮录：修补，抄写。　[9]泫然：水滴落的样子。此处指流泪。

雍正十年，山东省奏销上年正赋[1]，绅士欠粮不完者，例应褫革[2]，该部照例具奏。上以问同官[3]，同官曰："法当如此。不褫，无以警众。"上复问廷玉，廷玉对曰："绅士抗粮，罪固应褫。第山东连年荒歉，输将不给[4]，情有可原，尚与寻常抗玩者有间。可否邀恩，宽限一年，俟来岁不完，然后议处，以昭法外之恩。"上恻然曰："尔言诚是！"遂降宽限三年之恩旨。此次得免褫革者，进士及举贡生监，凡一千四百九十七人。上之矜恤[5]士类，从善如流如此。偶举一端，以见如天之德，诚古今所莫及云。

余授馆职[6]后，丙戌科[7]，奉命分校春闱。在闱中，有同事人以微词[8]探余者，余逆如其意，因作《闱中·对月绝句》四首，中有云："帘前月色明如昼，莫作人间暮夜看。"其人揽之，怀惭而退。撤棘[9]后，士林颇传诵之。

【注释】

[1] 奏销上年正赋：上报本年度赋税。 [2] 褫（chǐ）革：革除功名。褫，剥夺。 [3] 同官：同一个官衙内的官员。 [4] 输将不给：无法供应赋税。 [5] 矜恤：怜悯，体恤。 [6] 馆职：散馆授检讨职。 [7] 丙戌科：康熙四十五年（1706）的科举考试。 [8] 微词：隐晦而有含义的话。指有人试图探听考试结果。 [9] 撤棘：科举考试结束。

《聪训斋语》曰："治家之道，谨肃为要。《易经·家人卦》，义理极完备，其曰：'家人嗃嗃，悔、厉、吉；妇子嘻嘻，终吝。''嗃嗃'近于烦琐，然虽厉而终吉。嘻嘻流于纵轶，则始宽而终吝。余欲于居室自书一额，曰'惟肃乃雍'，常以自警，亦愿吾子孙共守也。"先公之家训如此，因忆先室[1]姚夫人，幼奉端恪公之教，长而于归[2]。能体两先之心，不苟言，不苟笑，一举一动，悉遵矩矱[3]。于"肃"之一字，庶几近之。惜乎享年不永，不能令子女辈亲见而取法也。

凡人精神智虑，少壮之时，则与年俱进；渐衰之后，则与年递减。世宗宪皇帝初登大宝[4]时，玉年五十有一。日侍左右，凡训谕臣民之旨，缠绵剀恻，委曲宛转，为千古帝王之所未发。玉恭聆之下，敬谨嘿识[5]，退而缮录，于次日进呈御览。少者数百言，多者至数千言，皆与原降之旨，无少遗漏，屡蒙先帝嘉奖逾量[6]。同朝共事之人，咸以为难。乃五十五岁以后，记性渐不如前。至六十以外，又不如五十七八时。今则六十有九，又不如六十一二时矣。精力日益衰颓，而担荷重任不能为引年退休之计，可愧亦可惧也。

【注释】

[1] 先室：逝去的妻子。 [2] 于归：出嫁。 [3] 矩矱（yuē）：规矩。矱，尺度，法度。 [4] 大宝：皇位。 [5] 嘿识：默记在心。 [6] 逾量：过量。指嘉奖频繁。

天理人情是一件，不得分而为二。《论语》曰："父为子隐，子为父隐，直在其中矣！"[1]律文有"得相容隐"之条，即从《论语》中来。细玩夫子"某也幸，苟有过，人必知之"[2]数语，其妙处不可以言传矣。至《孟子》"父子相夷"[3]数句，则不免语病。

《韩魏公遗事》曰："公判京兆[4]，日得侄孙书云，田产多为邻近侵占，欲经官陈理。公于书尾题诗一首云：'他人侵我且从伊，子细思量未有时。试上含光殿基看，秋风秋草正离离。'其后子孙繁衍，历华要者不可胜数，以其宽大之德致然也。"先文端公日以逊让训子孙，《聪训斋语》往复数千言，剀切[5]缠绵即是此意。从今日观之，从前让人无纤毫亏损，而子孙荣显，颇为海内所推，孰非积德累仁之报哉！韩魏公判相州，因祀宣尼[6]，省宿有偷儿入室，挺刃曰："不能自济，求济于公。"公曰："几上器具，可值百千，尽以与汝。"偷儿曰："愿得公首以献西人。"公即引领[7]，偷儿稽颡[8]曰："以公德量过人，故来相试。几上之物，已荷公赐，愿无泄也。”公曰：“诺！”终不以告人。其后，为盗者以他事坐罪，当死于市中，备言其事，曰：“虑吾死后，公之遗憾不传于世也。”此魏公遗事，载于《别录》者。

【注释】

[1] 这句话出自《论语·子路》。 [2] 这句话出自《论语·述而》，原文作“丘也幸”。 [3] 这句话出自《孟子·离娄上》。相夷，相互伤害。 [4] 判京兆：担任京城的行政长官。 [5] 剀（kǎi）切：符合事实。 [6] 宣尼：汉平帝追谥孔子为宣尼公，后称孔子为宣尼。 [7] 引领：伸出脖子。 [8] 稽颡（sǎng）：古代一种跪拜礼，屈膝下拜，以额触地，表示虔诚。

范景仁[1]曰：“君子言听计从，消患于未萌，使天下阴受其赐，无智名，无勇功。吾独不得为此，使天下受其害，而吾享其名，吾何心哉？”此数语，乃古今纯臣[2]肺腑之言也！

欧阳文忠公之子，名发，述公事迹有曰：“公奉敕[3]撰《唐书》，专成《纪》《志》《表》，而《列传》则宋公祁[4]所撰。朝廷恐其体不一，诏公看详，令删为一体，公虽受命，退而曰：‘宋公于我为前辈，且各人所见不同，岂可悉如己意。’于是一无所易。”余览之，为之三叹。每见读书人于他人著作，往往恣意吹求以炫己长。至于意见不同，则坚执己见，百折不回[5]，此等习气，虽贤者不免。览欧公遗事其亦知古人之忠厚固如是乎！

【注释】

[1] 范景仁：宋代人，仁宗时任职知谏院，后为翰林学士。 [2] 纯臣：忠正的大臣。 [3] 奉敕：奉皇帝的诏令。 [4] 宋祁：字子京，宋代史学家、文学家，与欧阳修共同编纂《新唐书》。 [5] 百折不回：指读书为文固持自己的看法而不知改悟。

《庄子》曰：“爱马者，以筐盛矢，以蜃盛溺。适有蚊虻扑缘，而拊之不时，则缺衔毁首碎胸。”[1]东坡诗曰：“莫将诗句惊摇落，渐喜樽罍[2]省扑缘。”欧阳公《憎蚊》诗曰：“难堪尔类多，枕席厌缘扑。”是“扑缘”二字皆颠倒皆可用，想欧公有所本也，姑识之以俟考[3]。

余二十岁时，见钱牧斋[4]笺注杜工部《洗兵马》，以为隐刺肃宗[5]，即大不以为然。盖肃宗此时收复两京，再造唐室，故少陵作此诗，以志庆幸。岂逆料其将来有失子道，而为讥刺之语耶？近见注杜诸家，俱痛贬牧斋之说，与余意同。可见人心之公，而持论不可以过刻[6]也。

《全唐诗》[7]之内，载郭汾阳[8]《乐章》二篇，外此，无他吟咏。汾阳功业，照耀古今，不必以诗文见长。即此二章，料亦后人重公而为此附会之纪载耳，非公手制也。又《全唐诗》内，载李邺侯[9]诗三首。邺侯，一代大文人，其诗篇岂止于此？可见古名人著作散逸[10]而不传者，不知其凡几[11]也。

【注释】

[1] 这句话出自《庄子·人间世》：“以筐盛矢，以蜃盛溺。”用筐盛马的粪便，用贝壳盛马尿。“蚊虻扑缘”，蚊虻叮咬马。扑缘，附着。“拊之不时”，驱赶不在适当的时机。“缺衔毁首碎胸”，马受到惊吓而对人造成伤害。[2] 樽罍（léi）：盛酒的器皿。 [3] 俟考：等待考证。 [4] 钱牧斋：钱谦益，明末清初文学家、藏书家。 [5] 肃宗：唐肃宗李亨，唐玄宗之子。[6] 过刻：过于苛刻。 [7]《全唐诗》：清代康熙年间彭定求、曹寅编次。[8] 郭汾阳：唐代中期平定安史之乱的大将郭子仪。 [9] 李邺侯：唐代大臣李泌，历仕肃宗、代宗和德宗三朝，官至宰相。 [10] 散逸：散落遗失。[11] 凡几：总共多少。

余常同人论诗，戏为粗浅之语曰：“杜少陵诗，一派温厚沉著之气，冬日读之令人暖。白香山诗，一派潇洒爽逸之气，夏日读之令人凉。”

同人颇以为确，不以为粗浅而哂之也。

欧阳公《归田录》曰："腊茶出于剑、建[1]，草茶[2]出于两浙[3]。两浙之品，日注[4]第一。自景佑[5]以后，洪州[6]双井、白芽渐盛，近岁制作尤精。囊以红纱，不过一二两，以常茶十数斤养之。用辟暑湿之气。其品远出日注上，遂为草茶第一。"欧公记载如此。余性最嗜茶，四方士大夫以此相饷者颇多。仰蒙世宗皇帝颁赐佳品，一月之中必数至，皆外方精选入贡者。种类亦甚多，器具亦极精致，可谓极茗饮之大观矣！然不闻有囊以红纱、养以常茶之说，而暑湿不侵、色香如故。想古法不必行于今日也。

【注释】

[1]剑、建：今属四川、福建两省。 [2]草茶：烘烤而成的茶叶。 [3]两浙：浙东和浙西。 [4]日注：日铸，今浙江省绍兴日铸山，以产茶著名。 [5]景佑：指1034—1038年，宋仁宗年号。 [6]洪州：今江西南昌市。

蔡绦[1]《西清诗话》曰："诗家视陶渊明，犹孔门视伯夷[2]。"此最为确论。

元好问[3]《五岁德华小女》曰："牙牙姣女[4]总堪夸，学念新诗似小茶。"注曰：唐人以茶为小女美称。

杜少陵《观公孙大娘弟子舞剑器行》曰："先帝侍女八千人。"白香山《长恨歌》曰："后宫佳丽三千人。"所谓"八千""三千"者，盖言其多耳，非实指其数也，合观二诗可见。少陵诗："夜足沾沙雨，春多逆水风。"香山诗："巫山暮足沾花雨，陇水春多逆浪风。"不知香山何以全用杜句，但改五言为七言耳！此亦古人之不可解者。

【注释】

[1]蔡绦：北宋蔡京之子，擅长文学。 [2]伯夷：商末孤竹君长子，与其

弟弟叔齐劝谏武王不可伐纣，后不食周粟而死。 [3] 元好问：金末元初文学家，号遗山。 [4] 姣女：女儿容貌姣好。

尝读高青邱[1]《梅花》诗有曰："春后春前曾独探，江南江北每相思。"又曰："拟折赠君供寂寞，东风无那欲残时。"又曰："春愁寂寞天应老，夜色朦胧月亦香。"此数句集中皆两见。又元遗山诗中，用古人成语甚多，不以为嫌。至其人自为诗句，重见集中者，更不一而足。想古人才思横逸[2]繁富，不暇检点，以致彼此互见耳。

偶与同人谈古今最巧者何事。余曰："《尧典》[3]中载之矣！"客问何事，余曰："以闰月定四时成岁，千古节候，被他算定不差纤毫。非天下之至巧乎？"同人大笑。

《广雅》[4]曰："玉延[5]，薯蓣也。"《本草》[6]："薯蓣生于山者名山药；秦楚之间名玉延。"朱子[7]《山药》诗曰："欲赋玉延无好语，羞论蜂蜜与羊羹。"

【注释】

[1] 高青邱：明代高启，字季迪。明代诗人，文学家。 [2] 横逸：奔放不羁。 [3]《尧典》：指《尚书·尧典》。 [4]《广雅》：我国最早的一部百科词典，为三国时期魏国张辑撰写。 [5] 玉延：山药。 [6]《本草》：《神农本草经》的简称，中国古代的药书。 [7] 朱子：指南宋大儒朱熹。

人情好言梦，而梦之征验不爽[1]者，尤喜谈而乐道之，遂成信梦之癖。余曰："是逐末而忘其本矣！人之祸福，既预见于梦，可见有一定之数，非人之所能逃也。与其信梦，不如信数[2]。营营扰扰者，又何为乎？高青邱《志梦》一篇，读之可以增长道心。"

宋制：以内夫人[3]六人轮日修起居，至暮，封付史馆；明时则内监[4]纪之；今则仍明朝之旧也。

郭子仪，字子仪。其父敬之，字敬之。可见古人以名为字者，不少也。

明少师刘健[5]，登青柯坪[6]，顾其下，白雾涨如大海，时见雾中作烟突状，高低不一；而仰视，赤日当天。下山，始知大雷霹雳，骤雨如注。所见烟突，即雷也。每思雷所起处，得此豁然。此见之明人纪载者。

【注释】

[1] 征验不爽：应验无差。 [2] 信数：相信命定之数。 [3] 内夫人：宋代女官名，记录皇帝起居之事。 [4] 内监：宦官。 [5] 刘健：刘文靖，明代孝宗时官至文渊阁大学士，内阁首辅。 [6] 青柯坪：今陕西省华山谷口。

余素不信星命之说[1]。偶读高青邱文，曰："韩文公[2]诗有'我生之初，月宿南斗'之句，苏文忠公[3]谓公身坐磨蝎宫[4]也，而己命亦居是宫，故生平毁誉颇相似焉。夫磨蝎即星纪之次，而斗宿所躔[5]也，星家者说身命舍是者，多以文显。以二公观之，其信然乎？余命亦舍磨蝎，又与文忠皆生丙子。"青邱自记者如此。由今观之，三公皆享文章盛名，而遭值排挤谤毁，甚至不克令终[6]，大概相似，然则星家者说，古人不废，亦未可尽以为渺茫耶。

《庐山志》言蛇雉蚯蚓之类，穴山而伏，三十年则化而为蛟。常以夏月乘雷雨去之江湖，三数年一次（见《筠廊偶笔》）。

《云烟过眼录》[7]曰："李伯时[8]貌天厩满川花[9]，放笔而马殂[10]。盖神魂精魄，皆为笔端取去，实为异事。"余谓在此与张僧繇[11]画龙点睛即飞去事同一理也。

《聪训斋语》曰："放翁诗：'倩盼作妖狐未惨，肥甘藏毒鸩犹轻。'此老知摄生哉！"玉谓此二语，可作富贵人座右箴。

【注释】

[1] 星命之说：根据星相算命之术。 [2] 韩文公：韩愈，字退之，号昌黎。唐代中期政治家、思想家、文学家。 [3] 苏文忠公：苏轼。 [4] 磨蝎宫：星宿之一，据说命处此宫，则经历多磨难。 [5] 躔（chán）：本义践履，这里指天体的运行。 [6] 不克令终：不能够尽天年而终。 [7]《云烟过眼录》：元代周密撰写，记录书画等艺术品的品评赏析之语。 [8] 李伯时：北宋画家李公麟。 [9] 天厩，马房；满川花，马名。 [10] 殂（cú）：死亡。 [11] 张僧繇：梁天监中为武陵王侍郎，直秘阁知画事，历右军将军、吴兴太守。擅画佛像、龙、鹰，多作卷轴画和壁画。成语“画龙点睛”的故事即出自有关他的传说。

《聪训斋语》曰：“予性不爱观剧，在京师，一席之费，动逾数十金。徒有应酬之劳，而无酣适之趣，不若以其费济困赈急，为人我利溥也。予六旬之期，老妻礼佛时，忽念：诞日，例当设梨园宴亲友。吾家既不为此，胡不将此费制绵衣绔百领，以施道路饥寒之人乎？次日为余言，笑而许之。予意欲归里时，仿陆梭山居家之法：以一岁之费，分为十二股，一月用一分，每日于食用节省。月晦之日，则总一月之所余，别作一封，以应贫寒之急。能多做好事一两件，其乐逾于日享大烹之奉多矣！但在勉力而行之。”先公之垂训如此。玉生平亦不爱观剧，盖天下之乐，莫乐于闲且静。果能领会此二字，不但有自适[1]之趣，即治事读书，必志气清明，精神完足，无障碍亏缺处。若日事笙歌，喧哗杂遝[2]，神智渐就昏惰，事务必至废弛，多费又其余事也。至于畜优人[3]于家，则更不可。此等轻儇佻达[4]之辈，日与子弟家人相处，渐染仿效，默夺潜移，日流于匪僻，其害有不可胜言者。余居京师久，见富贵家之畜优人者，或数年，或数十年，或一再传而后必至家规荡弃，生计衰微，百不爽一。呜呼！人情孰不为子孙计，而乃图一时之娱乐，贻后人无穷之患，不亦重可叹哉！

邵康节[5]尝诵希夷[6]之语，曰：“得便宜事不可再作，得便宜处不可再去。”又曰：“落便宜处是得便宜。”故康节诗云：“珍重至人常有语，落便宜事得便宜。”元遗山[7]诗曰：“得便宜处落便宜，木石痴儿自不知。”此语常人皆能言之，而实能领会其意者，非见道最深之人不足以语此也。余不敏[8]，愿终身诵之。

【注释】

[1] 自适：悠然闲适而自得其乐。 [2] 杂遝（tà）：众多杂乱的样子。 [3] 畜优人：在家中供养以乐舞、戏谑为业的艺人。 [4] 轻儇（xuān）佻达：指轻佻，轻薄，放荡。 [5] 邵康节：指北宋大儒邵雍。 [6] 希夷，北宋初年道士陈抟，著有《太极图》《指玄篇》等。 [7] 元遗山：指元好问，字裕之，号遗山，金代文学家。 [8] 不敏：不聪明，不明事理。谦词。

余侍从西郊，蒙世宗皇帝赐居戚畹[1]旧园。庭宇华敞，景物秀丽，京师所未有也。寝处其中十余年矣，而器具不备，所有者皆粗重朴野，聊以充数而已，王公及友朋辈多以俭啬讥嘲。余曰：“非俭啬也，叨蒙先帝屡赐内帑[2]多金，办此颇有余赀。但我意以为：人生之乐，莫如自适其适。以我室中所有之物而我用之，是我用物也；若必购致拣择而后用之，是我为物所用也。我为物所用，其苦如何？陶渊明之不肯‘以心为形役’者，即此义。况读书一生，身膺重任，于学问政事所当留心讲究者，时以苟且草率多所亏缺为惧，又何暇于服饰器用间，劳吾神智以为观美哉？”

小筑园亭，以为游观偃息[3]之所，亦古贤达人之所不废。但须先有限制，勿存侈心。盖园亭之设，大以成大，小以成小。凡一二百金可了者，用至一二千金而犹觉不足，一有侈心，便无止极，往往如此。白香山《池上篇》云：“可以容膝，可以息肩[4]，何尝不擅美于千古哉！”

【注释】

[1] 戚畹：外戚居住的地方。 [2] 内帑（tǎng）：内库，皇帝自己的收入。 [3] 偃息：停留，休息。 [4] 息肩：卸除责任，免除劳役。

卷三

凡人借书至日久遂藏匿不还，或室中所有之书，有所残缺失落，而不及早检点寻觅，均是读书人之病。

《五色线》[1]曰："侯道华[2]好子史，手不释卷。尝曰：'天上无愚懵仙人。'"予曰：不独此也！自非大智、大仁、大勇不能为仙，仙岂易言哉！

余二十岁外，批阅书籍，遇赏心怡情及不常经见者，辄笔之于书，名曰"随手录"。至五十时，得五帙，约计千篇有余。不意回禄[3]为灾，遂化为乌有，自后不复再录矣！天下事难成而易败，大抵如此也。

【注释】

[1]《五色线》：书名，书中多记录新颖奇怪之事。 [2] 侯道华：唐代人，后成仙人。 [3] 回禄：相传为火神之名，后代指失火，火灾。

《梦溪笔谈》[1]曰："茶芽，古人谓之'雀舌''麦颗'，言其至嫩也。今茶之美者，其质素良，而所植之又美，则新芽一发，便长寸余，其细如针，唯芽长为上品，以其质干土力皆有余故也。如雀舌、麦颗者，极下材[2]耳，乃北人不识，误为品题。《尝茶》诗云'谁把嫩香名雀舌？定应北客未曾尝。不知灵草天然异，一夜风吹一寸长。'"余性嗜茶，且蒙恩赐络绎，于各省最上之品，无不尝遍。每随俗呼嫩芽为"雀舌"，而不知其误也，特书之以志之。

李峤[3]平日卧青绝[4]帐，帝以为太俭，赐御用绣罗帐。峤寝其中，达晓不安，怪而生疾。此等事，人或以为矫，而以予素性论之，则知其必然。予蒙恩赐衣冠器具之华美者，对之实有局蹐不宁之意，惟有什袭[5]珍藏，以示子孙，不敢轻自服用也。

余幼年见妇有七出[6]之条，而恶疾与无子亦在应出之列，心窃疑焉。以为恶疾、无子，乃生人之不幸，非失德也。以此被出，殊非情理。只以载在《礼经》，不敢轻议。蓄志于心久矣！昨读刘诚意所著《郁离子》[7]，有曰："或问于郁离子曰：'在律妇有七出，圣人之言与？'曰：'是后世薄夫之所云，非圣人意也。夫妇人从夫者也，淫也、妒也、不孝也、多言也、盗也，五者天下之恶德也。妇而有焉，出之，宜也。恶疾之与无子，岂人之所欲哉？非所欲而得之，其不幸也大矣，而出之忍矣哉？'夫妇，人伦之一也。妇以夫为天，不矜其不幸，而遂弃之，岂天理哉！而以是为典训，是教不仁，以贼人道也！仲尼殁而邪辞作，惧人之不信，而驾圣人以逞其说。呜呼！圣人之不幸而受诬也，甚矣哉！"诚意此论，仁至义尽，实获我心。览之为一大快，特命儿辈录出识之。

【注释】

[1]《梦溪笔谈》：笔记集。宋代沈括著。 [2]下材：下等的材料。 [3]李峤：唐高宗年间进士，官至中书令，善诗文。 [4]绝（shī）：粗绸。 [5]什袭：重重包裹。指郑重珍藏。 [6]七出：出自《大戴礼记·本命》："妇有七出三不去。七出者：不顺父母者，无子者，淫僻者，嫉妒者，恶疾者，多口舌者，盗窃者。"古代遗弃妻子的七种条款。 [7]《郁离子》：明代刘伯温著。

凡人于极得意、极失意时，能检点言语，无过当之辞，其人之学问器量，必有大过人处。

欧阳文忠公出杜正献公[1]之门。欧阳和杜诗有曰："貌先年老因忧国，事与心违始乞身。”杜甚喜，一时传诵之。见《竹林诗话》。

予生平登山游览，只至半山，而不登其巅；入寺登塔，亦止于一二层，而不蹑其顶。盖身体羸弱，不敢为竭力事。且承先人训，时存知足之心，切凛[2]高危之戒也。不意中年，受国家厚恩，官阶荣显，超轶等伦，尝清夜自思，汗流浃背。叹曰：竟造浮图绝顶，高出云表矣！是岂予之初心哉。

“乐道人之善”，“恶称人之恶”，皆出于《论语》，可作书室对联，触目警心也。

明儒吕叔简[3]先生坤曰：“家人之害，莫大于卑幼各恣其无厌之情，而上之人阿其意而不之禁；尤莫大于婢子造言[4]而妇人悦之，妇人附会[5]而丈夫信之。禁此二害，而家不和睦者，鲜矣！”又曰：“今人骨肉之好不终，只为看得‘尔我’二字太分晓。”此二段语虽浅近，实居家之药石也。

【注释】

[1] 杜正献公：杜衍，字世昌。北宋初年大臣。 [2] 凛：畏惧。 [3] 吕叔简：吕坤，字叔简，号心吾。明代万历年间进士，明末大儒。 [4] 造言：制造谣言。 [5] 附会：附和。

吕叔简曰：“做官都是苦事，为官原是苦人。官职高一步，责任便大一步，忧勤便增一步。圣贤胼手胝足[1]，劳心焦思，惟天下之安而后乐；众人快欲适情，身尊家润，惟富贵之得而后乐。”予爱其语，书一通于座右。

宋有日应百篇科，则一日作诗百首也。太宗[2]时，得赵国昌一人，然止成数十首，率无可观。帝命赐及第，后无继者。

明人《万历野获编》[3]云：“正德[4]三年戊辰科场届期，司天者言：‘荧惑守，文昌不移，闱中应为之备。’甫毕末场，火发于内，力救乃止，遂促出榜，期以二月二十七日揭晓。才毕事而至公堂被烬，星占之验如此。”又曰：“嘉靖[5]丙辰、巳未二科，不选庶常。至壬戌，已定议（选馆），至期诸进士入内候试。内阁拟题，进呈御览。久之，御札批曰：‘今年且罢。’盖诸进士贷金于中贵[6]，以赂首揆[7]分宜[8]，为其同侪密奏，故降旨中辍[8]耳。”

【注释】

[1] 胼（pián）手胝（zhī）足：手掌和脚底都磨出了老茧。指极其辛劳。[2] 太宗：指宋太宗赵光义，北宋第二位皇帝。[3]《万历野获编》：明代沈德符作。该书主要记载万历年间事情，取材广泛。万历，神宗朱翊钧的年号。[4] 正德：明武宗朱厚照年号。[5] 嘉靖：明世宗朱厚熜年号。[6] 中贵：有权势的太监。[7] 首揆，明代的内阁首辅。[8] 分宜，严嵩乃江西分宜人，世人多以“分宜”代称。[9] 中辍：中止。

偶见明人记载，以人臣一典文衡[1]者，为遭逢之盛事。永乐[2]正统间，钱侍郎习礼三为会试同考官，两主乡试，三充廷试读卷官。又刘文靖健再主两京乡试，四为会试同考官，一主会试，六充廷试读卷官。李文正东阳再主两京乡试，两为会试同考官，两主会试，八充廷试读卷官。杨文敏荣一典京畿乡试，九为廷试读卷官。胡忠安濙十知贡举。士林皆传为美谈。

余自通籍以来，康熙丙戌、壬辰、乙未[3]三科，为会试同考官。雍正癸卯，主顺天乡试。雍正癸卯、甲辰[4]，乾隆丁巳[5]，三主会试。康熙辛丑，雍正癸卯、甲辰、丁未、庚戌，乾隆壬戌[6]，六充廷试读卷官。其余廷试诸年，皆以弟子与试，引例回避。惟雍正癸卯年，胞弟廷瑑，堂弟廷珩，侄子若涵，同登甲榜，廷试时，余不应读卷，蒙世宗宪皇帝特降谕旨，破格简用，尤异数中之罕见者。

【注释】

[1] 文衡：评判科举考试文章以取士。 [2] 永乐：明成祖朱棣年号。正统：明英宗朱祁镇年号。 [3] 康熙丙戌、壬辰、乙未：1706年、1712年、1715年。 [4] 雍正癸卯、甲辰：1723年、1724年。 [5] 乾隆丁巳：1737年。 [6] 康熙辛丑，雍正癸卯、甲辰、丁未、庚戌，乾隆壬戌：1721年、1723年、1724年、1727年、1730年、1742年。

董华亭宗伯[1]曰："结千百人之欢，不如释一人之怨。"余曰：此长厚之言也！凡人居官理事，旌别淑慝[2]，乃其本职。人不能有善而无恶，则我不能有赏而无罚，即不能有感而无怨矣！乡愿之事，势不能为。如管仲夺伯氏骈邑三百，没齿无怨言；诸葛武侯废廖立为民，徙之汶山，武侯薨，立泣曰："吾终为左衽矣。"如伯氏、廖立者，皆公平居心之贤人也。彼世俗之人，小不如己意，则衔之终身矣，若欲释怨非，枉道废法，其何以哉？

山东曹县吕道人，不知其年，问之亦不以实告，大约在百龄内外。善养生修炼之术，鹤发童颜，步履矍铄[3]。终日不食亦不饥，顶心出香气，如麝檀[4]硫磺然，此予亲见者。以针砭[5]为人疗病，辄效[6]。赠以财物不受，曰："天下之物，那一件是我的！"人曰："聊以表吾心耳！"答曰："天下之物，那一件是你的！"此二语，予最爱之，可以警觉天下之贪取妄求而不知止足者。

凡人度量广大，不嫉妒，不猜疑，乃己身享福之相，于人无所损益也。纵生性不能如此，亦当勉强而行之。彼幸灾乐祸之人，不过自成其薄福之相耳，于人又何损乎？不可不发深省。

明嘉靖自十三年乙未馆选[7]之后，遇丑未则选，遇辰戌则停，终世宗之朝。三十余年，遂为故事[8]。其后丙辰、己未、壬戌，连三科不选，至乙丑始复考。而穆宗[9]御极二年为戊辰，以龙飞首科[10]，特选三十人。至万历[11]二年，虽首科亦不选矣。此后庚辰亦如之。至丙戌，次揆[12]王太仓建议，始复每科馆选之例，盖自张永嘉[13]丙戌摧残以来，至是恰一周天[14]，亦固运会[15]使然也。此载之《万历野获编》者。

【注释】

[1] 董华亭宗伯：见前注。董其昌为华亭（今上海市松江区）人，故称。[2] 旌别淑慝：辨别善恶。[3] 矍铄：形容老人目光炯炯、精神健旺。[4] 麝檀：麝香和檀香。[5] 针砭：古代的一种针刺疗法。砭是古代治病的石头针。[6] 辄效：即刻见效。[7] 馆选：明清翰林院人员在当年新晋进士中选任馆职，称为馆选。[8] 故事：先例，成例。[9] 穆宗：明隆庆皇帝，嘉靖皇帝之子。[10] 龙飞首科：新皇帝登基后第一次科举考试选士科目。[11] 万历：明神宗年号。[12] 次揆：明代内阁次辅。[13] 张永嘉：即张璁，明代永嘉人，正德年间进士，位至华盖殿大学士，明嘉靖时期重臣。[14] 一周天：这里指一个甲子，即六十年。[15] 运会：机运。

《宋史·王文正公[1]传》曰："旦专称寇准[2]，而准数短旦。帝以语旦，旦曰：'理固当然，臣在相位久，阙失必多。准对陛下无所隐，益见其忠直。此臣所以重准也。'帝以是愈贤旦。后准以武胜军节度使同平章事[3]。入谢曰：'非陛下知臣，安能至此。'帝具道旦所以荐准者，准始愧叹，以为不可及。"予曰：文正公之圣德固已，然古今来与此相类者，未尝无之。惟遇莱公[4]其人，斯不负文正之盛德，而成史册之美谈矣！苟非其人则湮没而不彰者，岂少哉！

偶因奏事，小憩内监直房[5]。见壁间有祝枝山[6]墨刻曰："喜传语者，不可与语；好议事者，不可图事。"余叹曰："此阅历之言也。"归语儿辈识之。

【注释】

[1] 王文正公：即王旦，宋代太平兴国年间进士，宋真宗时期官知枢密院。 [2] 称寇准：寇准，宋真宗时大臣，主张对辽国主战。称，称赞。 [3] 同平章事：宋代宰相。 [4] 莱公：即寇准。寇准晚年受封莱国公。 [5] 内监直房：太监值班之处所。 [6] 祝枝山：祝允明，明代书法家。与唐寅、文徵明、徐祯卿并称“吴中四才子”。

明朝名器[1]之滥，始于武宗、世宗[2]。武宗宠用伶人臧贤[3]，至赐一等服。世宗加恩道士，如邵元节、陶仲文、徐可成、蒋守约等，皆赐至礼部尚书衔。又宪宗[4]时，有太常卿顾玒者，自陈显灵宫奉祀香火年久，今妻王氏病故，乞赐祭葬，竟许之。是道士之横，成化时已然矣。世宗末年，土木繁兴而期限迫急，不逾时刻。木匠徐杲以一人筹算经营，操斤指示，俄倾即出，而斫材长短大小，不爽锱铢[5]，大工两三月告竣。世宗眷注优异，加尚书衔，并赐金吾世荫，亦往事之罕见者。至唐庄宗入梁[6]，以伶人陈俊为景州刺史，王衍在蜀，以乐工严旭为蓬州刺史，尤为稗政[7]矣。

吾乡左忠毅公举乡试，谒本房[8]陈公大绶。陈勉以树立，却红柬[9]不受。谓曰：“今日行事节俭，即异日做官清。不就此站定脚跟，后难措手。”呜呼，“不矜细行，终累大德。”[10]前辈之谨小慎微如此，彼后生小子，生富贵之家，染纨绔[11]之习，何足以知之？

【注释】

[1] 名器：官员名号和车服仪制。 [2] 武宗、世宗：明武宗正德皇帝、明世宗嘉靖皇帝。 [3] 伶人臧贤：戏剧、歌舞艺人。 [4] 宪宗：明宪宗成化皇帝。 [5] 不爽锱铢：丝毫没有差错。 [6] 唐庄宗入梁：后唐君王李存勖灭后梁。 [7] 稗政：混乱的政策。 [8] 本房：明清科举考试乡试、会试考官分房批阅考卷，称考官所在的那一房为本房。 [9] 红柬：

红色的帖子。用以介绍自己身份。 [10]这句话出自《尚书·旅獒》。[11]纨绔：用细绢做的裤子。泛指富家子弟的华美衣着。后借指富家子弟。

姚端恪公曰："夫子云：'至于犬马，皆能有养；不敬，何以别乎？'[1]圣人不轻下此等语。"予曰："老而不死，是为贼。"[2]亦《论语》中所仅见者，学者当悉心理会之。

朱子曰："《口铭》曰：'病从口入，祸从口出。'"此语人人知之。且病与祸人人所恶也！而能致谨于入口出口之际者，盖寡。则能忍之难也。《书》曰："必有忍，其乃有济。"[3]武王《书铭》曰："忍之须臾，乃全汝躯。"昔人诗曰："忍过事堪喜。"忍之时义大矣哉！

"匹夫无罪，怀璧其罪。"[4]吾愿购求古玩者，深思此语。

自有书契以来，以一书贯串古今，包罗万象，未有如我朝《古今图书集成》[5]者。是书也，康熙年间，圣祖仁皇帝广命儒臣，宏开书局，搜罗经史、诸子百家，别类分门，自天象地舆，明伦博物，理学经济，以至昆虫草木之微，无不备具。诚册府之钜观[6]，为群书之渊海，历十有余年而未就。世宗宪皇帝复诏虞山蒋文肃，督率在馆诸臣，重加编校，正其伪讹，补其阙略，经三载而始厘定成书。图绘精详，考定切当。御制序文弁其首，以内府铜字联缀成版。计印六十余部，未有刻本也。比时玉蒙恩颁赐一部。雍正十年，给假南归，又赐一部。另织造送至桐城，收藏于家。其书为编有六；为典三十有二；为部六千一百有九；为卷一万；装订为五千本，汇为五百一十套，外目录二套计二十本。实古今未有之奇书！宇内读书人求一见不可得，而玉竟得两部以贻子孙，亦古今未有之幸事也！自明时有《永乐大典》[7]一书，乃姚广孝、解缙、王景等，督率一时博洽淹雅之儒，殚力编摩。书成，凡二万二千九百余卷，共一万一千九十五本，藏之秘阁。此书体例，按《洪武正韵》[8]排比成帙，以多为尚，非有剪裁厘正之功，当时即有讥其冗滥者。以《古今图书集成》较之，有霄壤之别矣！此书原贮皇史宬[9]，雍正年间，移至翰林院。予掌院事，因得寓目焉。书乃写本，字画端楷，装饰工致，纸墨皆发古香。明世宗当日酷嗜之，旃夏乙览[10]，必有数十帙在案头。一日大内火灾，世宗夜三四传旨移出，始得无恙。后命重录一部，以备不虞[11]。此见之明人记载者。

【注释】

[1]这句话出自《论语·为政》。[2]这句话出自《论语·宪问》。[3]这句话出自《尚书·君陈》。[4]这句话出自《左传·桓公十年》。[5]《古今图书集成》：清代康熙年间陈梦雷等编修。我国现存最大的类书。[6]册府之钜观：册府，古代帝王藏书之地。钜观，宏伟。[7]《永乐大典》：我国最大的一部类书。明成祖时期由解缙主持编修而成。[8]《洪武正韵》：韵书名。明代洪武年间乐少凤、宋濂等编撰。[9]皇史宬（chéng）：明代宫廷中收藏典籍和档案的地方。宬，藏书室。[10]旃（zhān）夏乙览：旃夏，夏通“厦”，帝王读书之所。皇帝阅览文书称为乙览。[11]不虞：预料不到的事情。

胥吏[1]作奸，自古有之，然除之亦殊不易。予初为吏部侍郎时，访知有巨蠹张姓者，舞文弄法，人受其毒，呼为张老虎。其人却有为恶之才，僚属皆信用而庇护之。予出其不意，宣言于众，令所司重责递还原籍。比时颇有营救者，予不听。及归寓，则知交中致书为之解免者，接踵至矣。予答曰：“既已出示，难于中止。”次日入朝，有相契数人，向予称快。曰：“君竟有伏虎力耶！”又一日，在部批阅文书，司官持一文来，曰“此文内，元氏县误写先民县，当驳问该抚。”予笑曰：“不必问该抚，但问汝司书吏[2]便知之。”司官请问故，予曰：“若先民写元氏，则系外省之错。今元氏写先民，不过书吏一举笔之劳，略添笔画，为需索钱财计耳！汝何不悟耶？”司官恍然，将书吏责而逐之。

明神宗时，孙公丕扬为太宰[3]。患内廷[4]要人请托，难于从违。于大选外官，立为掣签之法[5]。一时舆论以为公。而讥之者则以为铨衡重地，一吏人为之足矣，何必太宰。余曰："进退人才，果能至公至当，自无暗中摸索之理。苟不其然，则掣签亦救时之策，未可以为非。"故至今相沿不改也。

偶读明人《谷山于文定笔麈》[6]，有曰："求治不可太速；疾恶不可太严；革弊不可太尽；用人不可太骤；听言不可太轻；处己不可太峻。"予持此论久矣。不意前人已先我言之，为之一快。

【注释】

[1] 胥吏：明清官府中的小官吏。 [2] 书吏：为官员抄录文书的小官。 [3] 太宰：明清时代指吏部尚书。 [4] 内廷：宫廷之内。 [5] 掣签之法：抽签。 [6]《谷山于文定笔麈》：明代于慎行著，书中多记录明代政事。

《周礼[1]·大司徒》："以乡八刑纠万民。"造言之刑，次于不孝不悌。古圣人之立法如此其严，而《青蝇》、"贝锦"之诗[2]，又何如之痛恨切骨也。后世风俗日漓，人心益薄，造言之人，比比皆是。诛之不可胜诛，漏网者既多，而此辈益无忌惮矣！然余五十年来，留心默识，彼语言不实之辈，一时可以欺世，而究竟飘荡终身。风鉴书[3]所谓"到老终无结果也"。若怀私挟怨，捏造蜚语[4]，害人名节身家者，厥后[5]必有恶报。以予所见，屈指而数，未可以为天道渺茫，在可知不可知之间也。

伊川先生晚年作《易传》成[6]，门人请授梓[7]。先生曰："更俟学有所进。"呜呼！古人之虚怀若谷。今之学者，偶有著作甫脱稿，而即付剞劂[8]，亦知古贤人之用心否耶？

放翁诗曰："志士栖山恐不深，人知先已负初心。不须更说严光辈，直自巢由错到今。"此诗虽云翻案，却是确论。至今思之，许由之洗耳，子陵之共卧，未免蛇足。三复兹篇，想见此老胸中，天空海阔，气象高人数百等。若巢、许、子陵[9]有知，未必不莞尔而笑，以为实获我心也。

【注释】

[1]《周礼》：原名《周官》。西汉末年列为经，为古文儒家重要经典。

[2]《青蝇》、“贝锦”之诗：指《诗经·小雅·青蝇》和《诗经·小雅·巷伯》。

[3]风鉴书：关于相面的书。 [4]捏造蜚语：制造谣言。 [5]厥后：以后。

[6]伊川先生晚年作《易传》成：指北宋大儒程颐晚年作成《周易程氏传》。

[7]授梓：交付印刻。 [8]剞劂（jī jué）：刻镂的工具，指雕版，刻书。

[9]巢、许、子陵：巢、许，指巢父和许由，尧舜时代隐士，不接受尧的让位。子陵指严光，字子陵，汉代人，少年与刘秀为同窗，后隐居而不受刘秀所予的官职。

魏叔子[1]曰：“予少禀憨直，多效忠于人而颇自好其文。凡书牍必录于稿。吾友彭躬庵[2]曰：‘人有听言而过已改者，子文幸传于世，则其过与之俱传。子不忍没一篇好文字，而忍令朋友已改之过千载常新乎？’予愧服汗下，此语与古人焚谏草[3]更自不同。”叔子集中载此一则，余展读再过，叹服躬安之箴规，可谓忠厚之至矣！以此施于朋友之间且不可，何况君父之前？有所敷陈，辄宣播于外，以博骨鲠之誉，是何异几谏父母而私以语人？自诩为直，自诩为孝，此何等肺肠耶？

余藏有恽香山[4]山水一幅，墨笔淡远，非近今人所及。香山自题曰：“画，贵曲，贵深，贵著笔于人所不见处；而又有于直中见曲者，于浅处见深者，于人所最见为人之所不能见者。石脾[5]入水即干，出水即湿。独活[6]有风不动，无风自摇。天下事不可以理求，上智乃能知道。”此数语，大有禅意。尝观古来文人墨士，未有不兼通禅学者。

孙退谷[7]宗伯《益有录》有曰：“孔明读书，略得大意。陶渊明读书，不求甚解。皆其善读书处，非经生占毕[8]所能知。孔明自比管乐，谦词耳！杜少陵曰：‘伯仲之间见伊吕，指挥若定失萧曹’，乃千古定论。”予向来管见如此，不意与退谷先生吻合。

【注释】

[1] 魏叔子：即魏禧，明末清初著名文学家。 [2] 彭躬庵：即彭士望，明末清初人，从事经世之学，清入关后，与魏禧隐居翠微峰。 [3] 谏草：奏事的底稿。 [4] 恽香山：即恽本初，明末清初画家。 [5] 石脾：含有大量矿物质的咸水蒸发后凝结成的石状物质。 [6] 独活：草名，又名羌活、独摇草，根可入药。 [7] 孙退谷：即孙承泽，明末进士，后入仕清廷。 [8] 占毕：诵读，指经学博士不通经义，直接将竹简上的文字诵读以教给学生。

武侯[1]《诫子书》曰：“君子之行：静以修身，俭以养德。非淡泊无以明志，非宁静无以致远。夫学须静也，才须学也。非学无以广才，非静无以成学。怠慢则不能研精，险躁则不能理性[2]。”予尝以“静”字训子弟，今再益以“静以修身，学须静也”二语。其中义蕴[3]精微，非大有识见人不能领会。

柳诚悬[4]性晓音律，不好奏乐。人问之，答曰：“闻乐令人骄怠。”此一语耐人千日思。

东坡精于禅理，为古今文人之所罕见。即如《赤壁赋》有云：“逝者如斯，而未尝往也；盈虚者如彼，而卒莫消长也。”此二句，释迦牟尼佛见之，亦应莞尔而笑。下文云：“自其变者而观之”“自其不变者而观之”，此则文人语气，佛家所不道。

贾长沙[5]一生学问经济[6]，具载《治安策》中。而太史公作传，只载其《吊屈原》《伤鵩鸟》二赋。古人用意当细思之，不可忽过。至于贾生之为人，则东坡所谓“志大而量小，才有余而识不足”数语尽之矣。

【注释】

[1] 武侯：三国时期诸葛亮，死后谥为忠武侯，后世称为武侯。 [2] 理性：在此指调理性情。 [3] 义蕴：指蕴含的道理。 [4] 柳诚悬：即柳公权，唐代书法家。 [5] 贾长沙：即贾谊，后谪为长沙王太傅，世称“贾长沙”。

汉代政治家、思想家。　　[6] 学问经济：经世致用之学。

今人于旧人著作，往往好为指摘[1]，以自夸其学问，其意盖欲求名也！不知指摘不当，转贻后人指摘之柄。似此者甚多，是求名而适以败名矣！又如注解古人之书，往往于不能解者强解之，究非古人之本意。夫子云："多闻阙疑。"[2]奈何不以为法哉！

友人云："君相造命[3]，此战国游说之士欺人语耳！富贵穷通，升沉得失，皆天为之，君相何能为哉！"予笑曰："天又何能为哉！"

偶与僚友闲谈，佥[4]曰："刻薄人不可为刑官。"余曰："固[5]也。聪明人亦不可为刑官。"众徐思之以为然。

【注释】

[1] 指摘：指挑古人书中的差错。　　[2]"多闻阙疑"句：出自《论语·为政》："多闻阙疑，慎言其余，则寡尤。"指把疑难问题留着暂时不作判断。　　[3] 造命：主宰命运。　　[4] 佥（qiān）：皆、都。　　[5] 固：的确、确实。

孟子曰："予岂好辩哉！予不得已也。"[1]吾人必深知孟子不得已之苦衷，方可以读《孟子》。不然，则书中可疑可议者，不可胜数矣。

坡公[2]《与滕达道书》曰："近得筠州舍弟书，教以省事。若能省之又省，使终日无一语一事，则其中自有至乐，殆不可名。"坡公此意，予深知之，而无知所处之境不能行耳，言之惘然。

坡公《迩英进读故事八说》，其一则"张九龄不肯用张守珪、牛仙客"[3]事，古今来有执政之责者，不可不深思之。

【注释】

[1] 这句话出自《孟子·滕文公下》。　　[2] 坡公：即苏东坡。　　[3] 张九龄不肯用张守珪、牛仙客：指唐玄宗时期大臣张九龄因不任用李林甫推荐的

张守珪、牛仙客而被唐玄宗罢官。

明王弇州[1]纪父子得谥者，以为盛世；而三世得之，尤为仅见。惟余姚孙氏，第一世副都御使[2]，赠礼部尚书，谥忠烈（燧）。第二世南京礼部尚书[3]，赠太子少保，谥文恪（升）。第三世吏部尚书[4]，赠太子太保，谥清简。有明三百年，仅此一家耳！

明弘治[5]时，庶吉士薛格阁试[6]《中秋不见月》诗，考居第一。中一联云："关山有恨空闻笛，乌雀无声倦倚楼。"一时传诵之，予亦爱其有逸致也。

苏子由[7]曰："唐人工于为诗，而陋于闻道。孟郊耿介之士，虽天地之大，无以容其身，卒穷以死。李翱[8]、韩退之皆极称之。甚矣！唐人之不闻道也。"朱考亭曰："李长吉诗巧。"二公之论若此，世之善学诗者，不可不知。

李义山[9]《马嵬驿》诗，古今来脍炙人口，余亦极爱之。但记二十余岁时，读结句："如何四纪为天子，不及卢家有莫愁。"微有不慊[10]于心，以为未免强弩之末，然未敢轻以语人也！及老年见胡苕溪[11]《诗话》以二语为浅近。不觉掩卷而笑，命儿辈识之。

【注释】

[1] 王弇（yǎn）州：即王世贞，明代嘉靖年间进士，曾任南京刑部尚书；文学家。 [2] 第一世副都御使：即孙燧，明代弘治年间进士。历任刑部主事、河西右布政、右副都御使。 [3] 第二世南京礼部尚书：指孙升，孙燧之子，明代嘉靖年间进士。 [4] 第三世吏部尚书：指孙鑨，孙升之子，明代嘉靖年间进士。 [5] 弘治：明孝宗朱祐樘年号。 [6] 阁试：明代翰林院对庶吉士的考试。 [7] 苏子由：即苏辙，字子由，北宋文学家。 [8] 李翱：字习之。唐代文学家。 [9] 李义山：即李商隐，唐代大诗人。 [10] 慊（qiè）：满足。 [11] 胡苕溪：即胡仔，宋代人。曾任知县，后隐居。

沈佺期[1]诗："岭外无寒食，春来不见饧[2]。"刘梦得[3]云："为诗用僻字须有来处，'春来不见饧'，尝疑'饧'字，因读《毛诗·郑笺》说吹箫云：'即今卖饧人家物。'《六经》惟此注中有'饧'字。后辈业诗，即须有据，不可学常人率尔而道也。"

《桐江诗话》："秦少游[4]《咏牵牛花》诗曰：'银汉初移漏欲残，步虚人倚玉栏杆。仙衣染得天边碧，乞与人间向晓看。'此少游汝南作教官时，于程文通会间席上所赋，真佳作也。咏物诗有澹永之味，不即不离，所以为佳。"曹松[5]诗曰："泽国江山入战图，生民何计落樵渔。凭君莫话封侯事，一将功成万骨枯。"刘贡父[6]诗曰："自古边功缘底事，多因嬖倖欲封侯。不如直与黄金印，惜取沙场万髑髅[7]。"曹刘二诗，相为表里，读之而不动心者，非人情也。刘诗所云，古多有之，当以为儆戒。

黄山谷《题李伯时画〈严子陵钓滩〉诗》曰："平生久要刘文叔，不肯为渠作三公。能令汉家重九鼎，桐江波上一丝风。"任天社云："'能令汉家重九鼎'，本汲黯[8]曰'夫以大将军有揖客，反不重耶'，此句盖用此意也。东汉多名节之士，赖以久存。迹其本原，政在子陵钓竿上来耳。"

【注释】

[1] 沈佺期：字云卿。唐代诗人。　[2] 饧（xíng）：麦芽或谷芽熬制的饴糖。　[3] 刘梦得：刘禹锡，字梦得。唐代政治家、文学家、诗人。　[4] 秦少游：宋代词人秦观。　[5] 曹松：唐代诗人。　[6] 刘贡父：即刘攽，北宋史学家，与司马光同修《资治通鉴》。　[7] 髑（dú）髅：骷髅。　[8] 汲黯：西汉景帝、武帝时期大臣。

邵康节诗曰："静处乾坤大，闲中日月长。""闲中日月长"人所知也，"静处乾坤大"则人或未知也。予一生好静，于此中颇有领会。奈此身牵[1]于职守，日在红尘扰攘中。常为设想曰："若能改'静处'为'闹处'，则有进步矣！"惜乎其不能也。

明永乐时，清江俞行之[2]有能诗名，其《题清慎勤》句有曰："夜门无客敢怀金，秋屋有情甘饮水。"一时传诵之，惜其不多见。

韦苏州[3]《滁州西涧》诗曰："春潮带雨晚来急，野渡无人舟自横。"寇莱公《春日登楼怀归》诗曰："野水无人渡，孤舟尽日横。"是化七言一句为五言两句也。当捉笔时，或有意耶，抑无意耶！不能起古人而问之矣。

【注释】

[1] 牵：指牵制、牵绊。　[2] 俞行之：字文辅，江西清江人，明代著名书法家。　[3] 韦苏州：即韦应物，唐代诗人。

司马温公[1]曰："受人恩而不忍负者，其为子必孝，为臣必忠。"又曰："言不可不重也。夫钟鼓叩之而后鸣，铿訇镗鎝[2]，人不以为异；若不叩自鸣，人孰不谓之妖耶？可以言而不言，犹之叩而不鸣也，亦为废钟鼓矣！"又《无为赞》曰："治心以正，保躬以静；进退有义，得失有命；守道在己，功成在天。夫复何为？莫非自然？"此数则皆格言中之浅近可行者，当书之座右。惟是"受人恩而不忍负"一语，其中正自有道。当受恩之时，必审视其人，可受而后受之；若不可受而亦受，而时存不忍负之心，必至牵缠局蹐，身败名裂，载胥及溺[3]，不可不慎也。

温公曰："人情苦厌其所有，羡其所不可得。未得则羡，已得则厌。厌而求新，则为恶无不至矣。"涑水此训，何切中人情至于此耶！

乾隆十一年四月，楚抚题报[4]：江夏县民汤云山，现享年一百四十岁。圣心嘉悦，于定例赏赐外，加赏帑金、文绮。又特赐"再阅古稀"四字，命尚书汪由敦书匾额，以旌人瑞[5]。诚史册罕闻之盛事也！

【注释】

[1] 司马温公：即司马光，山西夏县涑水人，又称涑水。北宋名臣，史学家，编著《资治通鉴》。 [2] 铿訇镗鞳：拟声词，形容钟鼓并作的声音。 [3] 载胥及溺：出自《诗经·大雅·桑柔》，指相继沉没。 [4] 楚抚题报：湖北巡抚奏报。 [5] 人瑞：人间的吉祥之兆，亦称有德行的人或年寿特高者。

明人言方正学[1]之忠至矣！独惜其不死于金川，不守之初，宫中自焚之际，与周是修[2]为伍，斯忠成而不累其族也。余曰：此论固在情理中。然十族之祸，乃劫数使然，岂正学所能计及，人力所能趋避哉？

有客问予曰："士大夫好言学问、经济，而往往失之偏，其为患孰甚？"予曰：学问失之偏，不过一胶柱鼓瑟[3]之人耳，其患在一己；若经济失之偏，苟得志，则民生吏治皆受其病，为患甚大，不可同日语也。然经济之偏，亦自学问之失来。

明人记载有曰：宪宗皇帝玉音微吃[4]，而临朝宣旨，则琅琅然如贯珠。后来许文穆国[5]头岑岑摇，遇进讲承旨，则屹然不动，出即复然。君相皆有异禀，非常理可测也！

方正学《题严子陵》诗曰："敬贤当远色，治国须齐家。如何废郭后，宠此阴丽华。糟糠之妻尚如此，贫贱之交奚足倚？羊裘[6]老子早见机，独向桐江钓烟水。"此诗思致绵邈，音节浏亮，乃吊古篇中之最佳者。

明时廷杖言官，实属稗政，至有毙于阙下[7]者，尤为残虐。其时直言敢谏之士，冒死陈词，三木囊头[8]，填尸牢户，亦所不恤，何有于杖？然其中矫伪立名者，忠爱本不出于至诚。或极论细故，或纷争门户，以致激怒受杖，而末流遂有以此为荣者。只以好名一念动于中，一二人倡之，因相习为固，然此最人心风俗之害。夫朝有直臣，奋扬风采，遇事敢言，至于亏体受辱，原非盛朝美事。若卖直沽名，戕父母之遗体，成国家之虐政，忠孝大节，两有所损。圣人所称"杀身成仁者"，固如是乎？

【注释】

[1] 方正学：即方孝孺，明初儒学家，为建文帝时期重臣，后被明成祖诛灭十族。 [2] 周是修：明代建文帝时期大臣，明成祖攻入南京时，他自尽尽忠。 [3] 胶柱鼓瑟：用胶把柱粘住以后奏琴，柱不能移动，就无法调弦。比喻固执拘泥不知变通。 [4] 玉音微吃：玉音，帝王的言语。微吃，有点口吃。 [5] 许文穆国：许国，明代嘉靖年间进士，万历时官至吏部尚书兼任东阁大学士，卒谥文穆。 [6] 羊裘：汉代严光在其同窗刘秀成为皇帝时，隐居不仕，披羊裘在湖边垂钓，后用此称指隐士。 [7] 阙下：宫阙之下。 [8] 三木囊头：酷刑。三木，古代加在颈、手、足上的刑具。囊头，以物蒙盖头部。

卷四

明万历朝，张江陵[1]当国时，迎其母赵太夫人入京。将渡黄河，先忧之，私谓奴婢曰："如此洪流，得无艰于涉乎？"语传于外，其诇[2]察者已报守土官[3]。复禀曰："过河尚未有期，临时当再报。"既而寂然。渐近都下，太夫人问："何不渡河？"其下对曰："赐问不数日，即过黄河矣！"盖预于河之南北，以舟相钩连，填土于上，插柳于两旁，舟行其间如陂塘，然太夫人不知也。其声势赫赫类如此。又相传江陵教子甚严，不特督抚及边帅不许通书问，即京师要津，亦不敢往还者。其家人子[4]尤楚滨最用事。有一都给事李选，云南人，江陵所取士也。娶楚滨之妾妹为侧室，因而修僚婿[5]之礼。一日江陵知之，呼楚滨，挞之数十，斥给事不许再见。告冢宰出之外为江西参政。江陵当震主时，而顾惜名义乃尔。予故并录之，使知瑕瑜不相掩也。

【注释】

[1] 张江陵：明代万历时内阁首辅张居正，湖北江陵人，故称。 [2] 诇

（xiòng）：侦探。　[3] 守土官：地方官。　[4] 家人子：指张居正的管家。[5] 僚婿：连襟，姊妹的丈夫的互称。

萧琛[1]与梁武帝有旧，仕梁为尚书侍中。一日，预御筵[2]，醉伏几上。帝以枣[3]投琛，琛取栗掷上，正中面，御史在坐。帝动色曰："此中有人，不得如此！"不得如此，岂有说耶？琛曰："陛下投臣以赤心，臣报陛下以战栗。"此事见之《梁书》。语虽诙谐，然识之亦可为清谈之助。

《开元遗事》[4]载唐明皇在便殿，甚思姚崇[5]论时务。七月十五日，苦雨不止，泥泞盈尺。上令待制[6]者抬步辇召学士来。时姚崇为翰长[7]，中外荣之。

元主语王恂[8]以守心之道。恂曰："尝闻许衡言人心犹印版。然版本不差，虽摹千万纸，皆不差；本既差矣，摹之于纸，无不差。"元主曰："善！"

柳公权有数十银杯，贮之笥中，为奴海鸥儿所窃。柳问之，海鸥云："不测其所亡。"柳笑曰："银杯羽化[9]耳！"

荀子曰："下臣事君以货；中臣事君以身；上臣事君以人。"

【注释】

[1] 萧琛：梁武帝故交，官至平西长史、江夏太守。　[2] 预御筵：预，参与。御筵，皇帝办的酒席。　[3] 枣：同"枣"。　[4]《开元遗事》：五代王仁裕撰，书中记载唐玄宗（唐明皇）时期的事情。　[5] 姚崇：唐玄宗时期宰相。　[6] 待制：等待诏命。　[7] 翰长：翰林院主事者。　[8] 元主语王恂：元主，元世祖忽必烈。王恂，精通历法，元世祖命其为太子赞善，后与郭守敬定《授时历》。　[9] 羽化：飞升成仙。

唐中宗[1]尝召宰相苏瓌[2]、李峤子进见。二子皆童年，上近抚摩之，语二子曰："尔自忆所读书可奏者，为吾言之。"瓌子应曰："木从绳则正，后从谏则圣。”[3]峤子曰：“斫朝涉之胫，剖贤人之心。”[4]上曰：“苏瓌有子，李峤无儿。”此见之《松窗杂录》[5]者。由今观之，二子之优劣，相去霄壤矣。

《万历野获编》曰：“今天下赌博盛行，其始失货财，甚则鬻田宅，又甚则为穿窬[6]，浸成大伙劫贼。盖因本朝法轻，愚民易犯。宋时淳化[7]二年闰二月，太宗下令开封府，凡坊市有赌博者，俱处斩。邻比匿不闻者，同罪。此法至善。盖人情畏死，自然止息。洪武[8]二十二年奉旨：学唱的割舌头；下棋、打双陆的断手；蹴圆的卸脚，犯者必如法施行。今赌博者，亦当加以肉刑，如太祖初制，解其腕可也。”赌博之为害，不可悉数，故前人恨之切骨，非好为此过激之论也。先公于赌具中最恶马吊[9]，谓其有巧思，聪明之人一入其中，即迷惑而不知返也。曾刻一印章，曰：“马吊淫巧，众恶之门；纸牌入手，非吾子孙。”时先公官京师，玉居里门，命于写家禀时，用此印章于楮尾，触目惊心。玉谨受教，终身未尝习此。今年七十有五矣，吾知免，夫愿吾子孙共守之也。

【注释】

[1]唐中宗：唐高宗之子李显。武则天后，他即位，恢复唐国号。 [2]瓌（guī）：同“瑰”。 [3]这句话出自《尚书·说命上》。 [4]这句话出自《尚书·秦誓下》。 [5]《松窗杂录》：唐代李浚撰，主要记录唐玄宗时候事情。 [6]穿窬（yú）：翻墙，指盗贼。 [7]淳化：宋太宗年号。 [8]洪武：明太祖年号。 [9]马吊：一种赌具。因其局有四门，如马有四足，故称。

前明典史、驿丞[1]等俱准与乡会试。宣德八年[2]癸丑，曹鼐以太和典史登状元。正统四年[3]己未五十九名李郁，则系江西丰城县承差。成化十四年[4]戊戌一百五十三名谭襄，则山东东阿县驿丞。正统壬戌[5]一百二十一名郑温，则直隶松陵驿驿丞。皆见《野获编》。

东坡《与兄子明书》曰：“老兄嫂团坐火炉头[6]，环列儿女。坟墓咫尺，亲眷满目，便是人间第一等好事。更何所羡？”又曰，“吾兄弟俱老，当以时自娱。世事万端，皆不足介意。所谓自娱，亦非世俗之乐，但胸中廓然无一物，即天壤之间，山川、草木、虫鱼之类，皆足供吾家乐事也。”读苏公此数语，觉家庭友爱至情，溢于笔墨间。然非至诚质朴，浑然天理，不能知此乐，亦不能为此言也！

吾乡左忠毅公[7]，以忠直遭魏阉之祸[8]，被逮入都。路过山东峄县，县有隐士米季子，相传有前知之学。左公弟[9]潜往访之。米季子望见怃然曰：“汝兄可怜，杨二哥大洪也可怜。”徐屏人[10]语曰：“汝兄忠孝，不宜死非命。然得罪权臣，死不救矣！”又问：“同难数人，有一免否？”曰：“个个不免！”后果不爽[11]。

【注释】

[1] 典史、驿丞：典史，明代知县的属官。驿丞，各地主管邮政的小官。 [2] 宣德八年：1433年。宣德，明宣宗时期年号。 [3] 正统四年：1439年。正统，明英宗时期年号。 [4] 成化十四年：1478年，成化，明宪宗时期年号。 [5] 正统壬戌：1442年。正统，明英宗时期年号。 [6] 垆头：安放酒瓮的土台。 [7] 左忠毅公：左光斗，万历年间进士、大臣，后为魏忠贤所害。 [8] 魏阉之祸：指明末天启年间宦官魏忠贤秉持朝政，残害忠良。 [9] 左公弟：左光先，左光斗的弟弟，明天启年间举人，清入关后隐居。 [10] 屏人：让别人回避。 [11] 不爽：无差错。

明万历甲辰[1]科，山阴朱大学士赓[2]主会试，首题《不知命》一章。入闱时，朱与同人曰：“此题必三段，平做不失题貌，方可抡元[3]。若违式，即佳卷亦难前列。”同人皆以为然。既揭晓，则元卷[4]殊不然。有人乘间问之：“公遴选榜首，何以竟违初意？”朱惊起取卷读之，叹曰：“我翻阅时，竟不觉也。”由此观之，可知功名有定数。体物不可遗者，鬼神也。为主司者，欲定一文章体式而不能自主，况取舍高下之间乎？予屡司衡文之柄，闱中情事往往如此，益信朱公之事不谬也。

我朝自世祖章皇帝甲申定鼎燕京[5]，迄于今一百有三年矣。汉人之为大学士者，几四十人。其间居官之久暂不一。或数年，或数十年。如先文端公则三年耳。其中最久者，无如高阳李公[6]，在任二十七年，其次则廷玉。于雍正三年乙巳七月，蒙恩入政府，屈指今岁丙寅，二十二年矣。自知才识短浅，不能有所建树，而承乏最久，竟居高阳之次。今年七十有五，衰颓日甚，益不能支，屡次陈情，未蒙俞允[7]。其惟惭惶愧悚，岂笔墨所能宣述万一耶！

【注释】

[1] 万历甲辰：明神宗时期，即1604年。 [2] 朱大学士赓：朱赓，隆庆年间进士。万历后期独当国政，朝政废弛。 [3] 抡元：夺魁。 [4] 元卷：科举考试获得第一名的卷子。 [5] 世祖章皇帝甲申定鼎燕京：指顺治皇帝1644年入主北京。 [6] 高阳李公：即李霨，顺治年间进士，官至户部尚书、保和殿大学士。 [7] 俞允：即允诺，多用于君主。

张江陵在位时，有人赠对联曰："上相太师，一德辅三朝，功光日月；状元榜眼，二难登两第，学冠天人。"江陵欣然悬之厅事。先是徐华亭[1]罢相归，其堂联云："庭训尚存，老去敢忘佩服；国恩未报，归来犹抱惭惶。"又叶福清[2]堂联曰："但将药裹供衰病，未有涓埃答圣朝。"此皆二公自题，觉谦抑之风可想也。

荆州公安县人刘珠，故与张江陵封翁[3]同为诸生，相友善。江陵主会试，刘始登第，则年已古稀矣。江陵庆五旬，刘祝以诗，中一联曰："欲知座主山齐寿，但看门生雪满头。"江陵为一解颐。

明万历时，京师正阳门楼毁于火。内监与工部议重建。内监屈指云："当用银十三万。"营缮司郎中张嘉言怒曰："此楼在民间，当费三千金。今天家举事，不可同众，不过加倍六千金耳。"诸大珰[4]忿极，欲奋拳殴之，时监督科道在列，无一字剖析。次年大计，张竟以不谨被斥。后箭楼成，报销银三万两。盖明时工程之浮冒，动辄数十倍，尽归貂珰之私囊，而朝臣无有敢言者。今观近京诸处，前明内监平日不著名者，亦造一坟建一寺，穷极壮丽。或费数万金，或十数万金，过于公侯家。自非侵冒国帑，剥削民膏，何以饶与赀财若此哉？

【注释】

[1] 徐华亭：即徐阶，嘉靖年间进士，官至内阁首辅。 [2] 叶福清：即叶向高，万历年间进士，官至礼部尚书、东阁大学士。 [3] 封翁：因儿子显贵而受到封号。指张居正的父亲。 [4] 大珰（dāng）：大宦官。珰，本为古代妇女戴在耳垂上的装饰品，汉代宦官饰于帽子，后借指宦官。

明怀宗[1]在位十七年，所用大学士至五十人之多。诚所谓“昔者所进，今日不知。其亡国事”[2]尚可问哉？

魏怀溪[3]先生曰：“有不可知之天道，无不可知之人事。”吾人能体会此二语，为圣为贤不难矣！

朱文公[4]《与徐赓载书》曰：“放翁诗，读之爽然，近代惟见此人为有诗人之风致。如此篇，初不见其著意用力处，而语意超然，自是不凡。近报又已去国，不知所坐何事？恐只是不合做此好诗，罚令不得做好官也！”放翁诗为考亭所推重如此，予常读考亭诗，大雅从容温柔敦厚，不事雕饰，蕴藉天然，字字从性情中来，是以与放翁有水乳之合。世人但知陆诗之妙，而不知朱诗之妙，岂非所谓“逸少[5]文章字掩将”耶！

荆州张江陵故宅，有人题诗云：“恩怨尽时方论定，封疆危日见才难。”此语论江陵最为切当，惜不传其姓氏。

【注释】

[1] 明怀宗：明代崇祯皇帝朱由检，在位十七年，明灭亡。 [2] 这句话出自《孟子·梁惠王下》："昔者所进，今日不知其之也"。 [3] 魏怀溪：即魏象枢，清代康熙年间大臣，官至刑部尚书。 [4] 朱文公：南宋大儒朱熹。 [5] 逸少：王羲之，字逸少。

《书》曰："政贵有恒[1]。" 昔人云："利不什不变法；害不什不易制。"[2]此有恒之说也。予幼时读张君曾裕《居之无倦制艺》有曰："古今无甚全之利，持之数十年而不变，即为苍生之福矣！古今亦无甚速之害，行之不数年而即变，即为黎庶之忧矣。" 此数语可为"有恒"注解。尝读《李文靖[3]传》，公尝言："某居重位，实无补万一。独中外所陈利害，一切报罢之，惟此少以报国耳。朝廷防制纤悉备具，或徇所请施行一事，即所伤多矣。" 文靖此言乃名臣不磨之论。予蒙恩备员政府二十三年矣，不敢轻议更张一事。盖国家立一政，凡几经区划而后定为章程。若再行之一二十年，则人情已便，但觉其相安，不见其烦苦矣！此"不愆不忘，率由旧章"[4]，所以垂训于千古也。彼才高意广者，往往矜奇立异，以为建白。万一见诸施行，其中种种阂碍，不可枚举。或数年而报罢，或十数年而报罢。其未罢之先，闾阎[5]之受其累不少矣，可不慎哉！

明孝宗时，刘忠宣公大夏[6]为兵部尚书。戴恭简公珊[7]为左都御史。一日奏对毕，上令中使[8]出白金二笏以赐，且面谕曰："卿等将去买茶果用。朕闻朝覲日，文官避嫌，有闭户不与人接者。如卿等虽开门延客，谁复有以贿赂通也。朕知卿等故有是赐。" 且命不必朝谢，恐公卿知之，未免各怀愧耻也。玉蒙世宗皇帝擢用正卿，旋登政府。十数年间，六赐帑金。每赐辄以万计。历稽史册，大臣拜赐未有如此之优渥者，玉惶恐恳辞。上谕云："汝父清白传家，中外所知。汝遵守家训，屏绝馈遗。今侍朕左右，夙夜在公，何暇计及家事。朕不忍令汝以珠桂[9]萦心也。此一辞大非君臣一体之谊矣！" 玉遂不敢再渎。

【注释】

[1] 政贵有恒：出自《尚书·毕命》。 [2] 这句话大意是如果不能带来更多的利益，就不要变法，如果没有十足的危害，就不必改制。什，十倍。 [3] 李文靖：宋代名臣李沆，谥文靖。 [4] 这句话出自《诗经·大雅·假乐》。 [5] 闾阎：里巷的门，泛指民间。 [6] 刘忠宣公大夏：刘大夏，明中期名臣。官至兵部尚书。 [7] 戴恭简公珊：戴珊，字建珍，谥文简，明中期名臣。官至左都御使。 [8] 中使：宦官。[9] 珠桂：米如珠，薪（柴禾）如桂，极言物价上涨。

渊明《责子》诗曰："白发被两鬓，肌肤不复实。虽有五男儿，总不好纸笔。阿舒已二八，懒惰固无匹。阿宣行志学，而不爱文术。雍端年十三，不识六与七。通子垂九龄，但觅梨与栗。天运苟如此，且尽杯中物。"杜子美《遣兴》诗曰："陶潜避俗翁，未必能达道。观其著诗篇，颇亦恨枯槁。达士岂自足，默识盖不早。有子贤与愚，何其挂怀抱。"子美之贬渊明，盖正论也。独山谷[1]云："观渊明此诗，想见其人慈祥戏谑可观也。俗人便谓渊明诸子皆不肖，而渊明以愁叹见于诗耳。"余谓山谷此言得乎情理之正。渊明襟怀旷达，高出尘壒[2]之表。大抵诸郎皆中人之资，期望甚切，稍不满意，遂作贬词耳。况雍端年甫十三，通子方九龄，过庭之训[3]尚浅，未可遽以不肖目之也。

东坡云："世传桃源事，多过其实。渊明所记，止言先世避秦乱来此，则渔人所见非秦人不死者也。"坡公此论甚确。余观古今来，前人偶为新奇之说，后人往往乐为附会，如身亲见之者，正复不少。东坡著眼全在"先世"二字，予细味《记》[4]曰："先世避秦时乱，率妻子邑人来此绝境，不复出焉。"所谓"邑人者"皆是隐者流。或十数家，或数十家，同心肥遁[5]，长子孙于其中。日渐蕃衍，遂为世业。若谓同避乱之人皆不死，一时安得许多神仙耶？

王荆公[6]《钟山官床与客夜坐》诗曰："残生伤性老耽书，年少东来复起予。各据槁梧同不寐，偶然闻雨落阶除。”苏东坡《宿余杭山寺》诗曰：“暮鼓朝钟自击撞，闭门欹枕对残缸。白灰旋拨通红火，卧对萧萧雪打窗。”《冷斋夜话》[7]云：“山谷尝言：‘天下清景，初不择贵贱、贤愚而与之。吾特疑端为我辈设。’观荆公《钟山夜坐》诗与东坡《宿余杭山寺》诗，则山谷之言为确论也。”余谓天下清景，无在不有，但能领会，则似专为我辈设矣！此从道义中来，不可强也。

【注释】

[1]山谷：指黄庭坚，北宋文学家。 [2]壒（ài）：尘埃。 [3]过庭之训：孔鲤过庭，孔子教诲之。 [4]《记》：指《桃花源记》，晋陶渊明所作。[5]肥遁：隐居。 [6]王荆公：北宋名臣王安石，北宋神宗时主持变法。[7]《冷斋夜话》：宋代释惠洪作。书中记录其见闻和诗论。

明朱忠壮公之冯[1]，字乐三，大兴人。平日以理学自砺，官至宣府巡抚。李自成陷大同，以身殉国。其所著《在疚记》一卷，语多精义。新成王公，采数条载《池北偶谈》中，余见而服膺，因手录于左：“鸢飞戾天，鱼跃于渊，即是仕止久速。”“古之人修身见于世，非诚不能。诚则贯微，显通天人。一世不尽见，百世必有见者。”“圣人之死，还之太虚，贤人即不能无物，而况众人乎？”“实变气质，方是修身。”“士憎兹多口，则何以故？曰：持介行者不周世缘[2]，务独立者不协众志。小人相仇，同类相忌。一人扇谤，百人吠声。予尝身试其苦者，数矣！故君子观人，则众恶必察，自修惟正己而不求于人。待小人尤宜宽，乃君子之有容。不然，反欲小人容我哉？”“中者不落一物，庸者不遗一物。”“随事无私，皆可尽性至命，而忠孝其大者。”“平日操持非实试之当境，决难自信。”“隐恶扬善，圣人也；好善恶恶，贤人也；分别善恶无当者，庸人也；颠倒善恶，以快其谗谤者，小人也。”“赴大机者速断，成大功者善藏。”“同时中庸，而君子小人之别，微矣哉！”

予少时，夜卧难于成寐，既寐之后，一闻声息即醒。先兄宫詹公[3]授以引睡之法：背读上《论语》数页或十数页，使心有所寄。予试之果然。后推广其意，诵渊明诗“采菊东篱下，悠然见南山”；或钱考工[4]诗“曲终人不见，江上数峰青”；或陆放翁诗“小楼一夜听春雨，深巷明朝卖杏花”，皆古人潇洒闲适之句。神游其境，往往睡去。盖心不可有著，又不可一无所著也，理固如此！

【注释】

[1] 明朱忠壮公之冯：朱之冯，明代天启年间进士。崇祯时为宣府巡抚，后李自成攻打宣府，因官兵迎降，朱之冯自缢。 [2] 持介行者不周世缘：介行，孤高的操守。不周世缘，不合俗缘。 [3] 先兄宫詹公：指张英长子、张廷玉的兄长张廷瓒。 [4] 钱考工：即钱起，字仲文，唐代诗人，为大历十才子之一。

明华亭县[1]有民某，其母再醮[2]，生一子。及母死，二子争葬，质之官。知县某判其状曰：“生前再醮，终无恋子之心。死后归坟，难见先夫之面。”令后子收葬。此邑令判事固当，而判语亦复修饰可诵。

苏门孙徵君奇逢[3]《孝友堂家规》曰：“迩来士大夫，绝不讲家规身范，故子孙鲜克由礼[4]。不旋踵而辱身丧家者，多矣！祖父不能对子孙，子孙不能对祖父，皆其身多惭德者也。家中之老老幼幼，夫夫妇妇，各无惭德，此便是羲皇世界[5]。孝友为政，政孰有大焉者乎？”徵君遭患难时，语门人曰：“忧患恐惧，最怕有所，一有所，则我心无主。古来忠臣、孝子、义士、悌弟，只是能自作主张，学者正在此处著力。”此二则皆治家持身格言。

各省督学之官[6]，最难称职。而在人文繁盛之省，则难之又难。盖胥吏弊窦孔多[7]，人情爱憎不一，而又历三年之久。偶或检点不到，则谤议随之，而众口传播矣。予三弟廷璐为翰林时，奉命督学河南，以生员阻挠公事，约束不严罢斥。后蒙世宗皇帝鉴其诚朴，宥过特用。且畀[8]以江苏最繁剧之任，三年报满，有公明之誉。蒙恩嘉奖，再留三年。又在任称职，屡迁至少宗伯。今上即位，又留三年，前后三任，共九年矣。乃向来所无之事。阅二年，江苏又缺员，上仍欲命廷璐往。玉再四恳辞，遂命六弟廷瑑往。是兄弟二人，四任此官，诚异数也。

【注释】

[1] 华亭县：今上海松江区。　[2] 再醮（jiào）：再嫁。醮，古时冠礼、婚礼仪式。　[3] 苏门孙徵君奇逢：孙奇逢，清代初期大儒，隐居不仕。　[4] 鲜克由礼：很少能遵从礼制。　[5] 羲皇世界：上古伏羲时代的世界，民风淳朴。　[6] 督学之官：明清时代的学政。负责各省的教育和科举考试。　[7] 弊窦孔多：漏洞繁多。　[8] 畀（bì）：给予。

王荆公诗云："细数落花因坐久，缓寻芳草得归迟。" 欧阳公[1]诗云："静爱竹时来野寺，独寻春偶过溪桥。" 昔人曰："二公皆状闲适之趣，荆公之句为工。" 信然。

明刁蒙吉包[2]祁州人，隐居讲学。有格言曰："为盖世豪杰易，为慊心[3]圣贤难。" 又曰："《易》言'趋吉避凶'，盖言趋正避邪也。若认作趋福避祸便误。" 此二语，当终身诵之。

明夏忠靖原吉与蹇忠定义[4]同饮于所契家。归，值雪。过禁门，有不欲下马者，曰："雪寒甚！" 公曰："君子不以冥冥惰行。" 公之盛德，虽缘事纳忠，而其本则在此敬慎耳！《说郛》[5]所载如此。犹记吾弟廷瑑，昔年往祭陵寝，先期数日，途次风雪大作。同人欲沽酒以御寒。弟以未曾行礼，力持不可。同人颇以为迂。然弟生平之不欺暗室[6]，大率类此，可为子孙法也。

【注释】

[1] 欧阳公：欧阳修，北宋政治家、文学家。 [2] 明刁蒙吉包：刁包，字蒙吉。明代天启年间举人，清入关后，隐居不出仕途。 [3] 慊心：满意。 [4] 明夏忠靖原吉与蹇忠定义：夏原吉，明代洪武年间大臣，官至户部尚书，谥忠靖。蹇义：明代洪武年间进士，官至中书舍人，历仕五朝，谥忠定。 [5]《说郛》：明代陶宗仪辑录，共百卷，收录秦汉至元明作品，包罗万象。 [6] 不欺暗室：不做亏心事。

黄山谷曰："诗不可凿空强作，待境而生，便自工耳。"此至言也！

陈抟曰："优游之所，勿久恋；得志之地，勿再往。"此二语愈思愈有味。

邵子曰："《复》次《剥》，明治生于乱乎？《姤》次《夬》[1]，明乱生于治乎？时哉！时哉！未有剥而不复，未有夬[2]而不姤者。防乎其防，邦家其长，子孙其昌，是以圣人贵未然之防。"

富弼[3]字彦国，少有骂者如不闻。人曰："骂汝！"彦国曰："恐骂他人。"又曰："呼姓名而骂，岂骂他人？"彦国曰："天下岂无同姓名者乎？"告者大惭。

陆象山[4]曰："名利如锦覆陷阱，使人贪而入其中，安有出头日子？"

魏柏乡[5]相国《希贤录》曰："罗洪先作鼎元[6]时，外舅韩太朴趋告曰：'喜吾婿干此大事！'罗面发赤，徐对曰：'丈夫事业更有许大[7]在，此等三年一人，奚足为大事也！'"

【注释】

[1]《复》《剥》《姤》《夬》：皆《周易》卦名。姤（gòu）：相遇。 [2] 夬（guài）：分决。 [3] 富弼：北宋名臣。 [4] 陆象山：即陆九渊，宋代心学的开创者。 [5] 魏柏乡：即魏裔介，清代顺治年间进士。官至保和殿大学士。 [6] 罗洪先作鼎元：罗洪先，明代嘉靖年间进士，擅长阳明

之学。鼎元：科举考试考中状元、榜眼或探花。　[7] 许大：很多。

薛文清[1]曰："多言最使人心志流荡，而气亦损；少言不惟养得德深，又养得气完。"

陈眉公[2]曰："颐卦'慎言语，节饮食'。然口之所入，其祸小；口之所出，其罪多。故鬼谷子云：'口可以饮，不可以言。'"又曰："圣人之言简，贤人之言明，众人之言多，小人之言妄。"

伊川先生[3]曰："只观发言之平易躁妄，便见德之厚薄，所养之深浅。"见人论前辈之短，曰："汝辈且取他长处。"

薛文清公曰："在古人之后，议古人之失则易；处古人之位，为古人之事则难。此处不可不深省。"

【注释】

[1] 薛文清：薛瑄，字德温。明代永乐年间进士。学宗程朱。　[2] 陈眉公：陈继儒，字仲醇，号眉公。明代文学家和书画家，隐居昆山，专心为学、著述。　[3] 伊川先生：北宋大儒程颐。程颐，字正叔，世称伊川先生。

《四本堂座右编》[1]曰："《太乙》《六壬》《奇门》此三部书，原本于《易》，但我辈知之，不可习。习之，损安静心。儿辈见之，尤不可习，习之，生务末[2]心。"

祝石林[3]曰："身其金乎？世其冶乎？或得、或丧、或顺、或逆、或称、或讥、或憾、或怿[4]。无非锻炼我者。能受锻炼者益，不能受锻炼者损。"

【注释】

[1]《四本堂座右编》：清代朱潮远编纂。　[2] 务末：舍本逐末。　[3] 祝石林：祝世禄，号士林，万历十七年进士，书法家。　[4] 怿：欢喜。

陆士衡[1]《豪士赋》云：“身危由于势过，而不知去势以求安；祸积由于宠盛，而不知辞宠以招福。”此富贵人之通病也。

东坡云：“吾借王参军地种菜，不及半亩，而吾与子过终年饱菜。夜半解酒，辄撷菜煮之。味含土膏，气饱霜露，虽粱肉不能过也。人生须底物[2]而乃更贪耶！”乃题其庐曰“安蔬”。坡公此言，浅近可味，读之令人增长道心。

李之彦[3]曰：“尝玩‘钱’字，旁上著一戈字，下著一戈字，真杀人之物也，然则两戈争贝，岂非贱乎？”

魏柏乡相国《希贤录》曰：“《嗜退庵语存》云：‘教人与用人正相反，用人当用其所长，教人当教其所短。’”

【注释】

[1] 陆士衡：陆机，西晋吴郡人，字士衡。 [2] 底物：何物。 [3] 李之彦：宋代永嘉人，著《东谷所见》。

唐介[1]语诸子曰：“吾备位[2]政府，知无不言，桃李固未尝为汝等栽培，而荆棘则甚多矣！然汝等穷达莫不有命，惟自勉而已。”唐公此语乃深于阅历、看透人情而发，非一时愤懑之言也。可以陆氏《荒庄语》对照。

吕叔简[3]先生曰：“余行年五十，悟得五不争之味。”人问之，曰：“不与居积人争富；不与进取人争贵；不与矜节人[4]争名；不与简傲人争礼节；不与盛气人争是非。”

陈眉公曰：“醉人胆大，与酒融洽故也。人能与义命融洽，浩然之气自然充塞，何惧之有？”

【注释】

[1] 唐介：宋代江陵人，宋神宗时官至参知政事。 [2] 备位：居官的谦词。

[3] 吕叔简：吕坤，明代万历年间进士。政治家，理学大儒。 [4] 矜节人：持守名节之人。

明正统时，徐太医彪曰："药性犹人也。为善千日不足，为恶一日有余。"正德末，吴太医杰曰："调药性易，调自性难。"

刘元明[1]甚有吏能，历建康、山阴令，政为天下第一。傅翙[2]代为山阴，问元明曰："愿以旧政告新令尹。"答曰："我有奇术，卿家谱所不载。作令唯日食一升饭而不饮酒，此第一策。"此语见之魏柏乡相国《希贤录》中，其意蕴亦在可解可不解之间。虽居官之善，不止此一事，然此事未尝非居官之要领。服官久而阅历深者自知之。

薛文清曰："静能制动，沉能制浮，缓能制急，宽能制褊，察其偏而矫之，则气质变。"

昔人云："富贵原如传舍[3]，惟谦退谨慎之人得以久居。"身在富贵中者，当时诵此语。

【注释】

[1] 刘元明：刘玄明，此处避康熙帝"玄烨"之讳。南北朝时期齐人，任山阴县令，有政绩。 [2] 傅翙（huì）：南北朝人，官至骠骑谘议。翙，鸟飞的声音。 [3] 传舍：客栈。

《嗜退庵语存》云："《晋书》曰陶渊明读书不求甚解。盖以两汉以来，训诂盛行，拘牵繁碎，人溺于所闻。故超然真见，独契古初而晚废训诂。其泛览流观者，不过《周王传》《山海图》[1]而已。'游好在六经'，岂真不求甚解者哉！"渊明之不求甚解，予心疑之，览嗜退庵此语，为之一快。

杨相国一清[2]曰："当今为政之务，在省事不在多事；在守法不在变法；在安静不在纷扰；在宽简不在烦苛。"

陆放翁作《司马温公布被铭》曰：“公孙丞相布被[3]，人曰：‘诈！’司马丞相亦布被，人曰：‘俭！’布被，能也；使人曰‘俭’不曰‘诈’，不能也！”此语殊耐人思。

朱子曰：“宰相以得士为功，下士为难。而士之所守，乃以不自失为贵。”

罗豫章[4]曰：“君明，君之福；臣忠，臣之福。君明臣忠，则朝廷治安，得不谓之福乎？父慈，父之福；子孝，子之福。父慈子孝，则家道隆盛，得不谓之福乎？俗人以富贵为福，陋矣哉！”

【注释】

[1]《周王传》《山海图》：指《穆天子传》和《山海经》。 [2] 杨相国一清：即杨一清，明代成化年间进士，官至陕西三边总制、华盖殿大学士。 [3] 公孙丞相布被：出自《史记·公孙弘传》：“弘为步被，食不重肉。”公孙丞相，即公孙弘。布被，布制的被子。 [4] 罗豫章：罗从彦，北宋儒者，人称豫章先生。

安阳许励斋曰：“吾道[1]甚大孔孟，单辞片语，皆足括二氏之精微而去其偏。”

明道先生[2]曰：“天地生物，各无不足之理。常思天下君臣、父子、兄弟、夫妇，有多少不尽分处！”吁，人生天壤间，三复斯言，宁不发深省哉！

陈眉公曰：“未用兵时，全要虚心用人；既用兵时，全要实心活人。”又曰：“医以生人，而庸工以之杀人；兵以杀人，而圣贤以之生人。”

或问阳明先生[3]：“用兵有术否？”曰：“用兵何术？但能养得此心不动，乃术耳！凡胜负之决，不待临阵而卜，只在此心动与不动之间。”

薛文清公曰：“当官不接异色人[4]最好。不止巫祝、尼媪[5]宜疏绝，至于匠艺之人，虽不可缺，当用之以时，不宜久留于家；与之亲狎，皆能变易听闻，簸弄是非。儒士固当礼接，亦有本非儒者，或假文辞、字画以谋进，一与之款洽，即堕其术中。如房琯[6]为相，因一琴工董庭兰[7]出入门下，依倚为非，遂为相业之玷[8]。若此至类，能审查疏绝，亦清心省事之一助。”薛公此语，切中富贵人之病。然此等事，习而不察者甚多，及觉悟而后悔亦已晚矣！

【注释】

[1] 吾道：自己的学说。 [2] 明道先生：北宋理学大儒程颢。 [3] 阳明先生：明代大儒王阳明，心学集大成者。 [4] 异色人：意指非主流人士。 [5] 尼媪：尼姑。 [6] 房琯：唐玄宗时期人，官至吏部尚书。 [7] 董庭兰：唐玄宗时期的琴工，颇为房琯关照。 [8] 玷：玷污、过失。

象山先生曰：“学者不长进，只是好己胜。出一言，做一事，便道全是。岂有此理！古人惟贵知过则改，见善则迁。今各执己是，被人点破便愕然，所以不如古人。”先生此言，乃天下学者之通病。若能不蹈[1]此病，则其天资识量过人远矣！倘见此而能省察悔悟，将来亦必有所成就。

古人云：“教子之道有五：静其性；广其志；养其材；鼓其气；攻其病[2]。废一不可。”

【注释】

[1] 蹈：沾染。 [2] 攻其病：批评其过失、错误。

跋一

《澄怀园语》四卷，皆圣贤精实切至之语，修齐治平之道，即于是乎在焉。

太保太夫子本其躬行心得，偶然流溢，可以觉世牖民[1]，非仅家庭义方之训已也。树德[2]伏诵之余，有深入心坎，欲言而不能者；有切中学者隐微深痼之疾，身亦有之而不觉者。有为公之实事，向所未知，今闻之而足以感发兴起者。闲谈风雅，亦堪为博物之资。非公之学、公之识、公之量俱臻之极[3]，不能有此语也。盖他人之语，语焉已耳。公之语，公之为人也，天下后世得读公此书者，岂曰小补之哉！

树德幸居阁下，平日既得亲炙[4]，公之格言至行，有在此书之外者，兹又得反复此书，复广益于曩所见闻之外，抑何幸也。第自愧学、识、量三者，与公蔓[5]不相及，未能效法万一。然龙门[6]不云乎："高山仰止，景行行止。虽不能至，心向往之。"今于公亦云。

乾隆丙寅[7]小春月，归安门下晚学生沈树德拜跋

【注释】

[1] 觉世牖民：启发世人。 [2] 树德：沈树德，清代中期人，著有《慈寿堂集》。 [3] 臻之极：到达极致。 [4] 亲炙：亲受教诲。 [5] 蔓（qióng）：蔓茅，即旋花，一种蔓草。 [6] 龙门：司马迁出生在龙门，此指司马迁。 [7] 乾隆丙寅：1746年。

跋二

余既重梓张文端公《聪训斋语》二卷未竟，复得公子文和公《澄怀园语》一书，读之而叹世德相承，后先媲美之，不可及也。文和以宰相之子，生长华腴，乃能一秉庭训，百行修举，尤为古今来难能可贵。宜其接武黄扉[1]，蜚声东阁，当时以比范纯仁之继文正，韩忠彦之继魏公，如公者，诚无愧焉。至编中所述，虽寻常日用之端，皆至理名言所寓。有足与《聪训》互相发明者，有足与《聪训》并行不悖者。真人生之矩矱，家室之范围。习而察之，遵而行之，其有裨于持身涉世，正非浅鲜耳，因连类付梓，并志其大略云。

光绪二年[2]冬十一月 仁和葛元煦理斋[3]

【注释】

[1]黄扉：汉代的丞相、太尉和汉代以后的三公官署避用朱门，厅门涂为黄色，以区别于天子，称为“黄阁”或“黄扉”，后指宰相官署。　[2]光绪二年：1876年。　[3]仁和葛元煦理斋：葛元煦，清代仁和（今浙江省杭州）人，号理斋。藏书家。

郑板桥：家书十六通

郑燮（1693—1766），字克柔，号板桥、板桥道人，江苏人，祖籍苏州。清代著名书法家、画家，以擅长画兰、竹、石、松、菊等物闻名后世。郑板桥清康熙年间中秀才，雍正年间中举人，乾隆年间中进士。曾担任山东范县、潍县县令。郑板桥为人仁厚，不媚权贵，以仁义孝悌为人治家，体恤家人的辛苦，周济家中的贫弱之人。他为官清廉，刚毅傲骨，关心和同情底层民众。“衙斋卧听萧萧竹，疑是民间疾苦声”，这是郑板桥一生为人做官的真实写照。乾隆十四年（1749），郑板桥将其曾经写的十几封家书刊刻。信是写给堂弟郑墨看的，刊刻则是想传播自己为人处世、读书作文的观点。在这些家书中，我们既可以看出郑板桥为人处世的特立独行、孤洁傲岸，也可以发现在其中所蕴含他的仁义孝悌、经世为民的情怀。《清史列传·郑燮传》中说郑板桥“日放言高谈，臧否人物，以是得狂名。”他在信中也承认自己愤世嫉俗，“平生漫骂无礼”。在这些书信中，他多为惊人之语，比如他将士列为四民之末，抨击科举中的读书人只求功名利禄而不关心生民疾苦，于养民无益，这和中国古代以士大夫为中心的观念格格不入。比如他强调读书应该有独立的见识，不可以轻易追随和符合庸常人的言论。在家书中，他对弟弟的读书和幼子的教育问题非常关注，他以身作则，并谆谆告诫弟弟读书、做人和教育后辈的方法，我们也可以看出郑板桥长者风范。郑板桥家书语言风格平易近日，坦诚明快，这也和他一生坦诚畅快、率直傲岸的性格密切相关。《郑板桥家书》刊刻以来，多为后世所传颂，也可为当代人行为处世、修身治家提供一些借鉴。所选版本参考上海古籍出版社1979年整理出版的《郑板桥集》本和岳麓书社2004年整理出版的《板桥家书评点》本等。

板桥诗文，最不喜求人作叙。求之王公大人，既以借光[1]为可耻；求之湖海名流，必至含讥带讪[2]，遭其荼毒而无可如何，总不如不叙为得也。几篇家信，原算不得文章，有些好处，大家看看；如无好处，糊窗糊壁，覆瓿[3]覆盎[4]而已，何以叙为！郑燮自题，乾隆己巳[5]。

【注释】

[1] 借光：指借助王公大臣的威望。　[2] 含讥带讪:（对文章和诗词）讥笑、挑剔。　[3] 瓿（bù）：小瓮，圆口，深腹，圈足，用以盛物。　[4] 盎：古代的一种盆，腹大口小。　[5] 乾隆己巳：即1749年。

雍正十年杭州韬光庵中寄舍弟墨

谁非黄帝尧舜之子孙，而至于今日，其不幸而为臧获[1]，为婢妾，为舆台[2]、皂隶[3]，窘穷迫逼，无可奈何。非其数十代以前，即自臧获、婢妾、舆台、皂隶来也。一旦奋发有为，精勤不倦，有及身而富贵者矣，有及其子孙而富贵者矣，王侯将相岂有种乎！而一二失路名家，落魄贵胄[4]，借祖宗以欺人，述先代而自大。辄曰："彼何人也，反在霄汉[5]；我何人也，反在泥涂。天道不可凭，人事不可问！"嗟乎！不知此正所谓天道人事也。天道福善祸淫[6]，彼善而富贵，尔淫而贫贱，理也，庸何伤？天道循环倚伏[7]，彼祖宗贫贱，今当富贵，尔祖宗富贵，今当贫贱，理也，又何伤？天道如此，人事即在其中矣。愚兄为秀才时，检家中旧书簏[8]，得前代家奴契券[9]，即于灯下焚去，并不返诸其人。恐明与之，反多一番形迹，增一番愧恧[10]。自我用人，从不书券，合则留，不合则去。何苦存此一纸，使吾后世子孙，借为口实，以便苛求抑勒乎！如此存心，是为人处，即是为己处。若事事预留把柄，使入其网罗，无能逃脱，其穷愈速，其祸即来，其子孙即有不可问之事、不可测之忧。试看世间会打算的，何曾打算得别人一点，直是算尽自家耳！可哀可叹，吾弟识之。

【注释】

[1] 臧获（zāng huò）：古代对奴婢的贱称。 [2] 舆台：奴仆及地位低下的人。 [3] 皂隶：贱役，衙门里的差役。 [4] 贵胄：贵族的后裔。 [5] 霄汉：云霄和天河，比喻朝廷高级官位。 [6] 福善祸淫：上天降福于善良之人，降祸于放纵骄奢之人。 [7] 天道循环倚伏：指上天之道循环往复。 [8] 簏（lù）：竹箱。 [9] 契券：契据。 [10] 愧恧：惭愧。

焦山读书寄四弟墨

僧人遍满天下，不是西域送来的。即吾中国之父兄子弟，穷而无归，入而难返者也。削去头发便是他，留起头发还是我。怒眉侧目，叱为异端而深恶痛绝之，亦觉太过。佛自周昭王[1]时下生，迄于灭度，足迹未尝履中国土。后八百年而有汉明帝[2]，说谎说梦[3]，惹出这场事来，佛实不闻不晓。今不责明帝，而齐声骂佛，佛何辜乎？况自昌黎辟佛[4]以来，孔道大明，佛焰渐息，帝王卿相，一遵《六经》《四子》之书，以为齐家治国平天下之道，此时而犹言辟佛，亦如同嚼蜡而已。和尚是佛之罪人，杀盗淫妄，贪婪势利，无复明心见性之规。秀才亦是孔子罪人，不仁不智，无礼无义，无复守先待后之意。秀才骂和尚，和尚亦骂秀才。语云："各人自扫阶前雪，莫管他家屋瓦霜。"老弟以为然否？偶有所触，书以寄汝，并示无方师一笑也。

【注释】

[1] 周昭王：姬姓，名瑕，周康王之子，周朝第四任君主。 [2] 汉明帝：刘庄（28—75），在位时期，佛教传入中国； [3] 说谎说梦：指汉明帝一日梦到金人，大臣说金人是西方身毒国的佛陀。汉明帝派使臣到西方求佛法，

佛教从西域传入中国，汉明帝在洛阳修建白马寺。　[4] 昌黎辟佛：指韩愈排斥佛教。

仪真县江村茶社寄舍弟

江雨初晴，宿烟收尽，林花碧柳，皆洗沐以待朝暾[1]；而又娇鸟唤人，微风叠浪，吴、楚诸山，青葱明秀，几欲渡江而来。此时坐水阁上，烹龙凤茶，烧夹剪香，令友人吹笛，作《落梅花》[2]一弄，真是人间仙境也。

嗟乎！为文者不当如是乎！一种新鲜秀活之气，宜场屋[3]，利科名，即其人富贵福泽享用，自从容无棘刺。王逸少[4]、虞世南[5]书，字字馨逸，二公皆高年厚福。诗人李白，仙品也；王维，贵品也；杜牧，隽品也。维、牧皆得大名，归老辋川、樊川，车马之客，日造门下。维之弟有缙，牧之子有荀鹤，又复表表后人。惟太白长流夜郎[6]，然其走马上金銮，御手调羹，贵妃侍砚，与崔宗之[7]著宫锦袍游遨江上，望之如神仙。过扬州未匝月，用朝廷金钱三十六万，凡失路名流、落魄公子，皆厚赠之，此其际遇何如哉！正不得以夜郎为太白病。先朝董思白[8]，我朝韩慕庐[9]，皆以鲜秀之笔，作为制艺，取重当时。思翁犹是庆、历规模，慕庐则一扫从前，横斜疏放，愈不整齐，愈觉妍妙。二公并以大宗伯归老于家，享江山儿女之乐。方百川、灵皋两先生，出慕庐门下，学其文而精思刻酷过之；然一片怨词，满纸凄调。百川早世，灵皋晚达，其崎岖屯难亦至矣，皆其文之所必致也。吾弟为文，须想春江之妙境，挹先辈之美词，令人悦心娱目，自尔利科名，厚福泽。

或曰：吾子论文，常曰生辣，曰古奥，曰离奇，曰淡远，何忽作此秀媚语？余曰：论文，公道也；训子弟，私情也。岂有子弟而不愿其富贵寿考者乎！故韩非、商鞅、晁错之文，非不刻削，吾不愿子弟学之也；褚河南、欧阳率更之书，非不孤峭，吾不愿子孙学之也；郊寒岛瘦[10]，长吉鬼语[11]，诗非不妙，吾不愿子孙学之也。私也，非公也。

是日许生既白买舟系阁下，邀看江景，并游一戗[12]港。书罢，登舟而去。

【注释】

[1] 朝暾（zhāo tūn）：初升的太阳；亦指早晨的阳光。 [2]《落梅花》：词牌名，即《梅花落》，古笛曲名。 [3] 场屋：科举考试的地方，又称科场。 [4] 王逸少：指王羲之，晋代大书法家。 [5] 虞世南：唐朝政治家、文学家、诗人、书法家。越州（浙江省）余姚人。善书法，与欧阳询、褚遂良、薛稷合称“初唐四大家”。 [6] 太白长流夜郎：指李白因永王李璘谋逆案牵连系狱而至长流夜郎之史事。 [7] 崔宗之：名成辅；历左司郎中、侍御史，被贬官金陵。与李白诗酒唱和，常月夜乘舟。 [8] 董思白：董其昌，明代著名书画家。字玄宰，号思白、思翁，别号香光。 [9] 韩慕庐：清代初年文学家、书法家。 [10] 郊寒岛瘦：指唐代诗人贾岛。 [11] 长吉鬼语：指唐代诗人李贺。 [12] 戗（qiāng）：逆，反方向。

焦山别峰庵雨中无事寄舍弟墨

秦始皇烧书[1]，孔子亦烧书[2]。删书断自唐、虞，则唐、虞以前，孔子得而烧之矣。《诗》三千篇，存三百十一篇，则二千六百八十九篇，孔子亦得而烧之矣。孔子烧其可烧，故灰灭无所复存，而存者为经，身尊道隆，为天下后世法。始皇虎狼其心，蜂虿[3]其性，烧经灭圣，欲剜天眼而浊人心，故身死宗亡国灭，而遗经复出。始皇之烧，正不如孔子之烧也。

自汉以来，求书著书，汲汲每若不可及。魏、晋而下，迄于唐、宋，著书者数千百家。其间风云月露之辞，悖理伤道之作，不可胜数，常恨不得始皇而烧之。而抑又不然，此等书不必始皇烧，彼将自烧也。

昔欧阳永叔读书秘阁中，见数千万卷皆霉烂不可收拾，又有书目数十卷亦烂去，但存数卷而已。视其人名皆不识，视其书名皆未见。夫欧公不为不博，而书之能藏秘阁者，亦必非无名之子。录目数卷中，竟无一人一书识者，此其自焚自灭为何如！尚待他人举火乎？近世所存汉、魏、晋丛书，唐、宋丛书，《津逮秘书》《唐类函》《说郛》《文献通考》，杜佑《通典》，郑樵《通志》之类，皆卷册浩繁，不能翻刻，数百年兵火之后，十亡七八矣。

刘向《说苑》《新序》《韩诗外传》，陆贾《新语》，扬雄《太玄》《法言》，王充《论衡》，蔡邕《独断》，皆汉儒之佼佼者也。虽有些零碎道理，譬之"六经"，犹苍蝇声耳，岂得为日月经天，江河行地哉！吾弟读书，"四书"之上有"六经"，"六经"之下有《左》《史》《庄》《骚》[4]，贾、董[5]策略，诸葛表章，韩文、杜诗[6]而已，只此数书，终身读不尽，终身受用不尽。至如《二十一史》，书一代之事，必不用废。然魏收秽书、宋子京《新唐书》，简而枯；脱脱《宋书》，冗而杂。欲如韩文、杜诗脍炙人口，岂可得哉！此所谓不烧之烧，未怕秦灰，终归孔炬耳。"六经"之文，至矣尽矣，而又有至之至者：浑沦磅礴，阔大精微，却是日常家用，《禹贡》《洪范》[7]《月令》[8]，"七月流火"[9]是也。当刻刻寻讨贯串，一刻离不得。张横渠[10]《西铭》一篇，巍然接"六经"而作，呜呼休哉！

雍正十三年[11]五月二十四日，哥哥字

【注释】

[1] 秦始皇烧书：指秦始皇焚书坑儒。 [2] 孔子亦烧书：指孔子删削六经。 [3] 蜂虿（fēng chài）：都是有毒刺的螫虫；比喻狠毒凶残。 [4]《左》《史》《庄》《骚》：指《左传》《史记》《庄子》和《离骚》。 [5] 贾、董：指贾谊和董仲舒。 [6] 韩文、杜诗：指韩愈的文和杜甫的诗。 [7]《禹贡》

《洪范》：指《尚书》中的篇目。 [8]《月令》：《礼记》中的篇目。 [9]“七月流火”：出自《诗经》中的《国风·豳风·七月》。 [10]张横渠：北宋大儒张载。 [11]雍正十三年：1735年。

焦山双峰阁寄舍弟墨

郝家庄有墓田一块[1]，价十二两，先君曾欲买置[2]，因有无主孤坟一座，必须刨去。先君曰：“嗟乎！岂有掘人之冢以自立其冢者乎！”遂去之。但吾家不买，必有他人买者，此冢仍然不保。吾意欲致书郝表弟，问此地下落，若未售。则封去十二金，买以葬吾夫妇。即留此孤坟，以为牛眠一伴，刻石示子孙，永永不废，岂非先君忠厚之义而又深之乎！夫堪舆家言，亦何足信。吾辈存心，须刻刻去浇存厚，虽有恶风水，必变为善地，此理断可信也。后世子孙，清明上冢，亦祭此墓，卮酒[3]、只鸡、盂饭[4]、纸钱百陌[5]，著为例。

雍正十三年六月十日，哥哥寄。

【注释】

[1]墓田：坟地。 [2]先君：逝去的父亲。 [3]卮酒：犹言杯酒。 [4]盂：一种盛物的器皿。 [5]陌：钱百文为一陌。

淮安舟中寄舍弟墨

以人为可爱，而我亦可爱矣；以人为可恶，而我亦可恶矣。东坡一生觉得世上没有不好的人，最是他好处。愚兄平生漫骂无礼，然人有一才一技之长，一行一言之美，未尝不啧啧称道。橐中数千金[1]，随手散尽，爱人故也。至于缺厄欹[2]危之处，亦往往得人之力。好骂人，尤好骂秀才。细细想来，秀才受病，只是推廓不开。他若推廓得开，又不是秀才了。且专骂秀才，亦是冤屈，而今世上那个是推廓得开的？年老身孤，当慎口过。爱人是好处，骂人是不好处。东坡以此受病，况板桥乎！老弟当时时劝我。

【注释】

[1] 橐：口袋。　　[2] 攲：倾斜，歪斜。

范县署中寄舍弟墨

剎院寺祖坟，是东门一枝大家公共的，我因葬父母无地，遂葬其傍。得风水力，成进士，作宦数年无恙。是众人之富贵福泽，我一人夺之也，于心安乎不安乎！可怜我东门人，取鱼捞虾，撑船结网；破屋中吃秕糠[1]，啜麦粥，搴[2]取荇叶蕴头蒋角煮之，旁贴荞麦锅饼，便是美食，幼儿女争吵。每一念及，真含泪欲落也。汝持俸钱南归，可挨家比户，逐一散给。南门六家，竹横港十八家，下佃一家，派虽远，亦是一脉，皆当有所分惠。麒麟小叔祖亦安在？无父无母孤儿，村中人最能欺负，宜访求而慰问之。自曾祖父至我兄弟四代亲戚，有久而不相识面者，各赠二金，以相连续，此后便好来往。徐宗于、陆白义辈，是旧时同学，日夕相征逐者也。犹忆谈文古庙中，破廊败叶飕飕，至二三鼓[3]不去；或又骑石狮子脊背上，论兵起舞，纵言天下事。今皆落落未遇，亦当分俸以敦夙[4]好。凡人于文章学问，辄自谓己长，科名唾手而得，不知俱是侥幸。设我至今不第，又何处叫屈来，岂得以此骄倨朋友！敦宗族，睦亲姻，念故交，大数既得；其余邻里乡党，相周相恤，汝自为之，务在金尽而止。愚兄更不必琐琐矣。

【注释】

[1] 秕糠：瘪谷和米糠，在此指粗劣的食物。 [2] 搴（qiān）：拔取。 [3] 二三鼓：古代夜间击鼓以报时，一鼓即一更；二三鼓，指夜深。 [4] 夙：素有的，旧有的。

范县署中寄舍弟墨第二书

吾弟所买宅，严紧密栗[1]，处家最宜，只是天井太小，见天不大。愚兄心思旷远，不乐居耳。是宅北至鹦鹉桥不过百步，鹦鹉桥至杏花楼不过三十步，其左右颇多隙地[2]。幼时饮酒其旁，见一片荒城，半堤衰柳，断桥流水，破屋丛花，心窃乐之。若得制钱五十千，便可买地一大段，他日结茅有在矣。吾意欲筑一土墙院子，门内多栽竹树草花，用碎砖铺曲径一条，以达二门。其内茅屋二间，一间坐客，一间作房，贮图书史籍、笔墨砚瓦、酒董茶具其中，为良朋好友后生小子论文赋诗之所。其后住家，主屋三间，厨屋二间，奴子屋一间，共八间。俱用草苫[3]，如此足矣。清晨日尚未出，望东海一片红霞，薄暮斜阳满树，立院中高处，便见烟水平桥。家中宴客，墙外人亦望见灯火。南至汝家百三十步，东至小园仅一水，实为恒便。或曰：此等宅居甚适，只是怕盗贼。不知盗贼亦穷民耳，开门延入，商量分惠，有甚么便拿甚么去；若一无所有，便王献之青毡[4]，亦可携取质[5]百钱救急也。吾弟当留心此地，为狂兄娱老之资，不知可能遂愿否？

【注释】

[1] 栗（lì）：坚实。 [2] 隙地：空地。 [3] 苫（shān）：草帘子，草垫子。 [4] 王献之青毡：王献之，东晋书法家，王羲之之子。青毡，青色毛毯，指生活清苦。 [5] 质：抵押或抵押品。

范县署中寄舍弟墨第三书

禹会诸侯于涂山，执玉帛者万国。至夏、殷之际，仅有三千，彼七千者竟何往矣？周武王大封同异姓[1]，合前代诸侯，得千八百国，彼一千余国又何往矣？其时强侵弱，众暴寡，刀痕箭疮，薰眼破胁，奔窜死亡无地者，何可胜道。特无孔子作《春秋》，左丘明为传记[2]，故不传于世耳。世儒不知，谓春秋为极乱之世，复何道？而春秋已前，皆若浑浑噩噩，荡荡平平，殊甚可笑也。以太王[3]之贤圣，为狄所侵，必至弃国与之而后已。天子不能征，方伯不能讨，则夏、殷之季世[4]，其抢攘淆乱为何如，尚得谓之荡平安辑哉！至于《春秋》一书，不过因赴告之文，书之以定褒贬。左氏乃得依经作传。其时不赴告而背理坏道乱亡破灭者，十倍于《左传》而无所考。即如“汉阳诸姬，楚实尽之”[5]，诸姬是若干国？楚是何年月日如何殄灭他？亦寻不出证据来。学者读《春秋》经传，以为极乱，而不知其所书，尚是十之一,千之百也。

嗟乎！吾辈既不得志于时，困守于山椒海麓之间，翻阅遗编，发为长吟浩叹，或喜而歌，或悲而泣。诚知书中有书，书外有书，则心空明而理圆湛，岂复为古人所束缚，而略无张主乎！岂复为后世小儒所颠倒迷惑，反失古人真意乎！虽无帝王师相之权，而进退百王，屏当千古，是亦足以豪而乐矣。

又如《春秋》，鲁国之史也。如使竖儒[6]为之，必自伯禽[7]起首，乃为全书，如何没头没脑，半路上从隐公说起？殊不知圣人只要明理范世，不必拘牵。其简册可考者考之，不可考者置之。如隐公并不可考，便从桓、庄起亦得。或曰：《春秋》起自隐公，重让也；删书断自唐、虞，亦重让[8]也。此与儿童之见无异。试问唐、虞以前天子，哪个是争来的？大率删书断自唐、虞，唐、虞以前，荒远不可信也；《春秋》起自隐公，隐公以前，残缺不可考也，所谓史阙文耳。总是读书要有特识，依样葫芦，无有是处。而特识又不外乎至情至理，歪扭乱窜，无有是处。

人谓《史记》以吴太伯为《世家》第一，伯夷为《列传》第一，俱重让国。但《五帝本纪》以黄帝为第一，是戮蚩尤用兵之始，然则又重争乎？后先矛盾，不应至是。总之，竖儒之言，必不可听。学者自出眼孔，自竖脊骨，读书可尔[9]。

乾隆九年[10]六月十五日，哥哥字

【注释】

[1]武王大封同、异姓：指周武王伐纣得天下之后分封同姓、异姓诸侯。[2]左丘明为传记：指《春秋左氏传》。 [3]太王：指周文王的祖父古公亶父，时周为夷狄所侵，古公亶父率领周人迁居于岐山之下；周至此开始发展壮大。[4]季世：末世、衰败的时代。 [5]这句话出自《春秋左氏传·僖公二十八年》，指春秋时代的楚国兴兵灭周朝分封的同姓之国。 [6]竖儒：对鄙吝儒生的鄙称。 [7]伯禽：周公之子，西周初年被周王室分封在鲁国。[8]重让：指注重赞扬君主将王位让与合法继承的君主；如鲁隐公让位于鲁桓公。 [9]这句话指读书不可拘泥于成见，应有独立思考的精神。[10]乾隆九年：1744年。

范县署中寄舍弟墨第四书

十月二十六日得家书，知新置田获秋稼五百斛[1]，甚喜。而今而后，堪为农夫以没世[2]矣！要须制碓、制磨、制筛罗簸箕、制大小扫帚、制升斗斛。家中妇女，率诸婢妾，皆令习舂揄蹂簸[3]之事，便是一种靠田园长子孙气象。天寒冰冻时，穷亲戚朋友到门，先泡一大碗炒米送手中，佐以酱姜一小碟，最是暖老温贫之具。暇日咽碎米饼，煮糊涂粥，双手捧碗，缩颈而啜之，霜晨雪早，得此周身俱暖。嗟乎！嗟乎！吾其长为农夫以没世乎！

我想天地间第一等人，只有农夫，而士为四民之末。农夫上者种地百亩，其次七八十亩，其次五六十亩，皆苦其身，勤其力，耕种收获，以养天下之人。使天下无农夫，举世皆饿死矣。我辈读书人，入则孝，出则弟，守先待后，得志泽加于民，不得志修身见于世，所以又高于农夫一等。今则不然，一捧书本，便想中举、中进士、做官，如何攫取金钱、造大房屋、置多田产。起手便错走了路头，后来越做越坏，总没有个好结果。其不能发达者，乡里作恶，小头锐面，更不可当。夫束修[4]自好者，岂无其人；经济自期[5]，抗怀千古者，亦所在多有。而好人为坏人所累，遂令我辈开不得口；一开口，人便笑曰："汝辈书生，总是会说，他日居官，便不如此说了。"所以忍气吞声，只得捱人笑骂。工人制器利用，贾人[6]搬有运无，皆有便民之处。而士独于民大不便，无怪乎居四民之末也！且求居四民之末而亦不可得也！

愚兄平生最重农夫，新招佃[7]地人，必须待之以礼。彼称我为主人，我称彼为客户，主客原是对待之义，我何贵而彼何贱乎？要体貌他，要怜悯他；有所借贷，要周全他；不能偿还，要宽让他。尝笑唐人七夕诗，咏牛郎织女，皆作会别可怜之语，殊失命名本旨。织女，衣之源也；牵牛，食之本也。在天星为最贵，天顾重之，而人反不重乎！其务本勤民，星象昭昭可鉴矣。吾邑妇人，不能织绸织布，然而主中馈，习针线，犹不失为勤谨。近日颇有听鼓儿词，以斗叶为戏者，风俗荡轶，亟宜戒之。

吾家业田虽有三百亩，总是典产，不可久恃。将来须买田二百亩，予兄弟二人，各得百亩足矣，亦古者一夫受田百亩之义也。若再求多，便是占人产业，莫大罪过。天下无田无业者多矣，我独何人，贪求无厌，穷民将何所措足乎！或曰："世上连阡越陌，数百顷有余者，子将奈何？"应之曰："他自做他家事，我自做我家事，世道盛则一德遵王，风俗偷则不同为恶，亦板桥之家法也。"哥哥字。

【注释】

[1] 斛：容量单位，一斛本为十斗，后来改为五斗。 [2] 堪为农夫以没世：以做农夫终老。 [3] 舂揄蹂簸：舂，把东西放在石臼或乳钵里捣掉皮壳或捣碎；揄，拉，引；蹂：脚踏；簸（bò），用簸箕颠动米粮，扬去糠秕和灰尘。 [4] 束修：约束修养、敛容肃敬。 [5] 经济自期：经世致用以自期。[6] 贾人：商人。 [7] 佃：租赁。

范县署中寄舍弟墨第五书

作诗非难，命题为难。题高则诗高，题矮则诗矮，不可不慎也。少陵[1]诗高绝千古，自不必言，即其命题，已早据百尺楼上矣。通体不能悉举，且就一二言之：《哀江头》《哀王孙》，伤亡国也；《新婚别》《无家别》《垂老别》《前后出塞》诸篇，悲戍役也；《兵车行》《丽人行》，乱之始也；《达行在所》三首，庆中兴也；《北征》《洗兵马》，喜复国望太平也。只一开卷，阅其题次，一种忧国忧民、忽悲忽喜之情，以及宗庙丘墟、关山劳戍之苦，宛然在目。其题如此，其诗有不痛心入骨者乎！至于往来赠答，杯酒淋漓，皆一时豪杰，有本有用之人，故其诗信当时，传后世，而必不可废。

放翁[2]诗则又不然，诗最多，题最少，不过《山居》《村居》《春日》《秋日》《即事》《遣兴》而已。岂放翁为诗与少陵有二道哉？盖安史之变[3]，天下土崩，郭子仪、李光弼、陈元礼、王思礼之流，精忠勇略，冠绝一时，卒复唐之社稷。在《八哀》诗中，既略叙其人；而《洗兵马》一篇，又复总其全数而赞叹之，少陵非苟作也。南宋时，君父幽囚[4]，栖身杭越，其辱与危亦至矣。讲理学者，推极于毫厘分寸，而卒无救时济变之才；在朝诸大臣，皆流连诗酒，沉溺湖山，不顾国之大计。是尚得为有人乎！是尚可辱吾诗歌而劳吾赠答乎！直以《山居》《村居》《夏日》《秋日》，了却诗债而已。且国将亡，必多忌，躬行桀、纣，必曰驾尧、舜而轶汤武。宋自绍兴以来，主和议，增岁币，送尊号，处卑朝，括民膏，戮大将，无恶不作，无陋不为。百姓莫敢言喘，放翁恶得形诸篇翰以自取戾乎！故杜诗之有人，诚有人也；陆诗之无人，诚无人也。杜之历陈时事，寓谏诤也；陆之绝口不言，免罗织[5]也。虽以放翁诗题与少陵并列，奚不可也！

近世诗家题目，非赏花即宴集，非喜晤即赠行，满纸人名，某轩某园，某亭某斋，某楼某岩，某村某墅，皆市井流俗不堪之子，今日才立别号，明日便上诗笺。其题如此，其诗可知，其诗如此，其人品又可知。吾弟欲从事于此，可以终岁不作，不可以一字苟吟。慎题目，所以端人品，厉风教也。若一时无好题目，则论往古，告来今，乐府[6]旧题，尽有做不尽处，盍[7]为之？哥哥字。

【注释】

[1] 少陵：指杜甫，字子美，号少陵野老，一号杜陵野客、杜陵布衣。唐朝现实主义诗人，其著作以社会写实著称。　[2] 放翁：指陆游，字务观，号放翁，越州山阴（今浙江绍兴）人，南宋诗人、词人。　[3] 安史之变：唐玄宗时的安史之乱，唐朝由盛转衰。　[4] 君父幽囚：北宋靖康之变，金兵攻占北宋国都汴梁，金人俘虏宋徽宗、宋钦宗北上，北宋灭亡。　[5] 罗织：指被人虚构种种罪名，加以诬陷。　[6] 乐府：诗体名。初指乐府官署所采制的诗歌，后将魏晋至唐可以入乐的诗歌，以及仿乐府古题的作品统称乐府。　[7] 盍：何不。

潍县署中寄舍弟墨第一书

读书以过目成诵为能，最是不济事[1]。眼中了了，心下匆匆，方寸[2]无多，往来应接不暇，如看场中美色，一眼即过，与我何与也。千古过目成诵，孰有如孔子者乎？读《易》至韦编三绝，不知翻阅过几千百遍来，微言精义，愈探愈出，愈研愈入，愈往而不知其所穷。虽生知安行之圣，不废困勉下学之功也。东坡读书不用两遍，然其在翰林院读《阿房宫赋》[3]至四鼓，老吏苦之，坡洒然不倦。岂以一过即记，遂了其事乎！惟虞世南、张睢阳、张方平，平生书不再读[4]，迄无佳文。且过辄成诵，又有无所不诵之陋。即如《史记》百三十篇中，以《项羽本纪》为最，而《项羽本纪》中，又以钜鹿之战、鸿门之宴、垓下之会为最。反覆诵观，可欣可泣，在此数段耳。若一部《史记》，篇篇都读，字字都记，岂非没分晓的钝汉！更有小说家言、各种传奇恶曲及打油诗词，亦复寓目不忘，如破烂厨柜，臭油坏酱悉贮其中，其龌龊[5]亦耐不得！

【注释】

[1] 不济事：对事情没有补益。 [2] 方寸：心绪；心思；心神。 [3]《阿房宫赋》：唐代杜牧所作。 [4] 书不再读：书不读两次，形容记忆力好，过目不忘。 [5] 龌龊：气量狭隘，拘于小节。

潍县署中与舍弟墨第二书

余五十二岁始得一子，岂有不爱之理！然爱之必以其道，虽嬉戏顽耍，务令忠厚悱恻[1]，毋为刻急也。平生最不喜笼中养鸟，我图娱悦，彼在囚牢，何情何理，而必屈物之性以适吾性乎！至于发系蜻蜓，线缚螃蟹，为小儿顽具，不过一时片刻便折拉而死。夫天地生物，化育劬劳[2]，一蚁一虫，皆本阴阳五行之气絪缊而出。上帝亦心心爱念。而万物之性人为贵，吾辈竟不能体天之心以为心，万物将何所托命乎？蛇、蚖、蜈蚣、豺狼虎豹，虫之最毒者也，然天既生之，我何得而杀之？若必欲尽杀，天地又何必生？亦惟驱之使远，避之使不相害而已。蜘蛛结网，于人何罪，或谓其夜间咒月，令人墙倾壁倒，遂击杀无遗。此等说话，出于何经何典，而遂以此残物之命，可乎哉？可乎哉？

我不在家，儿子便是你管束。要须长其忠厚之情，驱其残忍之性，不得以为犹子而姑纵惜也。家人儿女，总是天地间一般人，当一般爱惜，不可使吾儿凌虐他。凡鱼飧果饼，宜均分散给，大家欢嬉跳跃。若吾儿坐食好物，令家人子远立而望，不得一沾唇齿，其父母见而怜之，无可如何，呼之使去，岂非割心剜肉乎！夫读书中举中进士作官，此是小事，第一要明理做个好人。可将此书读与郭嫂、饶嫂听，使二妇人知爱子之道在此不在彼也。

【注释】

[1] 悱恻：忧思抑郁。　[2] 劬（qú）劳：过分劳苦，勤劳。

书后又一纸

所云不得笼中养鸟，而予又未尝不爱鸟，但养之有道耳。欲养鸟莫如多种树，使绕屋数百株，扶疏茂密，为鸟国鸟家。将旦时，睡梦初醒，尚展转在被，听一片啁啾[1]，如《云门》《咸池》[2]之奏；及披衣而起，面漱口啜茗[3]，见其扬翚振彩，倏往倏来，目不暇给，固非一笼一羽之乐而已。大率平生乐处，欲以天地为囿[4]，江汉为池，各适其天，斯为大快。比之盆鱼笼鸟，其钜细仁忍何如也！

【注释】

[1] 啁啾：形容鸟叫声、奏乐声等。　[2]《云门》《咸池》：是一种古乐曲，相传为尧乐，也说为黄帝之乐，尧增修沿用。　[3] 茗：指茶。　[4] 囿：养动物的园子。

书后又一纸

尝论尧舜不是一样，尧为最，舜次之。人咸惊讶。其实有至理焉。孔子曰：“大哉尧之为君，惟天为大，惟尧则之[1]。”孔子从未尝以天许人，亦未尝以大许人，惟称尧不遗余力，意中口中，却是有一无二之象。夫雨旸寒燠[2]时若者，天也。亦有时狂风淫雨，兼旬累月，伤禾败稼而不可救；或赤旱数千里，蝗蠓螟特肆生，致草黄而木死，而亦不害其为天之大。天既生有麒麟、凤凰、灵芝、仙草、五谷、花实矣，而蛇、虎、蜂虿、蒺藜、稂莠、萧艾之属，即与之俱生而并茂，而亦不害其为天之仁。尧为天子，既已钦明文思，光四表而格上下矣[3]，而共工、驩兜[4]尚列于朝，又有九载绩用弗成之鲧[5]，而亦不害其为尧之大。浑浑乎一天也！

若舜则不然，流共工、放驩兜、杀三苗、殛鲧，罪人斯当矣。命伯禹作司空、契为司徒、稷教稼、皋陶掌刑、伯益掌火、伯夷典礼、后夔典乐、倕工鸠工，以及殳戕、朱虎、熊罴之属，无不各得其职，用人又得矣。为君之道，至毫发无遗憾。故曰：“君哉舜也！”又曰：“舜其大知也！”夫彰善瘅恶者，人道也；善恶无所不容纳者，天道也。尧乎，尧乎！此其所以为天也乎！

厥后舜之子孙，宾诸陈，无一达人。后代有齐国，亦无一达人。惟田横之卒，五百人从之，斯不愧祖宗风烈。非天之薄于大舜而不予以后也，其道已尽，其数已穷，更无从蕴而再发耳。若尧之后，至迂且远也。豢龙御龙而有中山刘累，至汉高[6]而光有天下。既二百年矣，而又光武中兴[7]。又二百年矣，而又先帝入蜀[8]，以诸葛为之相，以关、张为之将；忠义满千古，道德继贤圣。岂非尧之留余不尽，而后有此发泄也哉！

夫舜与尧同心同德同圣，而吾为是言者，以为作圣且有太尽之累，则何事而可尽也？留得一分做不到处，便是一分蓄积，天道其信然矣。

且天亦有过尽之弊。天生圣人亦屡矣，未尝生孔子也。及生孔子，天地亦气为之竭而力为之衰，更不复能生圣人。天受其弊，而况人乎！昨在范县与进士田种玉、孝廉宋纬言之，及来潍县，与诸生郭伟谈论，咸鼓舞震动，以为得未曾有。并书以寄老弟，且藏之匣中，待吾儿少长，然后讲与他听，与书中之意互相发明也。

【注释】

[1]这句话出自《论语·泰伯》孔子于此称赞尧作为圣王的伟大。 [2]燠（yù）：暖，热。 [3]这句话出自《尚书·尧典》。形容尧的德行。 [4]共工、驩兜：尧舜时代朝廷中恶臣。 [5]鲧：大禹的父亲，尧派他去治洪水，治理九年却不见成效。 [6]汉高：汉高祖刘邦。 [7]光武中兴：光武帝刘秀建立东汉，复兴汉朝。 [8]先帝入蜀：刘备建立蜀汉。

潍县寄舍弟墨第三书

富贵人家延[1]师傅教子弟，至勤至切，而立学有成者，多出于附从贫贱之家，而己之子弟不与焉。不数年间，变富贵为贫贱：有寄人门下者，有饿莩[2]乞丐者；或仅守厥家，不失温饱，而目不识丁；或百中之一亦有发达者，其为文章，必不能沉著痛快，刻骨镂心，为世所传诵。岂非富贵足以愚人，而贫贱足以立志而浚慧乎！我虽微官，吾儿便是富贵子弟，其成其败，吾已置之不论；但得附从佳子弟有成，亦吾所大愿也。

至于延师傅，待同学，不可不慎。吾儿六岁，年最小，其同学长者当称为某先生，次亦称为某兄，不得直呼其名。纸笔墨砚，吾家所有，宜不时散给诸众同学。每见贫家之子，寡妇之儿，求十数钱，买川连纸钉仿字簿，而十日不得者，当察其故而无意中与之。至阴雨不能即归，辄留饮；薄暮，以旧鞋与穿而去。彼父母之爱子，虽无佳好衣服，必制新鞋袜来上学堂，一遭泥泞，复制为难矣。

夫择师为难，敬师为要。择师不得不审，既择定矣，便当尊之敬之，何得复寻其短？吾人一涉宦途，即不能自课其子弟。其所延师，不过一方之秀，未必海内名流。或暗笑其非，或明指其误，为师者既不自安，而教法不能尽心；子弟复持藐忽心而不力于学，此最是受病处。不如就师之所长，且训吾子弟之不逮[3]。如必不可从，少待来年，更请他师；而年内之礼节尊崇，必不可废。又有五言绝句四首，小儿顺口好读，令吾儿且读且唱，月下坐门槛上，唱与二太太、两母亲、叔叔、婶娘听，便好骗果子吃也。

【注释】

[1] 延：请。　[2] 饿莩（è piǎo）：指饥饿。　[3] 逮：到，及。

潍县寄舍弟墨第四书

凡人读书，原拿不定发达[1]。然即不发达，要不可以不读书，主意便拿定也。科名不来，学问在我，原不是折本[2]的买卖。愚兄而今已发达矣，人亦共称愚兄为善读书矣，究竟自问胸中担得出几卷书来？不过挪移借贷，改窜添补，便尔钓名欺世。人有负于书耳，书亦何负于人哉！昔有人问沈近思侍郎，如何是救贫的良法？沈曰：“读书。”其人以为迂阔。其实不迂阔也。东投西窜，费时失业，徒丧其品，而卒归于无济，何如优游书史中，不求获而得力在眉睫间乎！信此言，则富贵，不信，则贫贱，亦在人之有识与有决并有忍耳。

【注释】

[1] 发达：飞黄腾达。　[2] 折本：亏掉本钱。

潍县署中与舍弟第五书

无论时文、古文、诗歌、词赋，皆谓之文章。今人鄙薄时文[1]，几欲摒诸笔墨之外，何太甚也，将毋丑其貌而不鉴其深乎！愚谓本朝文章，当以方百川制艺[2]为第一，侯朝宗古文次之；其他歌诗辞赋，扯东补西，拖张拽李，皆拾古人之唾余，不能贯串，以无真气故也。百川时文精粹湛深，抽心苗，发奥旨，绘物态，状人情，千回百折而卒造乎浅近。朝宗古文标新领异，指画目前，绝不受古人羁绁；然语不遒[3]，气不深，终让百川一席。忆予幼时，行匣中惟徐天池《四声猿》[4]、方百川制艺二种，读之数十年，未能得力，亦不撒手，相与终焉而已。世人读《牡丹亭》而不读《四声猿》[5]，何故？

文章以沉着痛快为最，《左》、《史》、《庄》、《骚》、杜诗、韩文是也。间有一二不尽之言，言外之意，以少少许胜多多许者，是他一枝一节好处，非六君子本色。而世间纤小之夫，专以此为能，谓文章不可说破，不宜道尽，遂訾人[6]为剌剌不休。夫所谓剌剌不休者，无益之言，道三不着两耳。至若敷陈帝王之事业，歌咏百姓之勤苦，剖晰圣贤之精义，描摹英杰之风猷[7]，岂一言两语所能了事？岂言外有言、味外取味者，所能秉笔而快书乎？吾知其必目昏心乱，颠倒拖沓，无所措其手足也。王、孟诗[8]原有实落不可磨灭处，只因务为修洁，到不得李、杜沉雄。司空表圣[9]自以为得味外味，又下于王、孟一二等。至今之小夫，不及王、孟，司空万万，专以“意外”“言外”自文其陋，可笑也。若绝句诗、小令词，则必以意外言外取胜矣。

“宵寐匪祯，札闼洪庥。”[10]以此訾人，是欧公正当处，然亦有浅易之病。“逸马杀犬于道”，是欧公简炼处，然《五代史》亦有太简之病。（高密单进士烺曰：“不是好议古人，无非求其至是。”）

写字作画是雅事，亦是俗事。大丈夫不能立功天地，字养生民，而以区区笔墨供人玩好，非俗事而何？东坡居士刻刻以天地万物为心，以其余闲作为枯木竹石，不害也。若王摩诘、赵子昂[11]辈，不过唐、宋间两画师耳！试看其平生诗文，可曾一句道着民间痛痒？设以房、杜、姚、宋[12]在前，韩、范、富、欧阳[13]在后，而以二子厕乎其间，吾不知其居何等而立何地矣！门馆才情，游客伎俩，只合剪树枝、造亭榭、辨古玩、斗茗茶，为扫除小吏作头目而已，何足数哉！何足数哉！愚兄少而无业，长而无成，老而穷窘，不得已亦借此笔墨为糊口觅食之资，其实可羞可贱。愿吾弟发愤自雄，勿蹈乃兄故辙也。古人云："诸葛君真名士。"名士二字，是诸葛才当受得起。近日写字作画，满街都是名士，岂不令诸葛怀羞，高人齿冷？

【注释】

[1] 时文：当时（清代）的文章。　[2] 制艺：指明清时代的八股文。[3] 遒（qiú）：雄健有力。　[4]《四声猿》：指明代徐渭的四部杂剧。[5]《牡丹亭》：明代剧作家汤显祖的代表作。　[6] 訾人：苛求别人。[7] 风猷：指人的风采品格。　[8] 王、孟诗：指唐代诗人王维、孟浩然的诗。[9] 司空表圣：司空图，字表圣，河中虞乡（今山西省永济县）人，晚唐诗人、诗论家。　[10]"宵寐匪祯，札闼洪庥。"：这句话出自宋代欧阳修。是"宵梦不祥书门大吉"一句俗话故作文雅的戏谑说法。宋子京与欧阳修并修唐史，往往以僻字更易旧文。欧阳修以此八个字讽之。　[11] 赵子昂：元代大书法家赵孟頫，字子昂，号松雪、松雪道人，生于吴兴（浙江湖州），为宋代宗室。　[12] 房、杜、姚、宋：指唐代重臣房玄龄、杜如晦、姚崇和宋璟。[13] 韩、范、富、欧阳：指宋代重臣韩琦、范仲淹、富弼、欧阳修。

彭端淑：为学一首示子侄

彭端淑《为学一首示子侄》作于乾隆九年（1744）。彭端淑（1699—1779），眉州丹棱（今四川丹棱县）人。清代文学家。乾隆二十六年（1761），他辞官引退，归乡教学育人。彭端淑此文本为训示族中子侄而作，该文自行世以来，特别是近几十年来因长期被选入中学语文教材，因而传播广泛，对青年学子励志求学影响巨大。

天下事有难易乎？为之，则难者亦易矣；不为，则易者亦难矣。人之为学有难易乎？学之，则难者亦易矣；不学，则易者亦难矣。

吾资[1]之昏不逮[2]人也。吾材之庸[3]不逮人也；旦旦而学之，久而不怠[4]焉，迄乎成[5]，而亦不知其昏与庸也。吾资之聪倍人也，吾材之敏倍人也；屏弃而不用，其与昏与庸无以异也。圣人之道，卒于鲁也传之[6]。然则昏庸聪敏之用，岂有常哉？

【注释】

[1] 资：天资。　[2] 不逮：赶不上。　[3] 庸：平常。　[4] 不怠：不懈怠。　[5] 迄乎成：到了有所成就。　[6]“圣人之道”句：孔子评价曾参说：参也鲁。即资质平常。孔子的道最终是被他资材平常的学生曾参所传承接续下来。

蜀之鄙[1]有二僧，其一贫，其一富。贫者语于富者曰：“吾欲之南海，何如？”富者曰：“子何恃[2]而往？”曰：“吾一瓶一钵[3]足矣。”富者曰：“吾数年来欲买舟而下，犹未能也。子何恃而往？”越明年，贫者自南海还，以告富者。富者有惭色。

西蜀之去南海，不知几千里也，僧富者不能至，而贫者至焉。人之立志，顾不如蜀鄙之僧哉？是故聪与敏，可恃而不可恃也；自恃其聪与敏而不学者，自败者也。昏与庸，可限而不可限也；不自限其昏与庸而力学不倦者，自力[4]者也。

【注释】

[1] 鄙：郊野之处，边远的地方。 [2] 恃：凭借。 [3] 钵：洗涤或盛放东西的陶制的器具。僧人化缘所用。 [4] 自力：自己勉力。

纪昀：训子书

纪昀（1724—1805），字晓岚，清代中期名臣。乾隆十九年（1754）进士。官至礼部尚书、协办大学士等职。他博学多闻，曾担任《四库全书》总纂修官。本书精选纪昀在不同时期写给弟弟和儿子们的五篇家书。在家书中，纪昀指导弟弟学习儒学，教育儿子慎交朋友、爱惜生物、兢兢业业持家为学。家书见闻广博，内容雅趣，可见一代名臣纪晓岚持家之风范。本文采用上海古籍出版社出版的《纪文达公遗集》为选文底本。

寄秀岚弟

秀弟有志于研究经学，甚善。来书询问汉儒以训诂专门，宋儒以义理相尚，而说究以合者为优。夫泛言之，似觉汉学[1]粗而宋学[2]精，实则不明训诂，义理何自而明？

溯自孔子删定群经，重教万世，大义微言，递相传授，汉代诸儒，去古未远，训诂笺注类能窥先圣之心；又淳朴未漓[3]，无植党争名之习，故能各传师说，笃溯渊源。沿及北宋，勒为注疏，研穷就素，各抒心得，平心而论，《尚书》《三礼》[4]《三传》[5]《毛诗》《尔雅》诸注疏，皆根据古义，断非宋儒所能。《论语》《孟子》，宋儒积一生精力，字斟句酌，亦断非汉儒所及，此谓各有所长。汉儒或执旧文，过于言传；宋儒或凭臆断，勇于改经，此谓各有所短。计其得失，正复相当。若藐视汉儒，不加探讨，概用诋排，视就土苴[6]，未免既成大辂[7]，追斥椎轮，得济迷川，遽焚宝筏。莫怪后世饱学之士，代汉儒报不平，又纷起而攻宋儒之短矣。

按宋儒之攻汉儒，非为说经起见，特求胜于汉儒而已。后人之攻击宋儒，亦非为说经起见，特不服宋儒之抵汉儒而已。总而言之，汉儒之学深奥，非读书稽古[8]不能下一语，宋儒之学浅近，人人皆可以空谈。莫问兰艾同生，诚有不尽厌人心者。吾辈说经只求实在，攻击之词概置弗论，获益多矣。

【注释】

[1]汉学：两汉以来的经句注疏之学。 [2]宋学：宋以来的性理之学。 [3]淳朴未漓：指人心淳朴，未被漓乱。 [4]《三礼》：指《礼仪》《礼记》和《周礼》的合称。 [5]《三传》：指《春秋公羊传》《春秋谷梁传》和《春秋左氏传》的合称。 [6]土苴：渣滓，糟粕。指微贱的东西。 [7]大辂：大车。[8]稽古：考求并取法古代。

训大儿

尔初入世途，择交宜慎。“友直，友谅，友多闻，益矣[1]。”误交真小人，其害犹浅；误交伪君子，其祸为烈矣！盖伪君子之心，百无一同，有拗捩[2]者，有偏倚[3]者，有黑如漆者，有曲如钩者，有如荆棘者，有如刀剑者，有如蜂虿[4]者，有如狼虎者，有现冠盖形者，有现金银气者。业镜[5]高悬，亦难照彻。缘其包藏不测，起灭无端，而回顾其形，则皆岸然道貌，非若真小人之一望可知也。并且此等外貌麟鸾[6]，中藏鬼蜮[7]之人，最喜与人结交，儿其慎之。

【注释】

[1]友直，友谅，友多闻，益矣：出自《论语·季氏》。指结交正直的朋友、

诚实的朋友或见识广的朋友，这是有益的。 [2] 拗捩：歪曲、扭曲。[3] 偏倚：偏执、狭隘。 [4] 蜂虿：即蜂蝎，均是有毒刺的毒虫，形容内心恶毒。 [5] 业镜：能够映照因果业力的镜子。 [6] 外貌麟鸾：指外貌像麒麟、鸾鸟一样。 [7] 鬼蜮：害人的鬼和怪物。

训次儿

北村别墅中，守门者前言见狐，今言见鬼，以致家人裹足[1]不敢入。昔年尔伯本拟售去，余因祖宗创建之屋，不忍舍弃，立梗其议，始得保存。尔因今岁逢大比[2]，特挈一仆，岸然往别墅读书，居处两月，安然绝无闻见，壮哉！儿志可嘉焉。本来只闻鬼畏人，未闻人畏鬼，读书人犹其不畏鬼。尝闻曹司农之弟菊存言："客夏自歙州赴扬州，固事往友人家，时当盛夏，延坐书室，甚觉凉爽，至夜深不忍去。友曰：'本拟下榻相留，奈房屋窄小，此室又有鬼，不可居人。'曹胆素壮，强居之。至夜半，有物自门隙蠕动，入室变为女子，曹若无睹。鬼忽披发吐舌作缢鬼状，曹大笑曰：'犹是发，犹是舌，何足畏哉！'鬼忽自摘其首置于案，曹又笑曰：'有首尚不畏，况无首耶！'鬼技穷而倏灭。"夫世人被鬼祟者，大抵是畏鬼之人。畏则心乱，心乱则神涣，神涣则鬼得乘之。不畏则心定，心定则神全，神全则渗戾[3]之气不能干，鬼必退之。吾儿之不见鬼，殆亦心定神全之理欤，可嘉可嘉！

【注释】

[1] 裹足：指有所顾虑而止步不前。 [2] 大比：明清时代科举考试中的乡试。 [3] 渗戾：指凶邪。

训三儿

尔好射猎，前已告诫，可曾遵改否？尔须知无端残杀生物，终必偿命。余同年[1]申铁蟾为陕西试用知县，前月忽寄一札与余，词意恍惚迷离，殊难索解，绝不类其平日之手笔，知其改常，必有变端。未几，讣音果至，既而邵二云赞善告我云："铁蟾在西安，病后入山射猎，归见目前二圆物，旋转如轮，瞑目亦见之，忽然圆物爆裂，跃出二小婢，称仙女奉邀，魂即随之往。琼楼贝阙[2]中，一绝代丽姝，通词自媒。铁蟾固辞，女子老羞成怒，挥之出，霍然而醒。越月余，睡后又见二圆物，如前爆出二小婢，邀之往一幽深宅第，问：'此何地？邀我何为？'曰：'佛桑请题堂额。'因为八分书'佛桑香界'四字。前女子又来自媒，谢以不惯居此，女怒，强奉其首而吮其脑，痛极而醒。遂大病，请方士李某诊治，进以赤丸，呕逆而卒，人皆谓其好猎之报[3]。"尔在青年，正当发奋求学，猎兽之事，非尔所为，兼之铁蟾之前车可鉴，岂不殆哉！

【注释】

[1] 同年：明清时代乡试、会试同榜登科者。 [2] 琼楼贝阙：华丽的宫殿楼阁。 [3] 好猎之报：因嗜好射猎而得的报应。

训诸子

余家托赖祖宗积德，始能子孙累代居官。惟我禄秩[1]最高。自问学业未进，天爵未修，竟得位居宗伯[2]，只恐累代积福，至余发泄尽矣。所以居下位时，放浪形骸，不修边幅[3]，官阶日益进，心忧日益深。古语不云乎："跻愈高者陷愈深。"居恒用是兢兢，自奉日守节俭，非宴客不食海味，非祭祀不许杀生。余年过知命[4]，位列尚书，禄寿亦云厚矣，不必再事戒杀修善，盖为子孙留些余地耳。

尝见世禄之家，其盛焉位高势重，生杀予夺，率意妄行，固一世之雄也。及其衰焉，其子若孙，始则狂赌滥嫖，终则卧草乞丐，乃父之尊荣安在哉？此非余故作危言以耸听。吾昔年所购之钱氏旧宅，今已改作吾宗祠[5]者，近闻钱氏子已流为叫化，其父不是曾为显宦者乎？尔辈睹之，宜作为前车之鉴。

勿持傲慢，勿尚奢华，遇贫苦者宜赒恤[6]之，并宜服劳。吾特购粮田百亩，雇工种植，欲使尔等随时学稼，将来得为安分农民，便是余之肖子，纪氏之鬼，永不馁矣！尔等勿谓春耕夏苗、胼手胝足[7]，乃属贱丈夫之事，可知农居四民之首、士为四民之末？农夫披星戴月，竭全力以养天下之人，世无农夫，人皆饿死，乌可贱视之乎？戒之戒之！

【注释】

[1] 禄秩：官位和俸禄。　[2] 宗伯：《周礼》中的六卿之一，掌宗庙祭祀等事。此指在礼部担任官职。　[3] 不修边幅：形容随随便便，不拘礼节。　[4] 年过知命：出自《论语·为政》：“五十而知天命。”后用“知命”指五十岁。此为年纪已经五十多岁。　[5] 宗祠：家庙，同族人祭祀祖先的祠堂。　[6] 赒恤：周济救助。　[7] 胼手胝足：手脚磨起老茧，形容劳苦。

林则徐：家书四篇

林则徐（1785—1850），字元抚，一字少穆，福建侯官（今闽侯人）。晚清著名政治家，经世活动家，爱国思想家。嘉庆十六年（1811）进士。此后先后在浙江、江苏、湖北、河南、山东等地任职，清正廉洁，政绩卓著。1837年担任湖广总督，在任期间禁止鸦片贸易，卓著成效，为禁烟派代表人物。他受命为钦差大臣，在广东严令英国烟贩缴出并予以销毁。筹办海防，倡办义勇，屡次打退英军武装挑衅。鸦片战争清廷战败后，他遭革职，不久充军新疆。后被起用为陕甘总督等职，因病辞职回籍，1850年病故。本书从林则徐数十封家书中精选四篇，分别为他在不同时期对其夫人和三个儿子所写的家书。在家书中，林则徐向夫人告知近况，并嘱咐家人爱惜身体，勤俭持家，清正为官，刻苦求学。在家书中，今人既可以看到林则徐为夫之关心夫人之情，为父之谆谆告诫之意，以及为官之“苟利国家生死以，岂因祸福避趋之”之抱负。本文采用文海出版社印行的《清代四名人家书》作为选文底本。

致郑夫人

来粤已半年矣，新岁景状粤中与闽无殊。封印后尚为安闲，无事时辄取古人历史阅之，甚为舒服。饭量亦健，去冬曾请名医廖心如开补药一剂，服之甚佳，兹特寄回，今冬夫人亦可照服一剂，年老者得此，或可稍助血气也。如恐身体不适，可请故乡医师临时斟酌之。次儿不来甚佳，准至三月初再启程未迟。大儿回家后，诸事当可放心，但大儿旅京久，恐官气甚深，在乡党实非所宜，取祸之道，即在于此。夫人宜善言戒之。三儿考试期已近，务须嘱其努力用功，一为差池，即须年半。寸阴可贵，毋自荒弃。功名虽身外物，然入世之道不可缺也。圣贤复生，亦不能免此。子嘉兄因公被累，几遭缧绁[1]，夫甚为恻然，但公事公办，亦莫能爰手。幸平日私德无亏，官声甚好。此事又系因公被祸，实非其罪，大势一革后当可无事也。彼本于去岁九月满任，十月请假回里。不料临去时忽连生二劫案，以致脱身不得，命途多舛，一至于此。然亦可见居官之不易，而急流贵在勇退也。今夏满任，余决回里一次，俟人冬再定行止。但鸦片一案[2]，甚形棘手，不幸恐启干戈，届时未知能否脱身。然一思古人致身事君之义，亦为之释然。家中大小想俱平安，甚以为念。下月当再寄汇三百两纹银回家，苟可支持，决勿向亲故告贷，致贻公孙布被[3]之秽。夫人明达，当亦能见及此，匆匆不一。

【注释】

[1] 缧绁：捆绑犯人的绳索，此指入牢狱。 [2] 鸦片一案：指当时在广州推行的禁烟运动。 [3] 公孙布被：指汉代的公孙弘位为公卿，俸禄丰厚，但却仍然粗衣淡饭。形容官员对外界故意示以节俭，实际上却为了沽名钓誉。

覆长儿汝舟

字谕汝舟儿知悉：接来信，知已安然抵家，甚慰。母子兄弟夫妇，三年隔别，一旦重逢，其快乐当非寻常人所可言喻。今将新岁矣，辛盘卯酒，团圆乐叙，亦家庭间一大快事。父受恩高厚，不获岁时归家。上拜祖宗，下蓄妻子，枨触[1]为何如？唯有努力报国，以上答君恩耳。官虽不做，人不可不做。在家时应闭户读书，以期奋发。一旦用世，致不致上负高厚，下玷祖宗。吾儿虽早年成功，折桂探杏，然正皇恩浩荡，邀幸以得之，非才学应如是也。此宜深知之。即为父开八轩、握秉衡[2]，亦半出皇恩之赐，非正有此才力也。故吾儿益宜读书明理，亲友虽疏，问候不可不勤；族党虽贫，礼节不可不慎。即兄弟夫妇间，亦宜尽相当之礼。持盈乃可保泰，慎勿以做官骄人。而用力之要，尤在多读圣贤书，否则即易流于下。古人仕而优而学，吾儿仕尚未优，而可夜郎自大、弃书不读哉！次儿去岁可不必来，风雪严寒，道途跋涉，实足令为父母者不安，姑俟明春三月，再来未迟。吾儿更可不必来，家有长子曰家督，持家事母，正吾儿应为之事、应尽之职，毋庸舍彼来此也。父身体甚好，入冬后曾服补药一帖，精神尚健，饮食起居，亦极安适，毋念。元抚手谕。

【注释】

[1] 枨触：感触，感动。　　[2] 开八轩，握秉衡：指身居高位。

训次儿聪彝

字谕聪彝儿：尔兄在京供职，余又远戍塞外。惟尔奉母及弟妹居家，责任綦重[1]，所当谨守者有五：一须勤读敬师，二须孝顺奉母，三须友于爱弟，四须和睦亲戚，五须爱惜光阴。

尔今年已十九矣，余年十三补弟子员，二十举于乡。尔兄十六入泮[2]，二十二登贤书。尔今犹是青矜一领。本则三子中，惟尔资质最钝，余固不望尔成名，但望尔成一拘谨笃实子弟。尔若堪弃文学稼[3]，是余所最欣喜者。盖农居四民之首，为世间第一等最高贵之人。所以余在江苏时，即嘱尔母购置北郭隙地，建筑别墅，并收买四围粮田四十亩，自行雇工耕种，即为尔与拱儿，预为学稼之谋。尔今已为秀才矣，就此抛撇诗文，常居别墅，随工人以学习耕作，黎明即起，终日勤勤而不知倦，便是长田园之好子弟。

至于拱儿，年仅十三，犹是白丁[4]，尚非学稼之年，宜督其勤恳用功。姚师乃侯官名师，及门弟子，领乡荐，捷礼闱[5]者，不胜偻指计。其所改拱儿之功课，能将不通语句，改易数字，便成警句。如此圣手，莫说侯官士林中，都推重为名师，只恐遍中国亦罕有第二人也。拱儿既得此名师，若不发愤攻苦，太不长进矣。前月寄来窗课五篇，文理尚通，惟笔下太嫌枯涩，此乃欠缺看书工夫之故。尔宜督其爱惜光阴，除诵读作文外，余暇须批阅史籍。惟每看一种，须自首至末，详细阅完，然后再易他种，最忌东拉西扯，阅过即忘，无补实用。并须预备看书日记册，遇有心得，随手摘录。苟有费解或疑问，亦须摘出，请姚师讲解，则获益良多矣！

【注释】

[1] 綦重：极为重要。 [2] 入泮：指入学。 [3] 弃文学稼：不从事科举考试，而务农事。 [4] 白丁：指未取得功名的平民。 [5] 礼闱：明清时代科举考试之会试，因其为礼部主办，故称礼闱。

训三儿拱枢

字谕拱儿知悉：尔年已十三矣，余当尔年，已补博士弟子员[1]。尔今文章尚未全篇，并且文笔稚气，难望有成，其故由于不专心攻苦所致。昨接尔母来书，云尔喜习画，夫画本属一艺，古来以画传名者，指不胜屈，不过泰半是名士高人，达官显宦，方足令人敬慕。若心中茅塞未开，所画必多俗气，只能充作画匠耳。若欲成画师，须将腹笥储满[2]，诗词兼擅，薄有微名，则画笔自必超脱，庶不被人贱视也。

【注释】

[1] 博士弟子员：汉武帝设博士官，置弟子员。此指由最初级的科举考试中

入府、县学之人。 [2]腹笥（sì）储满：腹中装满学问。笥，盛饭或衣物的方形竹器。

曾国藩：家书十篇

曾国藩（1811—1872），字伯函，号涤生，清代湖南长沙府湘乡人。晚清重臣，政治家、军事家、思想家，湘军统帅。道光十八年（1838）中进士。太平天国战争时，他受命组建湘军，济世经国。官至两江总督、直隶总督、武英殿大学士，封一等毅勇侯，谥曰“文正”。

曾国藩是近代中国理学文化的典型代表，其学注重修身践履和经世致用。他将理学用之于身心修炼和经世济民方面，是一个非凡的践履者。曾氏认为，人生的绝大学问即在人伦日用之间。作为兄长，他全面担负着教导弟弟们读书做人、修身处世等方面的责任。他根据祖父的治家遗规，参合自己的见解，教育子侄辈读书做人，养成勤勉坚忍、忠孝节义的品行，牢记父祖之训，不忘耕读之本。曾氏家训其思想内容如戒奢、骄、怠、懒，守勤，俭，廉，朴等真实而细微，其方法亲切、耐心而富有成效。

《曾国藩家书》是后人将曾氏出仕期间的来往家信整理而成。在家书中，曾国藩用浅近的语言，说朴实的道理；继承了儒家传统论学的风格——切近人心世用。对于诸弟、子侄的性格及功业之得失反复针砭，情感至诚至切。更重要的是，家书所言之道理，曾国藩均能身体力行，为诸弟子侄提供了可学可成的典范。在如此父慈子孝、兄友弟恭的环境濡染下，曾氏一门，家风纯正、人才辈出。九弟曾国荃，亦为湘军将领，后官至礼部尚书、两江总督兼通商事务大臣。大儿子曾纪泽，系清末外交家。二儿子曾纪鸿，系数学家。孙子广钧，系著名诗人。广铨，出使英、韩。曾孙宝荪、约农，毕生从事教育事业。另外，他几位弟弟的子孙，也大都谨守家训，在科技、教育领域各有成就。

曾氏之后，其家书成为士大夫必读之书。李鸿章尤其赞同曾氏家庭教育观念、立身处世的思想和方法。近代思想家梁启超说，“曾氏所言，字字皆得之阅历而切于实际，故其亲切有味，资吾侪当前之受用”，“尽人皆可学焉而至”。本篇精选曾国藩家书中有代表性的十篇信函，提要精编，略加解读。家书版本众多，本书参考通行版本和由岳麓书社整理出版的《曾国藩全集》。

致诸弟

四位老弟足下：

十月二十一接九弟[1]在长沙所发信，内途中日记六叶，外药子一包。二十二接九月初二日家信，欣悉以慰。

自九弟出京后，余无日不忧虑，诚恐道路变故多端，难以臆揣。及读来书，果不出吾所料。千辛万苦，始得到家。幸哉幸哉！郑伴之下不足恃，余早已知之矣。郁滋堂如此之好，余实不胜感激。在长沙时，曾未道及彭山屺，何也？又为祖母买皮袄，极好极好，可以补吾之过矣。

观四弟[2]来信甚详，其发愤自励之志，溢于行间。然必欲找馆出外，此何意也？不过谓家塾离家太近，容易耽搁，不如出外较清净耳。然出外从师，则无甚耽搁；若出外教书，其耽搁更甚于家塾矣。且苟能发奋自立，则家塾可读书，即旷野之地、热闹之场亦可读书，负薪牧豕[3]，皆可读书；苟不能发奋自立，则家塾不宜读书，即清净之乡、神仙之境皆不能读书。何必择地？何必择时？但自问立志之真不真耳！

六弟[4]自怨数奇[5]，余亦深以为然。然屈于小试辄发牢骚，吾窃笑其志之小，而所忧之不大也。君子之立志也，有民胞物与[6]之量，有内圣外王[7]之业，而后不忝于父母之所生，不愧为天地之完人。故其为忧也，以不如舜不如周公为忧也，以德不修学不讲为忧也。是故顽民梗化[8]则忧之，蛮夷猾夏则忧之，小人在位贤人否闭则忧之，匹夫匹妇不被己泽则忧之。所谓悲天命而悯人穷，此君子之所忧也。若夫一身之屈伸，一家之饥饱，世俗之荣辱得失、贵贱毁誉，君子固不暇忧及此也。

【注释】

[1] 九弟：曾国荃（1824—1890），字沅甫，号叔纯，曾国藩的三弟，在其族中排行第九。 [2] 四弟：曾国潢（1820—1886），原名国英，字澄侯，族中排行第四。 [3] 负薪牧豕：负薪，背负柴草；牧豕：放猪。形容读书环境恶劣。 [4] 六弟：曾国华（1822—1858），字温甫，族中排行第六，是曾国藩父亲曾麟书的第三子，因为出继为叔父曾骥云之子。后战死于三河镇。 [5] 数奇：指命运不好，遇事多不利。 [6] 有民胞物与：出自北宋大儒张载的著述《西铭》："民吾同胞，物吾与也。"指泛爱一切人和物。 [7] 内圣外王：出自《庄子·天下》："是故内圣外王之道，闇而不明，鬱而不发，天下之人，各为其所欲焉，以自为方。"古代修身为政的最高理想。谓内具有圣人之至德，外推行王者之善政。 [8] 梗化：谓顽固不服从教化。

六弟屈于小试，自称数奇，余窃笑其所忧之不大也。盖人不读书则已，亦既自名曰读书人，则必从事于《大学》。《大学》之纲领有三；明德、新民、止至善，皆我分内事也。若读书不能体贴到身上去，谓此三项与我身毫不相涉，则读书何用？虽使能文能诗，博雅自诩，亦只算识字之牧猪奴[1]耳！岂得谓之明理有用之人也乎？朝廷以制艺取士，亦谓其能代圣贤立言，必能明圣贤之理，行圣贤之行，可以居官莅民、整躬率物也。若以明德、新民为分外事，则虽能文能诗，而于修己治人之道实茫然不讲，朝廷用此等人作官与用牧猪奴做官何以异哉？

然则既自名为读书人，则《大学》之纲领，皆己立身切要之事明矣。其条目有八，自我观之，其致功之处，则仅二者而已，曰格物，曰诚意。格物，致知之事也；诚意，力行之事也。物者何？即所谓本末之物也。身、心、意、知、家、国、天下皆物也，天地万物皆物也，日用常行之事皆物也。格者，即物而穷其理也。如事亲定省，物也；究其所以当定省之理，即格物也。事兄随行，物也；究其所以当随行之理，即格物也。吾心，物也；究其存心之理，又博究其省察涵养以存心之理，即格物也。吾身，物也；究其敬身之理，又博究其立齐坐尸以敬身之理，即格物也。每日所看之书，句句皆物也；切己体察，穷其理即格物也。此致知之事也，所谓诚意者，即其所知而力行之，是不欺也。知一句便行一句，此力行之事也。此二者并进，下学在此，上达亦在此。

吾友吴竹如[2]格物工夫颇深，一事一物，皆求其理。倭艮峰[3]先生则诚意工夫极严，每日有日课册，一日之中，一念之差，一事之失、一言一默皆笔之于书。书皆楷字，三月则订一本。自乙未年起，今三十本矣。盖其慎独之严，虽妄念偶动，必即时克治，而著之于书。故所读之书，句句皆切身之要药。兹将艮峰先生日课抄三叶付归，与诸弟看。余自十月初一日起亦照艮峰样，每日一念一事，皆写之于册，以便触目克治，亦写楷书。冯树堂与余同日记起，亦有日课册。树堂极为虚心，爱我如兄弟，敬我如师，将来必有所成。余向来有无恒之弊，自此次写日课本子起，可保终身有恒矣。盖明师益友，重重夹持，能进不能退也。本欲抄余日课册付诸弟阅，因今日镜海先生来，要将本子带回去，故不及抄。十一月有摺差，准抄几叶付回也。

【注释】

[1] 牧猪奴：指做养猪之类事情的仆人。　[2] 吴竹如：吴廷栋（1793—1873），字彦甫，号竹如，安徽霍山人。理学大儒，官至大理寺卿、刑部侍郎等职。　[3] 倭艮峰：倭仁（1804—1871），字艮峰，蒙古正红旗人。理学大儒，道光九年进士。官至工部尚书、文渊阁大学士、文华殿大学士、同治帝帝师等职。

余之益友，如倭艮峰之瑟僩[1]，令人对之肃然；吴竹如、窦兰泉之精义，一言一事，必求至是；吴子序、邵慧西之谈经，深思明辨；何子贞之谈字，其精妙处，无一不合，其谈诗尤最符契[2]。子贞深喜吾诗，故吾自十月来已作诗十八首。兹抄二叶，付回与诸弟阅。冯树堂、陈岱云之立志，汲汲不遑[3]，亦良友也。镜海先生[4]，吾虽未尝执贽[5]请业，而心已师之矣。

吾每作书与诸弟，不觉其言之长，想诸弟或厌烦难看矣。然诸弟苟有长信与我，我实乐之，如获至宝。人固各有性情也。

余自十月初一起记日课，念念欲改过自新。思从前与小珊有隙，实是一朝之忿，不近人情，即欲登门谢罪。恰好初九日小珊来拜寿，是夜余即至小珊家久谈。十三日与岱云合伙，请小珊吃饭。从此欢笑如初，前隙盖尽释矣。

金竺虔报满用知县，现住小珊家，喉痛月余，现已全好。李笔峰在汤家如故。易莲舫要出门就馆，现亦甚用功，亦学倭艮峰者也。同乡李石梧已升陕西巡抚。两大将军皆锁拿解京治罪，拟斩监候。英夷之事[6]，业已和抚。去银二千一百万两，又各处让他码头五处。现在英夷已全退矣。两江总督牛鉴[7]，亦锁解刑部治罪。

近事大略如此。容再续书。兄国藩手具

道光二十二年[8]十月二十六日

【注释】

[1] 瑟僩（xiàn）：出自《诗·卫风·淇澳》："瑟兮僩兮，赫兮咺兮。"指外表庄重，内心宽厚。 [2] 符契：恰当恳切。 [3] 汲汲不遑：恳切用心，努力追求。 [4] 镜海先生：唐鉴（1778—1861），字镜海，湖南善化人。理学大儒，嘉庆十四年进士。曾任江宁布政使、太常寺卿等职，为晚清理学巨擘。[5] 执贽：携带礼品相见，以示敬重。 [6] 英夷之事：指第一次鸦片战争，

清政府战败，与英国签订《南京条约》。 [7] 牛鉴：（1785—1858），字镜堂，甘肃武威人。嘉庆十九年进士。鸦片战争期间任两江总督，因在战争期间对江苏、浙江海防疏忽，致使清政府战争失利；1842年，代表清政府与英国签订《南京条约》。后被清廷查办。 [8] 道光二十二年：1842年。

致诸弟

诸位老弟足下：

正月十五日接到四弟、六弟、九弟十二月初五日所发家信。四弟之信三叶，语语平实，责我待人不恕，甚为切当。谓月月书信徒以空言责弟辈，却又不能实有好消息，令堂上阅兄之书，疑弟辈粗俗庸碌[1]，使弟辈无地可容云云。此数语，兄读之不觉汗下。

我去年曾与九弟闲谈，云为人子者，若使父母见得我好些，谓诸兄弟俱不及我，这便是不孝；若使族党[2]称道我好些，谓诸兄弟俱不如我，这便是不弟，何也？盖使父母心中有贤愚之分，使族党口中有贤愚之分，则必其平日有讨好底意思，暗用机计，使自己得好名声，而使兄弟得坏名声，必其后日之嫌隙由此而生也。刘大爷、刘三爷兄弟皆想做好人，卒至视如仇雠[3]。因刘三爷得好名声于父母族党之间，而刘大爷得坏名声故也。今四弟之所责我者，正是此道理，我所以读之汗下。但愿兄弟五人，各各明白这道理，彼此互相原谅。兄以弟得坏名为忧，弟兄以得好名为快。兄不能尽道使弟得令名，是兄之罪，弟不能尽道使兄得令名，是弟之罪。若各各如此存心，则亿万年无纤芥[4]之嫌矣。

至于家塾读书之说，我亦知其甚难，曾与九弟面谈及数十次矣。但四弟前次来书，言欲找馆出外教书，兄意教馆之荒功误事，较之家塾为尤甚。与其出而教馆，不如静坐家塾。若云一出家塾便有明师益友，则我境之所谓明师益友者，我皆知之，且已夙夜熟筹之矣。惟汪觉庵师及阳沧溟先生，是兄意中所信为可师者。然衡阳风俗，只有冬学要紧，自五月以后，师弟皆奉行故事而已。同学之人，类皆庸鄙无志者，又最好讪笑人。其笑法不一，总之不离乎轻薄而已。四弟若到衡阳去，必以翰林之弟相笑，薄俗可恶。乡间无朋友，实是第一恨事。不惟无益，且大有损。习俗染人，所谓与鲍鱼处，亦与之俱化也。兄尝与九弟道及，谓衡阳不可以读书，涟滨不可以读书，为损友太多损也。

今四弟意必从觉庵师游，则千万听兄嘱咐，但取明师之益，无受损友之损也。接到此信，立即率厚二到觉庵师处受业。其束修，今年谨具钱十挂。兄于八月准付回，不至累及家中。非不欲从丰，实不能耳。兄所最虑者，同学之人无志嬉游，端节以后放散不事事，恐弟与厚二效尤耳，切戒切戒！凡从师必久而后可以获益。四弟与季弟今年从觉庵师，若地方相安，则明年仍可以游；若一年换一处，是即无恒者，见异思迁也，欲求长进难矣。

【注释】

[1] 庸碌：平庸而无所作为。　[2] 族党：聚居的同族亲属。　[3] 仇雠：冤家对头。　[4] 纤芥：细微，细小。

六弟之信，乃一篇绝妙古文。排奡似昌黎[1]，拗很似半山[2]。予论古文，总须有倔强不驯之气，愈拗愈深之意。故于太史公[3]外，独取昌黎、半山两家。论诗亦取傲兀不群者，论字亦然。每蓄此意，而不轻谈。近得何子贞意见极相合，偶谈一二句，两人相视而笑。不知六弟乃生成有此一枝妙笔。往时见弟文，亦无大奇特者。今观此信，然后知吾弟真不羁才[4]也。欢喜无极！欢喜无极！凡兄所有志而力不能为者，吾弟皆为之可矣。

信中言兄与诸君子讲学，恐其渐成朋党。所见甚是。然弟尽可放心。兄最怕标榜，常存暗然尚絅之意，断不至有所谓门户自表者也。信中言四弟浮躁不虚心，亦切中四弟之病。四弟当视为良友药石之言。

信中又有荒芜已久，甚无纪律二语。此甚不是。臣子与君亲，但当称扬善美，不可道及过错；但当谕亲于道，不可疵议细节。兄从前常犯此大恶，但尚是腹诽，未曾形之笔墨。如今思之，不孝孰大乎是？常与欧阳牧云并九弟言及之，以后愿与诸弟痛惩此大罪。六弟接到此信，立即至父亲前磕头，并代我磕头请罪。

信中又言弟之牢骚，非小人之热中，乃志士之惜阴。读至此，不胜惘然，恨不得生两翅忽飞到家，将老弟劝慰一番，纵谈数日乃快。然向使诸弟已入学，则谣言必谓学院做情。众口铄金，何从辩起！所谓“塞翁失马，安知非福”。科名迟早，实有前定，虽惜阴念切，正不必以虚名萦怀耳。

【注释】

[1] 昌黎：韩愈（768—824），字退之，唐代政治家、文学家，世称昌黎先生。[2] 半山：指王安石（1021—1086），字介甫，号半山，北宋中期政治家、改革家。　[3] 太史公：指司马迁（前145或前135—前86），字子长，西汉史学家，世称太史公。　[4] 不羁才：不凡的才能。

来信言看《礼记》疏一本半，浩浩茫茫，苦无所得，今已尽弃，不敢复阅，现读朱子《纲目》，日十余叶云云。说到此处，兄不胜悔恨。恨早岁不曾用功，如今虽欲教弟，譬盲者而欲导人之迷途也，求其不误难矣。然兄最好苦思，又得诸益友相质证，于读书之道，有必不可易者数端：穷经必专一经，不可泛骛[1]。读经以研寻义理为本，考据名物为末。读经有一耐字诀。一句不通，不看下句；今日不通，明日再读；今年不精，明年再读，此所谓耐也。读史之法，莫妙于设身处地。每看一处，如我便与当时之人酬酢笑语于其间。不必人人皆能记也，但记一人，则恍如接其人。不必事事皆能记也，但记一事，则恍如亲其事。经以穷理，史以考事。舍此二者，更别无学矣。

盖自西汉以至于今，识字之儒约有三途：曰义理之学[2]，曰考据之学[3]，曰词章之学[4]。各执一途，互相诋毁。兄之私意，以为义理之学最大。义理明则躬行有要而经济[5]有本。词章之学，亦所以发挥义理者也。考据之学，吾无取焉矣。此三途者，皆从事经史，各有门径。吾以为欲读经史，但当研究义理，则心一而不纷。是故经则专守一经，史则专熟一代，读经史则专主义理。此皆守约之道，确乎不可易者也。

若夫经史而外，诸子百家，汗牛充栋。或欲阅之，但当读一人之专集，不当东翻西阅，如读《昌黎集》，则目之所见，耳之所闻，无非昌黎，以为天地间除《昌黎集》而外，更无别书也。此一集未读完，断断不换他集，亦专字诀也。六弟谨记之。读经、读史、读专集、讲义理之学，此有志者万不可易者也。圣人复起，必从吾言矣。然此亦仅为有大志者言之。若夫为科名之学[6]，则要读四书文，读试帖、律赋，头绪甚多。四弟、九弟、厚二弟天资较低，必须为科名之学。六弟既有大志，虽不科名可也，但当守一耐字诀耳。观来信言读《礼记》疏，似不能耐者，勉之勉之。

【注释】

[1] 泛骛：广泛涉猎。 [2] 义理之学：指宋明理学。 [3] 考据之学：指汉唐儒学及清代盛行的训诂学。 [4] 词章之学：指探究做文的学问。 [5] 经济：经世济民之学。 [6] 科名之学：从事科举考试以获取功名的学问。

兄少时天分不甚低，厥后日与庸鄙者处，全无所闻，窍被茅塞久矣。及乙未到京后，始有志学诗古文并作字之法，亦洎无良友。近年得一二良友，知有所谓经学者，经济者，有所谓躬行实践者，始知范、韩[1]可学而至也，马迁、韩愈亦可学而至也，程、朱亦可学而至也。慨然思尽涤前日之污，以为更生之人，以为父母之肖子，以为诸弟之先导。无如体气本弱，耳鸣不止，稍稍用心，便觉劳顿。每日思念，天既限我以不能苦思，是天不欲成我之学问也。故近日以来，意颇疏散。

计今年若可得一差，能还一切旧债，则将归田养亲，不复恋恋于利禄矣。粗识几字，不敢为非以蹈大戾[2]已耳，不复有志于先哲矣。吾人第一以保身[3]为要。我所以无大志愿者，恐用心太过，足以疲神也。诸弟亦需时时以保身为念，无忽无忽。

来信又驳我前书，谓必须博雅有才，而后可明理有用。所见极是。兄前书之意，盖以躬行为重，即子夏“贤贤易色”章之意，以为博雅者不足贵，惟明理者乃有用，特其立论过激耳。六弟信中之意，以为不博雅多闻，安能明理有用？立论极精，但弟须力行之，不可徒与兄辩驳见长耳。

【注释】

[1] 范、韩：指北宋名臣范仲淹、韩琦。 [2] 大戾：大的过失。 [3] 保身：保持身心健康。

来信又言四弟与季弟从游觉庵师，六弟、九弟仍来京中，或肄业城南云云。兄之欲得老弟共住京中也，其情如孤雁之求曹也。自九弟辛丑秋思归，兄百计挽留，九弟当能言之。及至去秋决计南归，兄实无可如何，只得听其自便。若九弟今年复来，则一岁之内忽去忽来，不特堂上诸大人[1]不肯，即旁观亦且笑我兄弟轻举妄动。且两弟同来，途费须得八十金，此时实难措办。弟云能自为计，则兄窃不信。曹西垣去冬已到京，郭云仙明年始起程，目下亦无好伴。惟城南肄业之说，则甚为得计。兄于二月间准付银二十两至金竺虔家，以为六弟、九弟省城读书之用。竺虔于二月起身南旅，其银四月初可到。弟接到此信，立即下省肄业[2]。省城中兄相好的如郭云仙、凌笛舟、孙芝房，皆在别处坐书院，贺蔗农、俞岱青、陈尧农、陈庆覃诸先生皆官场中人，不能伏案用功矣。惟闻有丁君者（名叙忠，号秩臣，长沙廪生）学问切实，践履笃诚。兄虽未曾见面，而稔知[3]其可师。凡与我相好者，皆极力称道丁君。

两弟到省，先到城南住斋，立即去拜丁君，执贽受业。凡人必有师；若无师则严惮之心不生，即以丁君为师，此外，择友则慎之又慎。昌黎曰："善不吾与，吾强与之附；不善不吾恶，吾强与之拒。"一生之成败，皆关乎朋友之贤否，不可不慎也。

来信以进京为上策，以肄业城南为次，兄非不欲从上策，因九弟去来太速，不好写信禀堂上。不特九弟形迹矛盾，即我禀堂上亦必自相矛盾也。又目下实难办途费，六弟言能自为计，亦未历甘苦之言耳。若我今年能得一差，则两弟今冬与朱啸山同来甚好。目前且从次策。如六弟不以为然，则再写信来商议可也。此答六弟信之大略也。

九弟之信，写家事详细，惜话说太短。兄则每每太长，以后截长补短为妙。尧阶若有大事，诸弟随去一人帮他几天。牧云接我长信，何以全无回信？毋乃嫌我话大直乎？扶乩之事[4]，全不足信。九弟总须立志读书，不必想及此等事。季弟一切皆须听诸兄话。此次摺弁走甚急，不暇抄日记本。余容后告。

冯树堂闻弟将到省城，写一荐条，荐两朋友。弟留心访之可也。兄国藩手草。

道光二十三年[5]正月十七日

【注释】

[1] 堂上诸大人：指家中父母及其他长辈。 [2] 肄业：修习课业。 [3] 稔知：素知。 [4] 扶乩之事：指迷信占卜。 [5] 道光二十三年：1843年。

致沅甫弟

沅甫九弟左右：

初三日刘福一等归，接来信，藉悉一切。城贼围困已久，计不久亦可攻克。惟严断文报是第一要义，弟当以身先之。家中四宅平安。季弟尚在湘潭，澄弟初二日自县城归矣。余身体不适。初二日住白玉堂，夜不成寐。温弟[1]何日至吉安？在县城、长沙等处尚顺遂否？

古来言凶德致败者约有二端：曰长傲，曰多言。丹朱[2]之不肖，曰傲曰嚣讼[3]，即多言也。历观名公巨卿，多以此二端败家丧生。余生平颇病执拗，德之傲也；不甚多言，而笔下亦略近乎嚣讼。静中默省愆尤[4]，我之处处获戾，其源不外此二者。温弟性格略与我相似，而发言尤为尖刻。凡傲之凌物，不必定以言语加人，有以神气凌之者矣，有以面色凌之者矣。温弟之神气，稍有英发之姿，面色间有蛮狠之象，最易凌人。

凡心中不可有所恃，心有所恃则达于面貌。以门地言，我之物望大减，方且恐为子弟之累；以才识言，近今军中炼出人才颇多，弟等亦无过人之处。皆不可恃。只宜抑然自下，一味言忠信行笃敬，庶几可以遮护旧失、整顿新气，否则，人皆厌薄之矣。

沅弟[5]持躬涉世，差为妥叶。温弟则谈笑讥讽，要强充老手，犹不免有旧习。不可不猛省！不可不痛改！余在军多年，岂无一节可取？只因傲之一字，百无一成，故谆谆教诸弟以为戒也。

咸丰八年[6]三月初六日

【注释】

[1] 温弟：指曾国藩的六弟曾国华（1822—1858），字温甫，族中排行第六。 [2] 丹朱：上古时代帝尧的儿子。 [3] 曰傲曰嚣讼：出自《尚书·尧典》。“帝曰：‘畴咨若时登庸？’放齐曰：‘胤子朱启明。’帝曰：‘吁！嚣讼可乎？’”这是帝尧对于其子丹朱的评价。指丹朱傲慢，不忠信，且好争讼。 [4] 愆尤：过失，罪咎。 [5] 沅弟：指曾国藩的九弟曾国荃（1824—1890），字沅甫，族中排行第九。 [6] 咸丰八年：1858年。

谕纪泽

字谕纪泽[1]：

八月一日，刘曾撰来营，接尔第二号信并薛晓帆信，得悉家中四宅平安，至以为慰。

汝读《四书》无甚心得，由不能虚心涵泳，切己体察。朱子[2]教人读书之法，此二语最为精当。尔现读《离娄》[3]，即如《离娄》首章"上无道揆，下无法守"，吾往年读之，亦无甚警惕。近岁在外办事，乃知上之人必揆诸道，下之人必守乎法。若人人以道揆自许，从心而不从法，则下凌上矣。"爱人不亲"章[4]，往年读之，不甚隶切。近岁阅历日久，乃知治人不治者，智不足也。此切己体察之一端也。涵泳二字，最不易识，余尝以意测之，曰：涵者，如春雨之润花，如清渠之溉稻。雨之润花，过小则难透，过大则离披，适中则涵濡而滋液；清渠之溉稻，过小则枯槁，过多则伤涝，适中则涵养而渤兴。泳者，如鱼之游水，如人之濯足。程子谓鱼跃于渊，话泼泼地；庄子言濠梁观鱼，安知非乐？此鱼水之快也。左太冲有"濯足万里流"之句，苏子瞻有夜卧濯足诗，有浴罢诗，亦人性乐水者之一快也。善读书者，须视书如水，而视此心如花如稻如鱼如濯足，则涵泳二字，庶可得之于意言之表。尔读书易于解说文义，却不甚能深入，可就朱子涵泳体察二语悉心求之。邹叔明新刊地图甚好。余寄书左季翁[5]，托购致十副。尔收得后，可好藏之。薛晓帆银百两宜璧还。余有复信，可并交季翁也。此嘱。

咸丰八年八月初三日

【注释】

[1] 纪泽：曾国藩之子曾纪泽（1839—1890），字劼刚，晚清著名外交家。

[2] 朱子：指南宋大儒朱熹（1130—1200），字元晦，宋代儒学、理学集大成者。

[3]《离娄》：指《四书章句集注》中《孟子集注》中的一篇。 [4]“爱人不亲”章：出自《孟子集注·离娄章句上》，“爱人不亲，反其仁；治人不治，反其智；礼人不答，反其敬”。大意指人应反躬自省，宽以待人。 [5]左季翁：指左宗棠（1812—1885），字季高，晚清重臣，时与曾国藩为同道好友。

致诸弟

沅弟、季弟左右：

沅于人概、天概之说[1]不甚措意，而言及势利之天下，强凌弱之天下。此岂自今日始哉？盖从古已然矣。

从古帝王将相，无人不由自主自强做出，即为圣贤者，亦各有自立自强之道，故能独立不惧，确乎不拔。昔余往年在京，好与诸有大名大位者为仇，亦未始无挺然特立不畏强御之意。

近来见得天地之道，刚柔互用，不可偏废。太柔则靡[2]，太刚则折。刚非暴戾[3]之谓也，强矫[4]而已；柔非卑弱之谓也，谦退而已。趋事赴公，则当强矫；争名逐利，则当谦退；开创家业，则当强矫，守成安乐，则当谦退；出与人物应接，则当强矫，入与妻孥[5]享受，则当谦退。

若一面建功立业，外享大名，一面求田问舍，内图厚实，二者皆有盈满之象，全无谦退之意，则断不能久。此予所深信，而弟宜默默体验者也。

同治元年[6]五月廿八日

【注释】

[1]人概、天概之说：出自《管子·枢言》，“釜鼓满则人概之，人满则天概之，故先王不满也。”指人情事物盈亏之理。 [2]靡：古同“糜”，糜烂。 [3]暴戾：粗暴乖戾。 [4]强矫：出自《中庸》，“子路问强。子曰：‘故君子和而不流，强哉矫！中立而不倚，强哉矫！’”矫，强大。在此指

抑制血气之刚猛，而达到德义之强大。[5]妻孥：妻子和儿女。[6]同治元年：1862年。

致诸弟

澄侯、沅甫、季洪[1]老弟左右：

十七日接澄弟初二日信，十八日接澄弟初五日信，敬悉一切。三河败挫[2]之信，初五日家中尚无确耗，且县城之内毫无所闻，亦极奇矣！九弟于二十二日在湖口发信，至今未再接信，实深悬系。幸接希庵信，言九弟至汉口后有书与渠，且专人至桐城、三河访寻下落。余始知沅甫弟安抵汉口，而久无来信，则不解何故。岂余日别有过失，沅弟心不以为然那？当此初闻三河凶报、手足急难之际，即有微失，亦当将皖中各事详细示我。

今年四月，刘昌储在我家请乩。乩初到，即判曰："赋得偃武修文[3]，得闲字（字谜败字）。"。余方讶败字不知何指，乩判曰："为九江言之也，不可喜也。"余又讶九江初克，气机正盛，不知何所为而云。乩又判曰："为天下，即为曾宅言之。"由今观之，三河之挫，六弟之变，正与"不可喜也"四字相应，岂非数皆前定那？

然祸福由天主之，善恶由人主之。由天主者，无可如何，只得听之，由人主者，尽得一分算一分，撑得一日算一日。吾兄弟断不可不洗心涤虑，以求力挽家运。

第一，贵兄弟和睦。去年兄弟不知，以致今冬三河之变。嗣后兄弟当以去年为戒。凡吾有过失，澄、沅、洪三弟各进箴规之言，余必力为惩改；三弟有过，亦当互相箴规而惩改之。

第二，贵体孝道。推祖父母之爱以爱叔父，推父母之爱以爱温弟之妻妾儿女及兰、惠二家。又，父母坟域必须改葬，请沅弟作主，澄弟不可过执。

第三，要实行勤俭二字。内间妯娌不可多事铺张。后辈诸儿须走路，不可坐轿骑马。诸女莫太懒，宜学烧茶煮菜。书、蔬、鱼、猪，一家之生气；少睡多做，一人之生气。勤者生动之气，俭者收敛之气。有此二字，家运断无不兴之理。余去年在家，未将此二字切实做工夫，至今愧恨，是以谆谆言之。

咸丰八年十一月廿三日

【注释】

[1] 季洪：指曾国藩的幼弟曾国葆（1829—1862），字季洪。曾国藩兄弟五人，分别是国藩、国潢、国华、国荃、国葆。 [2] 三河败挫：指三河镇之战。1858年11月，湘军与太平军在安徽三河镇展开激战。湘军惨败，精锐李续宾部被太平军歼灭。其中湘军骁将李续宾、曾国藩的弟弟曾国华战死。[3] 偃武修文：停息武备，修明政教。

致澄侯四弟

澄侯四弟左右：

接弟十三日信，欣悉[1]合家平安。沅弟是日申刻到，又得详同一切，敬知叔父临终毫无抑郁之情，至为慰念。

余与沅弟论治家之道，一切以星冈公为法，大约有八字诀。其四字即上年所称书、蔬、鱼、猪也，又四字则曰早、扫、考、宝。早者，起早也；扫者，扫屋也；考者，祖先祭祀，敬奉显考、王考、曾祖考，言考而妣可该[2]也；宝者，亲族邻里，时时周旋，贺喜吊丧，问疾济急。

星冈公常曰人待人无价之宝也。星冈公生平于此数端最为认真。故余戏述为八字诀曰：书、蔬、鱼、猪、早、扫、考、宝也。此言虽涉谐谑[3]，而拟即写屏上，以祝贤弟夫妇寿辰，使后世子孙知吾兄弟家教，亦知吾兄弟风趣也。弟以为然否？顺问近好。

咸丰十年[4]闰三月二十九日

【注释】

[1] 欣悉：欣然获悉。　[2] 言考而妣可该：考，已故的父亲；妣，已故的母亲；该：包括。　[3] 谐谑：诙谐风趣。　[4] 咸丰十年：1860年。

致四弟

澄侯四弟左右：

上次送家信者，三十五日即到。此次专人，四十日来到。盖因乐平、饶州一带有贼，恐中途绕道也。自十二日克复休宁后，左军分出八营在于甲路地方小挫，退扎景镇。贼幸未跟踪追犯，左公得以整顿数日，锐气尚未大减。

目下左军进剿乐平、鄱阳之贼。鲍公一军，因抚、建吃紧，本调渠赴江西省，先顾根本，次援抚、建。因近日鄱阳有警，景镇可危，又暂留鲍军不遽赴省。胡宫保恐狗逆由黄州下犯安庆沅弟之军，又调鲍军救援北岸。其祁门附近各岭，二十三日又被贼破两处。

数月以来，实属应接不暇，危险迭见。而洋鬼又纵横出入于安庆、湖口、湖北、江西等处，并有欲来祁门之说。看此光景，今年殆万难支持。然余自咸丰三年冬以来，久已以身许国[1]。愿死疆场，不愿死牖下[2]，本其素志。近年在军办事，尽心竭力，毫无愧怍，死即瞑目，毫无悔憾。

家中兄弟子侄，惟当记祖父这八个字，曰："考、宝、早、扫、书、蔬、鱼、猪。"又谨记祖父之三不信，曰："不信地师，不信医药，不信僧巫。"余日记册中又有八本之说，曰："读书以训诂为本，作诗文以声调为本，事亲以得欢心为本，养生以戒恼怒为本，立身以不妄语为本，居家以不晏起为本，做官以不要钱为本，行军以不扰民为本。”此八本者，皆余阅历而确有把握之论，弟亦当教诸子侄谨记之。无论世之治乱，家之贫富，但能守星冈公之八字与余之八本，总不失为上等人家。余每次写家信，必谆谆嘱咐。盖因军事危急，故预告一切也。

余身体平安。营中虽欠饱四月，而军心不甚涣散。或尚能支持，亦未可知。家中不必悬念。顺问近好。

咸丰十一年二月二十四日

【注释】

[1] 以身许国：愿将生命奉献给国家。 [2] 牖下：窗下，借指寿终正寝。

谕诸儿

字谕纪泽、纪鸿[1]：

阮叔足疼痊愈，深可喜慰。惟外毒遽瘳，不知不生内疾否。

唐文李、孙二家，系指李翱[2]、孙樵[3]。八家始于唐荆川之文编，至茅鹿门而其名大定，至储欣同人而添孙、李二家。御选《唐宋文醇》，亦从储而增为十家。以全唐皆尚骈俪之文[4]，故韩、柳、李、孙四人之不骈者为可贵耳。

湘乡修县志，举尔纂修。尔学未成，就文甚迟钝，自不宜承认，然亦不可全辞。一则通县公事，吾家为物望所归，不得不竭力赞助；二则尔惮于作文，正可借此逼出几篇。天下事无所为而成都是极少，有所贪有所利而成者居其半，有所激有所逼而成者居其半。尔篆韵抄毕，宜从古文上用功。余不能文，而微有文名，深以为耻，尔文更浅而亦获虚名，尤不可也。吾友山阳鲁一同通父，所撰《邳州志》《清河县志》，即为近日志书之最善者。此外再取有名之志为式，议定体例，俟余核过，乃可动手。

同治五年[5]六月十六日

【注释】

[1] 纪鸿：曾国藩之子曾纪鸿（1848—1881），字栗诚，晚清著名数学家。 [2] 李翱:(772—841)，字习之，唐代思想家。主张反佛、复性等。 [3] 孙樵：字可之，晚唐著名散文家。 [4] 骈俪之文：盛行于六朝和唐代的一种文风。讲究对仗、声律，辞藻华丽、颓靡。 [5] 同治五年：1866年。

致澄侯弟

澄弟[1]左右：

乡间谷价日贱，禾豆畅茂，犹是升平景象，极慰极慰。贼自三月下旬退出曹、郓之境，幸保山东运河以东各属，而仍蹂躏及曹、宋、徐、凤、淮诸府，彼剿此窜，倏往忽来。直至五月下旬，张、牛各股始窜至周家口以西，任、赖各股始窜至太和以西，大约夏秋数月山东、江苏，可以高枕无忧，河南、皖、鄂又必手忙脚乱。

余拟于数日内至宿迁、桃源一带察看堤墙，即由水路上临淮而至周家口。盛暑而坐小船，是一极苦之事，因陆路多被水淹，雇车又甚不易，不得不改由水程。余老境日逼，勉强支持一年半载，实不能久当大任矣。因思吾兄弟体气皆不甚健，后辈子侄尤多虚弱，宜于平日讲求养生之法，不可于临时乱投药剂。

养生之法约有五事：一曰眠食有恒，二曰惩忿[2]，三曰节欲，四曰每夜临睡洗脚，五曰每日两饭后各行三千步。惩忿，即余匾中所谓养生以少恼怒为本也。眠食有恒及洗脚二事，星冈公[3]行之四十年，余亦学行七年矣。饭后三千步近日试行，自矢永不间断。弟从前劳苦太久，年近五十，愿将此五事立志行之，并劝沅弟与诸子行之。

余与沅弟同时封爵开府，门庭可谓极盛，然非可常恃之道。记得已亥正月，星冈公训竹亭公[4]曰："宽一虽点翰林，我家仍靠作田为业，不可靠他吃饭。"此语最有道理，今亦当守此二语为命脉。望吾弟专在作田上用些工夫，而辅之以书、蔬、鱼、猪、早、扫、考、宝八字，任凭家中如何贵盛，切莫全改道光初年之规模。

凡家道所以可久者，不恃一时之官爵，而恃长远之家规；不恃一二人之骤发，而恃大众之维持。我若有福罢官回家，当与弟竭力维持。老亲旧眷，贫贱族党不可怠慢，待贫者亦与富者一般，当盛时预作衰时之想，自有深固之基矣。

同治五年六月初五日

【注释】

[1] 澄弟：指曾国藩的四弟曾国潢（1820—1886），字澄侯，族中排行第四。

[2] 惩忿：克制忿怒。 [3] 星冈公：指曾国藩的祖父曾玉屏（1774—1849），号星冈。 [4] 竹亭公：指曾国藩的父亲曾麟书（1790—1857），号竹亭。

郑观应：训子

郑观应（1842—1922），原名官应，字正翔，号陶斋，又号居易、杞忧生，别号待鹤山人或罗浮偫鹤山人。广东香山县（今中山市）人。中国近代著名维新思想家，实业家。编纂《盛世危言》，提出“商战”理论，即与西方进行商业竞争。本文是郑观应训诫儿子所作。在文中，他教育儿子处世为人之道和养生延年之法。他告诫儿子，要安贫乐道，勤俭置业。处世要存善念，行善事。养身要清心寡欲，顺天理而行。本诗行文流畅，意涵丰富，朗朗上口。本文采用中华书局整理出版的《郑观应集·救时揭要》（外八种）作为选文底本。

古今因果[1]已三编，勿与人争宿债钱。天理流行人欲净，真吾常在可延年[2]。

立志须求一等人，专崇道德莫忧贫[3]。英雄出处多贫困，功业由来俭与勤。

得便宜[4]是失便宜，多少阴谋尔未知。守正不阿存善念，自然福禄获天施。

马援[5]训子宜谨饬，究竟奢华不久长。素位而行量出入，先机预蓄隔年粮。

【注释】

[1] 因果：指佛家所讲的因果报应论。　[2] 延年：延长寿命。　[3] 莫忧

贫：不要担心处境的困苦。 [4] 便宜：小利益。 [5] 马援：（前14—前49），字文渊，扶风茂陵（今陕西省兴平市窦马村）人。著名军事家，东汉开国功臣之一，以勇谋和德行著称。

养生[1]古法功无间，觉岸同登理莫忘。须有精神求福泽，事凡过度必身伤。

欲无后累须为善，各有前因莫羡人[2]。烦恼皆由多妄想[3]，不能容忍不安贫。

大富由天枉[4]力争，能精一艺[5]可谋生。切毋行险图徼幸[6]，熟读经书理自明。

人生富贵似烟云，道德能留亿万年。休自殉名兼殉货，存心养性学先贤。

【注释】

[1] 养生：调养身心。 [2] 羡人：羡慕、嫉妒别人。 [3] 妄想：不能实现的非分之想。 [4] 枉：徒劳。 [5] 精一艺：精通一门技艺。 [6] 徼幸：做非分企求；希望得到意外的成功；由于偶然的原因得到成功或免去灾害。

张之洞：致儿子书

张之洞（1837—1909），字孝达，号香涛，晚年自号抱冰老人。直隶南皮（今河北省南皮县）人。晚清重臣，洋务派主要代表人物。历任山西巡抚、两广总督、湖广总督、两江总督、军机大臣等职，官至体仁阁大学士。1889年至1907年任湖广总督期间，他着力扶持民族工业，先后开办汉阳铁厂、湖北兵工厂等近代工业。1898年，他撰写《劝学篇》，阐发“中学为体，西学为用”思想，影响深远。本篇家训是张之洞为其子所作。张之洞晚年送儿子到日本读书，爱子远离家乡，张之洞在家书中挂念其子的同时，也告诫儿子在外要勤奋学习，磨炼自己，日后成为可以挽救国家危局的栋梁之材。本文行文流畅，言辞恳切，既体现张之洞作为父亲对于儿子的勉励之心，也饱含其为父亲对于儿子牵挂之情，为晚清名人家训中的经典之作。本文采用文海出版社印行的《清代四名人家书》作为选文底本。

吾儿知悉：汝出门去国，已半月余矣，为父未尝一日忘汝。父母爱子，无微不至其言恨不能一日离汝，然必令汝出门者，盖欲汝用功上进，为后日国家干城之器[1]、有用之才耳。方今国是扰攘，外寇纷来，边境屡失，腹地亦危，振兴之道，第一即在治国。治国之道不一，而练兵实为首端。汝自幼即好弄[2]，在书房中，一遇先生外出，即跳掷嬉笑，无所不为。今幸科举早废[3]，否则汝亦终以一秀才老其身，决不能折桂探杏[4]，为金马玉堂中人物也。

【注释】

[1] 干城之器：保卫国家的栋梁之才。 [2] 好弄：爱好游戏。 [3] 科举早废：指1905年清廷废除科举制。 [4] 折桂探杏：古时乡试在农历八月举行，考中称折桂；会试在农历三月举行，考中称探杏。

故学校肇开[1]，即送汝入校。当时诸前辈犹多不以然，然余固深知汝之性情，知决非科甲中人，故排万难以送汝入校。果也，除体操外，绝无寸进。余少年登科，自负清流[2]，而汝若此，真令余愤愧欲死。然世事多艰，习武亦佳，因送汝东渡，入日本士官学校肄业，不与汝之性情相违。汝今既入此，应努力上进，尽得其奥。勿惮劳，勿恃贵，勇猛刚毅，务必养成一军人资格。汝之前途，正亦未有限量。国家正在用武之秋，汝只患不能自立，勿患人之不己知。志之！志之！勿忘！勿忘！抑余又有诫汝者，汝随余在两湖，固总督大人[3]之贵介子也，无人不恭待汝。今则去国万里矣，汝平日所挟以傲人者，将不复可挟，万一不幸肇祸，反足贻堂上[4]以忧。汝此后当自视为贫民、为贱卒，苦身勠力[5]，以从事于所学，不特得学问上之益，且可借是磨练身心。即后日得余之庇，毕业而后，得一官一职，亦可深知在下者之苦，而不致予智自雄。

【注释】

[1] 肇开：开始兴办。 [2] 清流：喻指德行高洁负有名望的士大夫。 [3] 总督大人：张之洞时任湖广总督。 [4] 堂上：指父母。 [5] 勠力：勉力，努力。

余五旬外之人也，服官一品，名满天下，然犹兢兢也，常自恐惧，不敢放恣。汝随余久，当必亲炙[1]之，勿自以为贵介子弟，而漫不经心，此则非余之所望于尔也，汝其慎之！寒暖更宜自己留意，尤戒有狭邪赌博等行为，即幸不被人知悉，亦耗费精神、抛荒学业。万一被人发觉，甚或为日本官吏拘捕，则余之面目，将何所在？汝固不足惜，而余则何如？更宜力除，至嘱！至嘱！余身体甚佳，家中大小，亦均平安，不必系念。汝尽心求学，勿妄外骛[2]。汝苟竿头日上，余亦心广体胖矣。父涛示，五月十九日。

【注释】

[1] 亲炙：指直接受到教导。 [2] 外骛：谓别有追求，心不专。

严复：与诸儿书

严复（1854—1921），字几道，福建侯官（今福建省福州市）人，中国近代启蒙思想家，翻译家。他是中国近代向西方国家寻找真理的“先进的中国人”之一。他系统地将西方的社会学、政治学、政治经济学、哲学和自然科学介绍到中国，翻译了《天演论》《原富》《群学肄言》《群己权界论》等著作，他的译著对于当时及后世影响巨大，是中国20世纪最重要启蒙译著。本文是严复与三个儿子在不同时期的书信，由信的内容和信的写成时间，我们可以看出时代的变迁。晚清时期到民国初期，是中国政治秩序急剧变动的时期。严复在信中劝诫诸儿要勤奋为学，尤其是对于西方知识更要倍加用心，以求有补于时局，为国家解难。在信中我们可以看到严复思想学说中会通中西的博大面向。此文行文流畅，内涵丰富，义理深刻，是晚清名人家训中的经典名篇。本文采用中华书局1986年整理出版的《严复集》作为选文底本。

与长子严璩书

时事岌岌[1]，不堪措想。奉天省城[2]与旅顺口皆将旦夕陷倭[3]，陆军见敌即溃，经战即败，真成无一可恃者。皇上有幸秦之谋[4]，但责恭邸留守，京官议论纷纷，皇上益无主脑，要和则强敌不肯，要战则臣下不能，闻时时痛哭。翁同龢[5]及文廷式[6]、张謇[7]这一班名士痛参合肥[8]，闻上有意易帅，然刘岘庄[9]断不能了此事也。大家不知当年打长毛[10]、捻匪[11]诸公系以贼法子平贼，无论不足以当西洋节制之师，即东洋[12]得其余绪，业已欺我有余。中国今日之事，正坐平日学问之非，与士大夫心术之坏，由今之道，无变今之俗，虽管、葛[13]复生，亦无能为力也。

【注释】

[1] 岌岌：危急。 [2] 奉天省城：今辽宁省沈阳市。 [3] 陷倭：陷入日军之手。 [4] 幸秦之谋：指逃离北京到达陕西。 [5] 翁同龢：(1830—1904)，字叔平、瓶生，号声甫，时任光绪帝帝师，军机大臣。 [6] 文廷式：(1856—1904)，字芸阁，号道希，甲午战争期间的主战派大臣。 [7] 张謇：(1853—1926)，字季直，号啬庵，1894年考中状元，授翰林院修撰。中国近代著名实业家，思想家。 [8] 合肥：指李鸿章（1823—1901），字渐甫，号少荃。安徽合肥人。清末重臣，洋务运动的主要领导人之一，淮军创始人和统帅。 [9] 刘岘庄：(1830—1902)，湘军宿将，字岘庄，湖南新宁人。[10] 长毛：对清末农民起义军太平天国军的蔑称。 [11] 捻匪：对清末农民起义军捻军的蔑称。 [12] 东洋：指日本。 [13] 管、葛：管仲、诸葛亮。

我近来因不与外事，得有时日多看西书[1]，觉世间惟有此种是真实事业，必通之而后有以知天地之所以位、万物之所以化育，而治国明民之道，皆舍之莫由。但西人笃实，不尚夸张，而中国人非深通其文字者，又欲知无由，所以莫复尚之也。且其学绝驯实，不可顿悟，必层累阶级[2]，而后有以通其微。及其既通，则八面受敌，无施不可。以中国之糟粕方之，虽其间偶有所明，而散总之异、纯杂之分、真伪之判，真不可同日而语也。近读其论《教训幼稚》一书，言人欲为有用之人，必须表里心身并治，不宜有偏。又欲为学，自十四至二十间决不可间断；若其间断，则脑脉渐痼，后来思路定必不灵，且妻子仕官财利之事一诱其外，则于学问终身门外汉矣。学既不明，则后来遇惑不解，听荧见妄[3]，而施之行事，所谓生心窖（害）政，受病必多，而其人之用少矣。

甲午[4]十月十一日

【注释】

[1]西书：西方的自然科学、历史、哲学等书籍。 [2]层累阶级：循序渐进。 [3]听荧见妄：指以讹传讹。 [4]甲午：1894年。

与三子严琥书

谕琥知悉：

五律三首，略加评骘[1]寄去，可细观之。看《近思录》[2]甚好，但此书不是胡乱看得，非用过功夫人，不知其言所著落也。廿四史定后尚寄在商务馆，因未定居，故未取至。欲将此及英文世界史尽七年看了，先生之志则大矣。苟践此语，殆可独步中西，恐未必见诸事实耳。但细思之，亦无甚难做，俗谚有云：日日行，不怕千万里。得见有恒，则七级浮图[3]，终有合尖[4]之日。且此事必须三十以前为之，四十以后，虽做亦无用，因人事日烦，记忆力渐減。吾五十以还，看书亦复不少，然今日脑中，岂有几微存在？其存在者，依然是少壮所治之书。吾儿果有此志，请今从中国前四史[5]起。其治法，由《史》而《书》而《志》，似不如由陈而范[6]，由班而马[7]，此固虎头[8]所谓倒啖蔗也。吾儿以为何如？

重阳后一日[9]

【注释】

[1]评骘：批阅，点评。 [2]《近思录》：由宋代大儒吕祖谦和朱熹共同编纂，为宋明理学的核心经典之一。 [3]浮图：佛塔，在此指学问。 [4]合尖：

造塔工程最后一着为塔顶合尖，在此指学问有成。[5]前四史：《史记》《汉书》《后汉书》和《三国志》。[6]由陈而范：陈，陈寿；范，范晔。分别是《三国志》和《后汉书》的撰写者。[7]由班而马：班，班固；马，司马迁。分别是《汉书》和《史记》的撰写者。[8]固虎头：顾恺之，字长康、小字虎头。言谈甘蔗从头吃起，可"渐入佳境。"[9]重阳后一日：此文成于1919年前后。

与四子严璿书

谕璿知悉：

前得儿书，知在唐校用功，勤而有恒，大慰大慰！学问之道，水到渠成，但不间断，时至自见，虽英文未精，不必着急也。所云暑假欲游西湖一节，虽不无小费，然吾意甚以为然。大抵少年能以旅行观览山水名胜为乐，乃极佳事，因此中不但怡神遣日[1]，且能增进许多阅历学问，激发多少志气，更无论太史公文得江山之助[2]者矣。然欲兴趣浓至，须预备多种学识才好：一是历史学识，如古人生长经由，用兵形势得失，以及土地、产物、人情、风俗之类。有此，则身游其地，有慨想凭吊之思，亦有经略济时之意与之俱起，此游之所以有益也。其次则地学[3]知识，此学则西人所谓Geology。玩览山川之人，苟通此学，则一水一石，遇之皆能彰往察来，并知地下所藏，当为何物。此正佛家所云："大道通时，虽墙壁瓦砾，皆无上胜法。"真是妙不可言如此。再益以摄影记载，则旅行雅游，成一绝大事业，多所发明，此在少年人有志否耳。汝在唐山路矿学校，地学自所必讲，第不知所谓深浅而已。

我到闽以后，喘咳实未见大差，打针服药，不过如是，然亦无如何加甚之处，儿可放心无虑。现在满盼春来，吾一切自当轻减也。自民国六年[4]以来，经冬必大病，今岁但得稍可，便为庆幸，不敢奢望矣。二姊伴我在此，一切尚佳，目疾已九成愈，身体稍壮胖，亦可喜也。昨由邮局寄去厦门肉干一匣，想此信前后当收到也。

嘉平初六日[5]

【注释】

[1] 怡神遣日：和悦精神，消遣时间。 [2] 太史公文得江山之助：指汉代司马迁周游天下积累素材，写成《史记》。 [3] 地学：地理学。 [4] 民国六年：1917年。 [5] 嘉平初六日：此文成于1921年。

梁启超家书

梁启超（1873—1929），字卓如，一字任甫，号任公、饮冰室主人、饮冰子、哀时客、中国之新民、自由斋主人。广东省新会（今广东省江门市新会区茶坑村）人。中国近代思想家、政治家、教育家、史学家、文学家，戊戌变法领袖之一、中国近代维新派。师从康有为，为康有为门下十大弟子之一，与康有为一起发动了“公车上书”运动，先后领导过北京于上海的强学会，与黄遵宪一起办《时务报》，任长沙时务学堂的主讲，并著有《变法通议》，努力宣传维新思想。戊戌变法失败后，梁启超流亡日本，辛亥革命之后一度曾短暂进入袁世凯政府，担任司法总长；之后对袁世凯称帝、张勋复辟等严词抨击，并加入段祺瑞政府。

梁启超一生思想多次变化，政治主张总是因时而异，以致有前后矛盾之嫌，但其毕生致力于改变中国贫弱落后的现实，追求国家繁荣、民族强盛和社会进步的努力则是毫无疑问的。而且，梁启超在文学、历史学、佛学方面均有突出贡献。在文学方面，梁启超积极参与、主导了“诗界革命”和“小说革命”，他带有浓重“策士文学”风格的文章，被时人称为“新文体”，成为五四以前最受欢迎、模仿者最多的文体；在历史学方面，梁启超是我国近代史学范式研究的奠基人，他对中国传统史学进行了系统的反思与批判，又通过撰写的一系列论著，构建了影响深渊的新史学理论范式，对之后的历史学者均有不同程度的影响；在佛学方面，梁启超受其老师康有为的影响而开始接触佛教，1921年又在金陵刻经处从欧阳渐学习到了重新被发现的唯识学，他最早将西方理论引入佛学提出佛家所讲的法“就是心理学”，同时又以佛学思想分析西方哲学，并对中印佛教史研究也有深入研究。

尤为令人称道的是，他也是一位优秀的教育家。他从自己放眼世界的视角、忧国忧民的襟怀与深爱子女的情感，精心培养自己的九个子女，造就了“一门三院士，满庭皆俊秀”的佳话。他对子女的教育，集中体现在他与子家人、子女的通信中，本篇以湘潭大学最新出版《梁启超家书》为底本，精心挑选家书若干篇，集中体现了梁启超对于教导子女为人处事，求学立业、经营家庭的看法。

与思成、思永书

思成、思永同读：

来禀已悉。新遭祖父之丧，来禀无哀痛语，殊非知礼。汝年幼姑勿责也。汝等能升级固善，不能也不必愤懑。但问果能用功与否，若既竭吾才，则于心无愧。若缘怠荒所致，则是自暴自弃，非吾家佳子弟矣。闻汝姊言，汝等颇知习在劳苦学俭朴，吾心甚慰，宜益图向上。吾再听汝姊考语，以为忧喜也。

饮冰　（一九一六年）六月二十二曰

致思成书

父示思成：

吾欲汝以在院两月中取《论语》《孟子》，温习谙诵，务能略举其辞，尤于其中有益修身之文句，细加玩味。次则将《左传》《战国策》全部浏览一遍，可益神智，且助文采也。更有余日读《荀子》则益善。各书可向二叔处求取。《荀子》颇有训诂难通者，宜读王先谦《荀子集解》。可令张明去藻玉堂老王处取一部来。

爹爹

与孩子们书

孩子们：

我像许久没有写信给你们了。但是前几天寄去的相片，每张上都有一首词，也抵得过信了。今天接着大宝贝[1]五月九日、小宝贝[2]五月三日来信，很高兴。那两位“不甚宝贝”的信，也许明后天就到罢？我本来前十天就去北戴河，因天气很凉，索性等达达[3]放假才去。他明天放假了，却是还在很凉。一面张、冯[4]开战消息甚紧，你们二叔和好些朋友都劝勿去，现在去不去未定呢。我还是照样的忙，近来和阿时、忠忠[5]三个人合作做点小玩意儿，把他们做得兴高采烈。我们的工作多则一个月，少则三个礼拜，便做完。做完了，你们也可以享受快乐。你们猜猜干些什么？

庄庄，你的信写许多有趣话告诉我，我喜欢极了。你往后只要每水船都有信，零零碎碎把你的日常生活和感想报告我，我总是喜欢的。我说你“别要孩子气”，这是叫你对于正事——如做功课，以及料理自己本身各事等——自己要拿主意，不要依赖人。至于做人带几分孩子气，原是好的。你看爹爹有时还“有童心”呢。你入学校，还是在加拿大好。你三个哥哥都受美国教育，我们家庭要变“美国化”了！我很望你将来不经过美国这一级（也并非一定如此，还要看环境的利便），便到欧洲去，所以在加拿大预备像更好。稍旧一点的严正教育，受了很有益，你还是安心入加校罢。至于未能立进大学，这有什么要紧，“求学问不是求文凭”，总要把墙基越筑得厚越好。你若看见别的同学都入大学，便自己着急，那便是“孩子”了。

思顺对于徽音[6]感情完全恢复，我听见真高兴极了。这是思成一生幸福关键所在，我几个月前很怕思成因此生出精神异动，毁掉了这孩子，现在我完全放心了。思成前次给思顺的信说：“感觉着做错多少事，便受多少惩罚，非受完了不会转过来。”这是宇宙间惟一真理，佛教说的

"业"和"报"就是这个真理（我笃信佛教，就在此点，七千卷《大藏经》也只说明这点道理）。凡自己造过的"业"，无论为善为恶，自己总要受"报"，一斤报一斤，一两报一两，丝毫不能躲闪，而且善和恶是不准抵消的。

佛对一般人说轮回，说他（佛）自己也曾犯过什么罪，因此曾入过某层地狱，做过某种畜生，他自己又也曾做过许多好事，所以亦也曾享过什么福……如此，恶业受完了报，才算善业的账，若使正在享善业的报的时候，又做些恶业，善报受完了，又算恶业的账，并非有个什么上帝做主宰，全是"自业自得"，又并不是像耶教说的"到世界末日算总账"，全是"随作随受"。又不是像耶教说的"多大罪恶一忏悔便完事"，忏悔后固然得好处，但曾经造过的恶业，并不因忏悔而灭，是要等"报"受完了才灭。佛教所说的精理，大略如此。他说的六道轮回等等，不过为一般浅人说法，说些有形的天堂地狱，其实我们在一生中不知经过多少天堂地狱。即如思成和徽音，去年便有几个月在刀山剑树上过活！这种地狱比城隍庙十王殿里画出来还可怕，因为一时造错了一点业，便受如此惨报，非受完了不会转头。倘若这业是故意造的，而且不知忏悔，则受报连绵下去，无有尽时。因为不是故意的，而且忏悔后又造善业，所以地狱的报受够之后，天堂又到了，若能绝对不造恶业（而且常造善业——最大善业是"利他"），则常住天堂（这是借用俗教名词）。佛说是"涅槃"（涅槃的本意是"清凉世界"）。我虽不敢说常住涅槃，但我总算心地清凉的时候多，换句话说，我住天堂时候比住地狱的时候多，也是因为我比较的少造恶业的缘故。我的宗教观、人生观的根本在此，这些话都是我切实受用的所在。因思成那封信像是看见一点这种真理，所以顺便给你们谈谈。

思成看着许多本国古代美术，真是眼福，令我羡慕不已，甲胄的扣带，我看来总算你新发明了（可得奖赏），或者书中有讲及，但久已没有实物来证明。昭陵石马怎么会已经流到美国去，真令我大惊！那几只马是有名的美术品，唐诗里“可要昭陵石马来，昭陵风雨埋冠剑，石马无声蔓草寒”，向来诗人讴歌不知多少。那些马都有名字——是唐太宗赐的名，画家雕刻家都有名字可考据的。我所知道的，现在还存四只，我们家里藏有拓片，但太大，无从裱，无从挂，所以你们没有看见。怎么美国人会把他搬走了！若在别国，新闻纸不知若何鼓噪，在我们国里，连我恁么一个人，若非接你信，还连影子都不晓得呢。可叹，可叹！

希哲既有余暇做学问，我很希望他将国际法重新研究一番，因为欧战以后国际法的内容和从前差得太远了。十余年前所学现在只好算古董，既已当外交官，便要跟着潮流求自己职务上的新智识。还有中国和各国的条约全文，也须切实研究。希哲能趁这个空闲做这类学问最好。若要汉文的条约汇纂，我可以买得寄来。

和思顺、思永[7]两人特别要说的话，没有什么，下次再说罢。

思顺质信说：“不能不管政治。”近来我们也很有这种感觉。你们动身前一个月，多人凝议也就是这种心理的表现。现在除我们最亲密的朋友外，多数稳健分子也都拿这些话责备我，看来早晚是不能袖手的。现在打起精神做些预备工夫（这几年来抛空了许久，有点吃亏），等着时局变迁再说罢。

老Baby[8]好顽极了，从没有听见哭过一声，但整天的喊和笑，也很够他的肺开张了。自从给亲家收拾之后，每天总睡十三四个钟头，一到八点钟，什么人抱他，他都不要，一抱他，他便横过来表示他要睡，放在床上爬几爬，滚几滚，就睡着了。这几天有点可怕，——好咬人，借来磨他的新牙，老郭每天总要着他几口。他虽然还不会叫亲家，却是会填词送给亲家，我问他“是不是要亲家和你一首”，他说“得、得、得，对、对、对”，夜深了，不和你们玩了，睡觉去。前几天填得一首词，词中的寄托，你们看得出来不？

爹爹　（一九二五年）七月十日

浣溪沙　端午后一日夜坐

乍有官蛙闹曲池，更堪鸣砌露蛩悲！隔林辜负弓如眉。坐久漏签催倦夜，阳来长簟梦佳期，不因无益废相思。

【注释】

[1] 大宝贝：梁思顺。　[2] 小宝贝：梁思庄。　[3] 达达：梁启超四子梁思达（1912—2001），著名经济学家。　[4] 张、冯：指张作霖与冯玉祥。　[5] 忠忠：梁启超三子梁思忠（1907—1932），早年在清华大学求学，毕业后赴美国留学，先后在弗吉尼亚军事学院和西点军校学习。回国后加入国民革命军，很快升任国民革命军第十九路军炮兵上校。在淞沪抗战中驻防上海，表现出色。可惜在前线因误饮路边脏水而患腹膜炎，贻误治疗，不幸去世，年仅25岁。　[6] 徽音：即林徽因（1904—1955），原名徽音。祖籍福建闽侯，出生于浙江杭州，清华大学教授，中国著名的建筑学家、作家，梁思成妻子，与梁思成一起对中国古代建筑进行了系统的调查与研究，在人民英雄纪念碑设计、中华人民共和国国徽设计与抢救景泰蓝制作工艺上做出了重要贡献，并著有《林徽因诗集》《林徽因文集》。　[7] 思永：梁启超次子梁思永（1904—1954），中国现代考古学家、中央研究院第一届院士，先后主持和参加新石器时代的昂昂溪遗址、城子崖遗址、两城镇遗址、安阳殷墟、侯家庄商王陵区以及后冈遗址等重要考古挖掘工作。　[8] 老Baby：梁启超五子梁思礼（1924—2016），中国科学院院士、导弹控制专家、火箭系统控制专家，中国导弹控制系统创始人之一。梁启超昵称其为老Baby、老白鼻。

致孩子们书[1]

思成和思永同走一条路，将来互得联络观摩之益，真是最好没有了。思成来信问有用无用之别，这个问题很容易解答，试问唐开元天宝间李白、杜甫与姚崇、宋璟比较，其贡献于国家者孰多？为中国文化史及全人类文化史起见，姚、宋之有无，算不得什么事，若没有了李、杜，试问历史减色多少呢？我也并不是要人人都做李、杜，不做姚、宋，要之，要各人自审其性之所近何如，人人发挥其个性之特长，以靖献于社会，人才经济莫过于此。思成所当自策厉者，惧不能为我国美术界做李、杜耳。如其能之，则开元、天宝间时局之小小安危，算什么呢？你还是保持这两三年来的态度，埋头埋脑做去便对了。

你觉得自己天才不能副你的理想，又觉得这几年专做呆板工夫，生怕会变成画匠。你有这种感觉，便是你的学问在这时期内将发生进步的特征，我听见倒喜欢极了。孟子说："能与人规矩，不能使人巧。"凡学校所教与所学总不外规矩方面的事，若巧则要离了学校方能发见。规矩不过求巧的一种工具，然而终不能不以此为教，以此为学者，正以能巧之人，习熟规矩后，乃愈益其巧耳。不能巧者，依着规矩可以无大过。你的天才到底怎么样，我想你自己现在也未能测定，因为终日在师长指定的范围与条件内用功，还没有自由发摅自己性灵的余地。况且凡一位大文学家、大美术家之成就，常常还要许多环境与及附带学问的帮助。

中国先辈屡说要"读万卷书，行万里路"。你两三年来蛰于一个学校的图案室之小天地中，许多潜伏的机能如何便会发育出来？即如此次你到波士顿一趟，便发生许多刺激，区区波士顿算得什么，比起欧洲来真是"河伯"[2]之与"海若"，若和自然界的崇高伟丽之美相比，那更不及万分一了。然而令你触发者已经如此，将来你学成之后，常常找机会转变自己的环境，扩大自己的眼界和胸怀，到那时候或者天才会爆发出来，今尚非其时也。今在学校中只有把应学的规矩，尽量学足，不惟如此，将来到欧洲回中国，所有未学的规矩也还须补学，这种工作乃为一生历程所必须经过的，而且有天才的人绝不会因此而阻抑他的天才，你千万别要对此而生厌倦，一厌倦即退步矣。至于将来能否大成，大成到什么程度，当然还是以天才为之分限。我生平最服膺曾文正[3]两句话："莫问收获，但问耕耘。"将来成就如何，现在想他则甚？着急他则甚？一面不可骄盈自慢，一面又不可怯弱自馁，尽自己能力做去，做到哪里是哪里，如此则可以无入而不自得，而于社会亦总有多少贡献。我一生学问得力专在此一点，我盼望你们都能应用我这点精神。

思永回来一年的话怎么样？主意有变更没有？刚才李济之[4]来说，前次你所希望的已经和毕士卜谈过，他很高兴，已经有信去波士顿博物院，一位先生名罗治者和你接洽，你见面后所谈如何可即回信告我。现在又有一帮瑞典考古学家要大举往新疆发掘了，你将来学成归国机会多着呢！

忠忠会自己格外用功，而且埋头埋脑不管别的事，好极了。姊姊、哥哥们都有信来夸你，我和你娘娘都极喜欢，西点[5]事三日前已经请曹校长再发一电给施公使，未知如何，只得尽了人事后听其自然。你既走军事和政治那条路，团体的联络是少不得的，但也不必忙，在求学时期内暂且不以此分心也是好的。

旧历新年期内，我着实顽了几天，许久没有打牌了，这次一连打了三天也很觉有兴，本来想去汤山，因达达受手术，他娘娘离不开也，没有去成。

昨日清华已经开学了，自此以后我更忙个不了，但精神健旺，一点不觉得疲倦。虽然每遇过劳时，小便便带赤化，但既与健康无关，绝对的不管他便是了。

阿时已到南开教书。北院一号只有我和王姨带着两个白鼻[6]住着，清静得很。

相片分寄你们都收到没有？还有第二次照的呢！过几天再寄。

爹爹　（一九二七年）二月十六日

【注释】

[1] 这封书信由梁启超在1927年2月6日至16日陆续写成，本书只节选了其中16日的一封。　[2]“河伯”：“河伯”与“海若”出自成语“望洋兴叹”，《庄子·秋水》：“秋水时至，百川灌河，泾流之大，两涘渚崖之间不辨牛马。于

是焉，河伯欣然自喜，以天下之美为尽在己。顺流而东行，至于北海，东面而视，不见水端。于是焉，河伯始旋其面目，望洋向若而叹。”若，海神名，别名北海若 [3] 曾文正：即曾国藩，谥号“文正”。 [4] 李济之：即李济（1896—1979），原名顺井，字受之，后改济之，湖北钟祥郢中人，人类学家、考古学家、中国考古学之父，他系统组织了对殷墟的考古发掘，将现代考古学引入了中国。 [5] 西点：美国西点军校。 [6] 白鼻：即baby。

致孩子们书

孩子们：

我近来寄你们的信真不少，你们来信亦还可以，只是思成的太少，好像两个多月没有来信了，令我好生放心不下。我很怕他感受什么精神上刺激苦痛，我以为一个人什么病都可医，惟有“悲观病”最不可医，悲观是腐蚀人心的最大毒菌。生当现在的中国人，悲观的资料太多了。思成因有徽音的连带关系，徽音这种境遇尤其易趋悲观，所以我对思成格外放心不下。

关于思成毕业后的立身，我近几个月来颇有点盘算，姑且提出来供你们的参考——论理毕业后回来替祖国服务，是人人共有的道德责任。但以中国现情而论，在最近的将来，几年以内敢说绝无发展自己所学的余地，连我还不知道能在国内安居几时呢（并不论有没有党派关系，一般人都在又要逃命的境遇中）。你们回来有什么事可以做呢？多少留学生回国后都在求生不能求死不得的状态中，所以我想思成在这时候先打打主意，预备毕业后在美国找些职业，蹲两三年再说，这话像是“非爱国的”，其实也不然，你们若能于建筑美术上实有创造能力，开出一种“并综中西”的宗派，就先在美国试验起来，若能成功，则发挥本国光荣，便是替祖国尽了无上义务。我想可以供你们试验的地方，只怕还在美国而不在中国。中国就令不遭遇这种时局，以现在社会经济状况论，哪里会有人拿出钱来做你们理想上的建筑呢？若美国的富豪在乡间起（平房的）别墅，你们若有本事替他做出一两所中国式最美的样子出来，以美国人的时髦流行性，或竟可以哄动一时，你们不惟可以解决生活问题，而且可以多得实验机会，令自己将来成一个大专门家，岂不是“一举而数善备”吗？这是我一个人如此胡猜乱想，究竟容易办到与否，我不知那边情形，自然不能轻下判断，不过提出这个意见备你们参考罢了。

我原想你们毕业后回来结婚，过年把再出去。但看此情形（指的是官费满五年的毕业），你们毕业时我是否住在中国还不可知呢。所以现在便先提起这问题，或者今年暑假毕业时便准备试办也可以。

因此，连带想到一个问题，便是你们结婚问题。结婚当然是要回国来才是正办，但在这种乱世，国内不能安居既是实情。你们假使一两年内不能回国，倒是结婚后同居，彼此得个互助才方便，而且生活问题也比较的容易解决。所以，我颇想你们提前办理，但是否可行，全由你们自己定夺。我断不加丝毫干涉，但我认为这问题确有研究价值，请你们仔细商定，回我话罢。

你们若认为可行，我想林家长亲也没有不愿意的，我便正式请媒人向林家求婚，务求不致失礼，那边事情有姊姊替我主办，和我亲到也差不多。或者我特地来美一趟也可以。

问题就在徽音想见他母亲，这样一来又暂时耽搁下去了，我实在替他难过，但在这种时局之下回国，既有种种闲难；好在他母亲身体还康强，便迟三两年见面也还是一样。所以，也不是没有商量的余地。

至于思永呢，情形有点不同。我还相当地主张他回来一年，为的是他要去山西考古。回来确有事业可做，他一个人跑回来便是要逃难也没有多大累赘。所以回来一趟也好，但回不回仍由他自决，我并没有绝对的主张。

学校讲课上礼拜已完了，但大考在即，看学生成绩非常之忙（今年成绩比去年多，比去年好），我大约还有半个月才能离开学校。暑期住什么地方尚未定，旧病虽不时续发，但比前一个月好些，大概这病总是不要紧的，你们不必忧虑！

爹爹　（一九二七年）五月二十六日

给孩子们书

孩子们：

一个多月没有写信，只怕把你们急坏了。

不写信的理由很简单，因为向来给你们的信都在晚上写的。今年热得要命，晚上不是在院中外头，就是在帐子里头，简直五六十晚没有挨着书桌子，自然没有写信的机会了，加以思永回来后，谅来他去信不少，我越发落得躲懒了。

关于忠忠学业的事情，我新近去过一封电，又思永有两封信详细商量，想早已收到。我的主张是叫他在威士康逊把政治学告一段落，再回到本国学陆军。因为美国决非学陆军之地，而且在军界活动，非在本国有些“同学系”的关系不可以。至于国内何校最好，我在这一年内切实替你调查预备便是。

思成再留美一年，转学欧洲一年，然后归来最好。关于思成学业，我有点意见。思成所学太专门了，我愿意你趁毕业后一两年，分出点光阴多学些常识，尤其是文学或人文科学中之某部门，稍为多用点工夫。我怕你因所学太专门之故，把生活也弄成近于单调，太单调的生活，容易厌倦，厌倦即为苦恼，乃至堕落之根源。再者，一个人想要交友取益，或读书取益，也要方面稍多，才有接谈交换，或开卷引进的机会。不独朋友而已，即如在家庭里头，像你有我这样一位爹爹，也属人生难逢的幸福，若你的学问兴味太过单调，将来也会和我相对词竭，不能领着我的教训，你全生活中本来应享的乐趣，也削减不少了。我是学问趣味方面极多的人，我之所以不能专积有成者在此，然而我的生活内容异常丰富，能够永久保持不厌不倦的精神，亦未始不在此。我每历若干时候，趣味转过新方面，便觉得像换个新生命，如朝旭升天，如新荷出水，我自觉这种生活是极可爱的，极有价值的。我虽不愿你们学我那泛滥无归的短处，但最少也想你们参采我那烂漫向荣的长处（这封信你们留着，也算我自作的小小像赞）。我这两年来对于我的思成，不知何故常常像有异兆的感觉，怕他渐渐会走入孤峭冷僻一路去。我希望你回来见我时，还我一个三四年前活泼有春气的孩子，我就心满意足了。

这种境界，固然关系人格修养之全部，但学业上之熏染陶熔，影响亦非小。因为我们做学问的人，学业便占却全生活之主要部分。学业内容之充实扩大，与生命内容之充实扩大成正比例。所以我想医你的病，或预防你的病，不能不注意及此。这些话许久要和你讲，因为你没有毕业以前，要注重你的专门，不愿你分心，现在机会到了，不能不慎重和你说。你看了这信，意见如何（徽音意思如何），无论校课如何忙迫，是必要回我一封稍长的信，令我安心。

你常常头痛，也是令我不能放心的一件事，你生来体气不如弟妹们强壮，自己便当自己格外撙节[1]补救，若用力过猛，把将来一身健康的幸福削减去，这是何等不上算的事呀。前在学校功课太重，也是无法，今年转校之后，务须稍变态度。我国古来先哲教人做学问方法，最重优游涵饮，使自得之。这句话以我几十年之经验结果，越看越觉得这话亲切有味。凡做学问总要"猛火熬"和"慢火炖"两种工作，循环交互着用去。在慢火炖的时候才能令所熬的起消化作用融洽而实有诸已。思成，你已经熬过三年了，这一年正该用炖的工夫。不独于你身子有益，即为你的学业计，亦非如此不能得益，你务要听爹爹苦口良言。

庄庄在极难升级的大学中居然升级了，从年龄上你们姊妹弟兄们比较，你算是最早一个大学二年级生，你想爹爹听着多么欢喜。你今年还是普通科大学生，明年便要选定专门了，你现在打算选择没有？我想你们弟兄姊妹，到今还没有一个学自然科学，很是我们家里的憾货，不知道你性情到底近这方面不？我很想你以生物学为主科，因为它是现代最进步的自然科学，而且为哲学社会学之主要基础，极有趣而不须粗重的工作，于女孩子极为合宜，学回来后本国的生物随在可以采集试验，容易有新发明。截到今日止，中国女子还没有人学这门（男子也很少），你来做一个“先登者”不好吗？还有一样，因为这门学问与一切人文科学有密切关系，你学成回来可以做爹爹一个大帮手，我将来许多著作，还要请你做顾问哩！不好吗？你自己若觉得性情还近，那么就选他，还选一两样和他有密切联络的学科以为辅。你们学校若有这门的好教授，便留校，否则在美国选一个最好的学校转去，姊姊哥哥们当然会替你调查妥善，你自己想想定主意罢。

专门科学之外，还要选一两样关于自己娱乐的学问，如音乐、文学、美术等。据你三哥说，你近来看文学书不少，甚好甚好。你本来有些音乐天才，能够用点功，叫他发荣滋长最好。

姊姊来信说你因用功太过，不时有些病。你身子还好，我倒不十分担心，但做学问原不必太求猛进，像装罐头样子，塞得太多太急不见得便会受益。我方才教训你二哥，说那“优游涵饮，使自得之”，那两句话，你还要记着受用才好。

你想家想极了，这本难怪，但日子过得极快，你看你三哥转眼已经回来了，再过三年你便变成一个学者回来帮着爹爹工作，多么快活呀！

思顺报告营业情形的信已到。以区区资本而获利如此其丰，实出意外，希哲不知费多少心血了。但他是一位闲不得的人，谅来不以为劳苦。永年保险押借款剩余之部及陆续归还之部，拟随时汇到你们那里经营。永年保险明年秋间便满期。现在借款认息八厘，打算索性不还他，到明年照扣便了。又国内股票公债等，如可出脱者（只要有人买），打算都卖去，欲再凑美金万元交你们（只怕不容易）。因为国内经济界全体破产即在目前，旧物只怕都成废纸了。

我们爷儿俩常打心电，真是奇怪。给他们生日礼物一事，我两月前已经和王姨谈过，写信时要说的话太多，竟忘记写去，谁知你又想起来了。耶稣诞我却从未想起。现在可依你来信办理。几个学生都照给他们压岁钱，生日礼、耶稣诞各二十元。桂儿姊弟压岁、耶稣诞各二十元，你们两夫妇却只给压岁钱，别的都不给了，你们不说爹爹偏心吗?

……[1]

思成结婚事，他们两人商量最好的办法，我无不赞成。在这三几个月，当先在国内举行庄重的聘礼，大约须在北京，林家由徽的姑丈们代行，等商量好再报告你们。

福鬘来津住了几天，现在思永在京，他们当短不了时时见面。

达达们功课很忙，但他们做得兴高采烈，都很有进步。下半年都不进学校了，良庆（在南开中学当教员〉给他们补些英文、算学，照此一年下去，也许抵得过学校里两年。

老白鼻越发好顽了。

爹爹　（一九二七年）八月二十九日

两点钟了，不写了。

【注释】

[1] 此处删去了梁启超与子女们闲谈康有为身后事与家事的段落。

傅雷家书

傅雷（1908—1966），字怒安，号怒庵，江苏省南汇县下沙乡（今上海市浦东新区航头镇）人，中国著名的翻译家、作家、教育家、美术评论家，中国民主促进会（民进）的重要缔造者之一。傅雷早年留学于法国巴黎大学，其后长期从事西方文学的翻译，其翻译的作品包括巴尔扎克、罗曼·罗兰、伏尔泰等名家著作。20世纪60年代初，傅雷因在翻译巴尔扎克作品方面的卓越贡献，被法国巴尔扎克研究会吸收为会员。其子傅聪（1934—2020）为世界著名钢琴演奏家。

傅雷写给两个儿子——尤其是长子傅聪的家书，构成了当代知识分子教育子女的范本。在这些书信中，傅雷有着两幅面孔：一是慈爱严肃的父亲，二是彼此相知的朋友。一方面，傅雷以一个充满人生智慧和经验的长者的态度，对儿子的生活、学习、情感、成长，提出种种关心与建议；另一方面，傅雷又以一种平等的态度，对儿子完全敞开自己，与其分享这自己对音乐、对文学、对艺术、对中西文化的看法。在看似平淡的琐碎闲谈中，傅雷以自己独特的、文学化的笔触，与自己的儿子交流着，在无声无息间，浸润着人的心灵。

本篇以三联书店《傅雷家书》初版纪念本为底稿，精选傅雷写给儿子傅聪的家书若干篇。内容包含傅雷与儿子讨论钢琴学习、为人处世、道德修养、艺术素养、情感生活、人生困惑等方面。

昨夜一上床，又把你的童年温了一遍。可怜的孩子，怎么你的童年会跟我的那么相似呢？我也知道你从小受的挫折对于你今日的成就并非没有帮助；但我做爸爸的总是犯了很多很重大的错误。自问一生对朋友对社会没有做什么对不起的事，就是在家里，对你和你妈妈作了不少有亏良心的事。——这些都是近一年中常常想到的，不过这几天特别在脑海中盘旋不去，像噩梦一般。可怜过了四十五岁，父性才真正觉醒！

今儿一天精神仍未恢复。人生的关是过不完的，等到过得差不多的时候，又要离开世界了。分析这两天来精神的波动，大半是因为：我从来没爱你像现在这样爱得深切，而正在这爱的最深切的关头，偏偏来了离别！这一关对我，对你妈妈都是从未有过的考验。别忘了妈妈之于你不仅仅是一般的母爱，而尤其因为她为了你花的心血最多，为你受的委屈——当然是我的过失——最多而且最深最痛苦。园丁以血泪灌溉出来的花果迟早得送到人间去让别人享受，可是在离别的关头怎么免得了割舍不得的情绪呢？

跟着你痛苦的童年一起过去的，是我不懂做爸爸的艺术的壮年。幸亏你得天独厚，任凭如何打击都摧毁不了你，因而减少了我一部分罪过。可是结果是一回事，当年的事实又是一回事：尽管我埋葬了自己的过去，却始终埋葬不了自己的错误。孩子，孩子，孩子，我要怎样的拥抱你才能表示我的悔恨与热爱呢！

（一九五四年一月十九日）[1]

【注释】

[1] 这封书信写于1954年傅聪前去波兰参加第五届肖邦国际钢琴比赛并在波兰留学之初。

在公共团体中，赶任务而妨碍正常学习是免不了的，这一点我早料到。一切只有你自己用坚定的意志和立场，向领导婉转而有力的去争取。否则出国的准备又能做到多少呢？——特别是乐理方面，我一直放心不下。从今以后，处处都要靠你个人的毅力、信念与意志——实践的意志。我不再和你说教条式的话，去年那三封长信把我所想的话都说尽了；你也已经长大成人，用不着我一再叮嘱。但若你缺少勇气的时候，尽管来信告诉我，我可以替你打气。倘若你心绪不好，也老老实实和我谈谈，我可以安慰安慰你，代你解决一些或大或小的烦恼。关于某某的事，你早已跟我表明态度，相信你一定会实际做到。你年事尚少，出国在即；眼光、嗜好、趣味，都还要经过许多变化；即使一切条件都极美满，也不能担保你最近三四年中，双方的观点不会改变，从而也没法保证双方的感情不变。最好能让时间来考验。我二十岁出国，出国前后和你妈妈已经订婚，但出国四年中间，对她的看法三番四次的改变，动摇得很厉害。这个实在的例子很可以作你的参考，使你做事可以比我谨慎，少些痛苦——尤其为了你的学习，你的艺术前途！

另外一点我可以告诉你：就是我一生任何时期，闹恋爱最热烈的时候，也没有忘却对学问的忠诚。学问第一，艺术第一，真理第一，——爱情第二，这是我至此为止没有变过的原则。你的情形与我不同：少年得志，更要想到“盛名之下，其实难副”，更要战战兢兢，不负国人对你的期望。你对政府的感激，只有用行动来表现才算是真正的感激！我想你心目中的上帝一定也是Bach[1]、Beethoven[2]、Chopin[3]等等第一，爱人第二。既然如此，你目前所能支配的精力与时间，只能贡献给你第一个偶像，还轮不到第二个神明。你说是不是？可惜你没有早学好写作的技术，否则过剩的感情就可用写作（乐曲）来发泄，一个艺术家必须能把自己的感情“升华”，才能于人有益。我绝不是看了来信，夸张你的苦闷，因而着急；但我知道你多少是有苦闷的，我随便和你谈谈，也许能帮助你廓清一些心情。

（一九五四年三月二十四日）

【注释】

[1]Bach：巴赫。　　[2]Beethoven：贝多芬。　　[3]Chopin：萧邦。

感情问题能自己想通，我们听了都很安慰。你还该想到，目前你一切都已“如愿以偿”，全中国学音乐的青年，没有一个人有你那么好的条件。你冬天回沪前所担心的事都迎刃而解，顺利出乎你的意料之外。你也该满足了。满足以后更当在别方面多多克制。人生没有一桩幸福不要付代价的。东边占了便宜，西边就得吃亏些。何况如我前信所云，这也不是吃亏的事，而是“明哲”的举动。好孩子，安心用功吧，保重身体，医生“非常”看不可，吃药不能有一顿没一顿。再见了，孩子！

（一九五四年三月二十九日）

记得我从十三岁到十五岁，念过三年法文；老师教的方法既有问题，我也念得很不用功，成绩很糟（十分之九已忘了）。从十六岁到二十岁在大同改念英文，也没念好，只是比法文成绩好一些。二十岁出国时，对法文的知识只会比你现在的俄文程度差。到了法国，半年之间，请私人教师与房东太太双管齐下补习法文，教师管读本与文法，房东太太管会话与发音，整天的改正，不用上课方式，而是随时在谈话中纠正。半年以后，我在法国的知识分子家庭中过生活，已经一切无问题。十个月以后开始能听几门不太难的功课。可见国外学语文，以随时随地应用的关系，比国内的进度不啻一与五六倍之比。这一点你在莫斯科遇到李德伦时也听他谈过。我特意跟你提，为的是要你别把俄文学习弄成“突击式”。一个半月之间念完文法，这是强记，决不能消化，而且过了一晌大半会忘了的。我认为目前主要是抓住俄文的要点，学得慢一些，但所学的必须牢记，这样才能基础扎实。贪多务得是没用的，反而影响钢琴业务，甚至使你身心困顿，一空下来即昏昏欲睡。这问题希望你自己细细想一想，想通了，就得下决心更改方法，与俄文老师细细商量。一切学问没有速成的，尤其是语言。倘若你目前停止上新课，把已学的从头温一遍，我敢断言你会发觉有许多已经完全忘了。

你出国去所遭遇的最大困难，大概和我二十六年前的情形差不多，就是对所在国的语言程度太浅。过去我再三再四强调你在京赶学理论，便是为了这个缘故。倘若你对理论有了一个基本概念，那么日后在国外念的时候，不至于语言的困难加上乐理的困难，使你对乐理格外觉得难学。换句话说：理论上先略有门径之后，在国外念起来可以比较方便些。可是你自始至终没有和我提过在京学习理论的情形，连是否已开始亦未提过。我只知道你初到时因罗君[1]患病而搁置，以后如何，虽经我屡次在信中问你，你也没复过一个字。——现在我再和你说一遍：我的意思最好把俄文学习的时间分出一部分，移作学习乐理之用。

提早出国，我很赞成。你以前觉得俄文程度太差，应多多准备后再走。其实像你这样学俄文，即使用最大的努力，再学一年也未必能说准备充分，——除非你在北京不与中国人来往，而整天生活在俄国人堆里。

自己责备自己而没有行动表现，我是最不赞成的。这是做人的基本作风，不仅对某人某事而已，我以前常和你说的，只有事实才能证明你的心意，只有行动才能表明你的心迹。待朋友不能如此马虎。生性并非“薄情”的人，在行动上做得跟“薄情”一样，是最冤枉的，犯不着的。正如一个并不调皮的人要调皮而结果反吃亏，一个道理。

一切做人的道理，你心里无不明白，吃亏的是没有事实表现；希望你从今以后，一辈子记住这一点。大小事都要对人家有交代！

其次，你对时间的安排，学业的安排，轻重的看法，缓急的分别，还不能有清楚明确的认识与实践。这是我为你最操心的。因为你的生活将来要和我一样的忙，也许更忙。不能充分掌握时间与区别事情的缓急先后，你的一切都会打折扣。所以有关这些方面的问题，不但希望你多听听我的意见，更要自己多想想，想过以后立刻想办法实行，应改的应调整的都应当立刻改，立刻调整，不以任何理由耽搁。

（一九五四年四月七日）

【注释】

[1] 罗君：即罗忠镕（1924—2021），四川人，中国音乐学院教授、博士生导师，著名作曲家、音乐理论家，第四届中国音乐金钟奖“终生荣誉勋章”获得者。

你的生活我想象得出，好比一九二九年我在瑞士。但你更幸运，有良师益友为伴，有你的音乐做你崇拜的对象。我二十一岁在瑞士正患着青春期的、浪漫底克的忧郁病：悲观，厌世，徬徨，烦闷，无聊；我在《贝多芬传》译序中说的就是指那个时期。孩子，你比我成熟多了，所有青春期的苦闷，都提前几年，早在国内度过；所以你现在更能够定下心神，发愤为学；不至于像我当年蹉跎岁月，到如今后悔无及。

你的弹琴成绩，叫我们非常高兴。对自己父母，不用怕“自吹自捧”的嫌疑，只要同时分析一下弱点，把别人没说出而自己感觉到的短处也一起告诉我们。把人家的赞美报告我们，是你对我们最大的安慰；但同时必须深深的检讨自己的缺陷。这样，你写的信就不会显得过火；而且这种自我批判的功夫也好比一面镜子，对你有很大帮助。把自己的思想写下来（不管在信中或是用别的方式），比着光在脑中空想是大不同的。

写下来需要正确精密的思想，所以写在纸上的自我检讨，格外深刻，对自己也印象深刻。你觉得我这段话对不对?

我对你这次来信还有一个很深的感想，便是你的感觉性极强、极快。这是你的特长，也是你的缺点。你去年一到波兰，弹Chopin的style立刻变了；回国后却保持不住；这一回一到波兰又变了。这证明你的感受力极快。但是天下事有利必有弊，有长必有短，往往感受快的，不能沉浸得深，不能保持得久。去年时期短促，固然不足为定论。但你至少得承认，你的不容易“牢固执著”是事实。我现在特别提醒你，希望你时时警惕，对于你新感受的东西不要让它浮在感受的表面；而要仔细分析，究竟新感受的东西和你原来的观念、情绪、表达方式有何不同。这是需要冷静而强有力的智力，才能分析清楚的。希望你常常用这个步骤来“巩固”你很快得来的新东西（不管是技术是表达）。长此做去，不但你的演奏风格可以趋于稳定、成熟（当然所谓稳定不是刻板化、公式化）；而且你一般的智力也可大大提高，受到锻炼。孩子，记住这些！深深的记住！还要实地做去！这些话我相信只有我能告诉你。

还要补充几句：弹琴不能徒恃sensation、sensibility。那些心理作用太容易变。从这两方面得来的，必要经过理性的整理、归纳，才能深深的化人自己的心灵，成为你个性的一部分，人格的一部分。当然，你在波兰几年住下来，熏陶的结果，多少也（自然而然的）会把握住精华。但倘若你事前有了思想准备，特别在智力方面多下功夫，那么你将来的收获一定更大更丰富，基础也更稳固。再说得明白些：艺术家天生敏感，换一个地方，换一批群众，换一种精神气氛，不知不觉会改变自己的气质与表达方式。但主要的是你心灵中最优秀最特出的部分，从人家那儿学来的精华，都要紧紧抓住，深深的种在自己性格里，无论何时何地这一部分始终不变。这样你才能把独有的特点培养得厚实。

其次，我不得不再提醒你一句：尽量控制你的感情，把它移到艺术中去。你周围美好的天使太多了，我怕你又要把持不住。你别忘了，你自誓要做几年清教徒的，在男女之爱方面要过几年僧侣生活，禁欲生活的！这一点千万要提醒自己！时时刻刻提防自己！一切都要醒悟得早，收篷收得早；不要让自己的热情升高之后再去压制，那时痛苦更多，而且收效也少。亲爱的孩子，无论如何你要在这方面听从我的忠告！爸爸妈妈最不放心的不过是这些。

你记住一句话：青年人最容易给人一个“忘恩负义”的印象。其实他是眼睛望着前面，饥渴一般的忙着吸收新东西，并不一定是“忘恩负义”；但懂得这心理的人很少；你千万不要让人误会。

（一九五四年八月十一日）

收到九月二十二日晚发的第六信，很高兴。我们并没为你前信感到什么烦恼或是不安。我在第八信中还对你预告，这种精神消沉的情形，以后还是会有的。我是过来人，决不至于大惊小怪。你也不必为此担心，更不必硬压在肚里不告诉我们。心中的苦闷不在家信中发泄，又哪里去发泄呢？孩子不向父母诉苦向谁诉呢？我们不来安慰你，又该谁来安慰你呢？人一辈子都在高潮低潮中浮沉，惟有庸碌的人，生活才如死水一般；或者要有极高的修养，方能廓然无累，真正的解脱。只要高潮不过分使你紧张，低潮不过分使你颓废，就好了。太阳太强烈，会把五谷晒焦；雨水太猛，也会淹死庄稼。我们只求心理相当平衡，不至于受伤而已。你也不是栽了筋斗爬不起来的人。我预料国外这几年，对你整个的人也有很大的帮助。这次来信所说的痛苦，我都理会得；我很同情，我愿意尽量安慰你，鼓励你。克利斯朵夫[1]不是经过多少回这种情形吗？他不是一切艺术家的缩影与结晶吗？慢慢的你会养成另外一种心情对付过去的事：就是能够想到而不再惊心动魄，能够从客观的立场分析前因后果，做将来的借鉴，以免重蹈覆辙。一个人惟有敢于正视现实，正视错误，用理智分析，彻底感悟，终不至于被回忆侵蚀。我相信你逐渐会学会这一套，越来越坚强的。我以前在信中和你提过感情的ruin，就是要你把这些事当作心灵的灰烬看，看的时候当然不免感触万端，但不要刻骨铭心的伤害自己，而要像对着古战场一般的存着凭吊的心怀。倘若你认为这些话是对的，对你有些启发作用，那么将来在遇到因回忆而痛苦的时候（那一定免不了会再来的），拿出这封信来重读几遍。

说到音乐的内容，非大家指导见不到高天厚地的话，我也有另外的感触，就是学生本人先要具备条件：心中没有的人，再经名师指点也是枉然的。

（一九五四年十月二日）

【注释】

[1] 克利斯朵夫：法国作家罗曼·罗兰长篇小说《约翰·克利斯朵夫》的主人公。小说描写了一位具有反思与反抗精神的音乐家的一生：早早表现出音乐天赋的儿时、自我审视与蔑视反抗权贵的青年、追求事业获得成功的中年以及追求精神宁静境界的晚年。该书通过主人公的一生描绘并反思了当时欧洲社会的种种现实，深刻诠释了人道主义与英雄主义的内涵。1915年，罗曼·罗兰凭借此书获得了诺贝尔文学奖。

早预算新年中必可接到你的信，我们都当作等待什么礼物一般的等着。果然昨天早上收到你（波10）来信，而且是多少可喜的消息。孩子！要是我们在会场上，一定会禁不住涕泗横流的。世界上最高的最纯洁的欢乐，莫过于欣赏艺术，更莫过于欣赏自己的孩子的手和心传达出来的艺术！其次，我们也因为你替祖国增光而快乐！更因为你能借音乐而使多少人欢笑而快乐！想到你将来一定有更大的成就，没有止境的进步，为更多的人更广大的群众服务，鼓舞他们的心情，抚慰他们的创痛，我们真是心都要跳出来了！能够把不朽的大师的不朽的作品发扬光大，传布到地球上每一个角落去，真是多神圣、多光荣的使命！孩子，你太幸福了，天待你太厚了。我更高兴的更安慰的是：多少过分的谀词与夸奖，都没有使你丧失自知之明，众人的掌声、拥抱，名流的赞美，都没有减少你对艺术的谦卑！总算我的教育没有白费，你二十年的折磨没有白受！你能坚强（不为胜利冲昏了头脑是坚强的最好的证据），只要你能坚强，我就一辈子放了心！成就的大小、高低，是不在我们掌握之内的，一半靠人力，一半靠天赋，但只要坚强，就不怕失败，不怕挫折，不怕打击——不管是人事上的，生活上的，技术上的，学习上的——打击；从此以后你可以孤军奋斗了。何况事实上有多少良师益友在周围帮助你，扶掖你。还加上古今的名著，时时刻刻给你精神上的养料！孩子，从今以后，你永远不会孤独的了，即使孤独也不怕的了！

赤子之心这句话，我也一直记住的。赤子便是不知道孤独的。赤子孤独了，会创造一个世界，创造许多心灵的朋友！永远保持赤子之心，到老也不会落伍，永远能够与普天下的赤子之心相接相契相抱！你那位朋友说得不错，艺术表现的动人，一定是从心灵的纯洁来的！不是纯洁到像明镜一般，怎能体会到前人的心灵？怎能打动听众的心灵？

音乐院院长说你的演奏像流水、像河；更令我想到克利斯朵夫的象征。天舅舅说你小时候常以克利斯朵夫自命；而你的个性居然和罗曼·罗兰的理想有些相像了。河，莱茵，江声浩荡……钟声复起，天已黎明……中国正到了“复旦”[1]的黎明时期，但愿你做中国的——新中国的钟声，响遍世界，响遍每个人的心！滔滔不竭的流水，流到每个人的心坎里去，把大家都带着，跟你一块到无边无岸的音响的海洋中去吧！名闻世界的扬子江与黄河，比莱茵的气势还要大呢！……黄河之水天上来，奔流到海不复回！……无边落木萧萧下，不尽长江滚滚来！……有这种诗人灵魂的传统的民族，应该有气吞牛斗的表现才对。

你说常在矛盾与快乐之中，但我相信艺术家没有矛盾不会进步，不会演变，不会深人。有矛盾正是生机蓬勃的明证。眼前你感到的还不过是技巧与理想的矛盾，将来你还有反复不已更大的矛盾呢：形式与内容的枘凿[2]，自己内心的许许多多不可预料的矛盾，都在前途等着你。别担心，解决一个矛盾，便是前进一步！矛盾是解决不完的，所以艺术没有止境，没有perfect的一天，人生也没有perfect的一天！惟其如此，才需要我们日以继夜，终生的追求、苦练；要不然大家做了羲皇上人[3]，垂手而天下治，做人也太腻了！

（一九五五年一月二十六日）

【注释】

[1]“复旦”：“复旦”恰好为《约翰·克利斯朵夫》最后一卷的标题。 [2]枘凿：枘，音ruì，木器的榫头；凿，榫眼。 [3]羲皇上人：羲皇，指伏羲氏。羲皇上人，即生活在伏羲氏之前时代的人。古人认为太古时代的人生活悠闲、无忧无虑，因此以羲皇上人代指隐士。出自陶渊明《与子俨等疏》：“常言五六月中，北窗下卧，遇凉风暂至，自谓是羲皇上人。”

亲爱的孩子：八月二十日报告的喜讯[1]使我们心中说不出的欢喜和兴奋。你在人生的旅途中踏上一个新的阶段，开始负起新的责任来，我们要祝贺你、祝福你、鼓励你。希望你拿出像对待音乐艺术一样的毅力、信心、虔诚，来学习人生艺术中最高深的一课。但愿你将来在这一门艺术中得到像你在音乐艺术中一样的成功！发生什么疑难或苦闷，随时向一两个正直而有经验的中、老年人讨教，（你在伦敦已有一年八个月，也该有这样的老成的朋友吧？）深思熟虑，然后决定，切勿单凭一时冲动：只要你能做到这几点，我们也就放心了。

对终身伴侣的要求，正如对人生一切的要求一样不能太苛。事情总有正反两面：追得你太迫切了，你觉得负担重；追得不紧了，又觉得不够热烈。温柔的人有时会显得懦弱，刚强了又近乎专制。幻想多了未免不切实际，能干的管家太太又觉得俗气。只有长处没有短处的人在哪儿呢？世界上究竟有没有十全十美的人或事物呢？抚躬自问，自己又完美到什么程度呢？这一类的问题想必你考虑过不止一次。我觉得最主要的还是本质的善良，天性的温厚，开阔的胸襟。有了这三样，其他都可以逐渐培养；而且有了这三样，将来即使遇到大大小小的风波也不致变成悲剧。做艺术家的妻子比做任何人的妻子都难；你要不预先明白这一点，即使你知道"责人太严，责己太宽"，也不容易学会明哲、体贴、容忍。只要能代你解决生活琐事，同时对你的事业感到兴趣就行，对学问的钻研等等暂时不必期望过奢，还得看你们婚后的生活如何。眼前双方先学习相互的尊重、谅解、宽容。

对方把你作为她整个的世界固然很危险，但也很宝贵！你既已发觉，一定会慢慢点醒她；最好旁敲侧击而勿正面提出，还要使她感到那是为了维护她的人格独立，扩大她的世界观。倘若你已经想到奥里维[2]的故事，不妨就把那部书叫她细读一二遍，特别要她注意那一段插曲。像雅葛丽纳那样只知道love，love，love！的人只是童话中人物，在现实世界中非但得不到love，连日子都会过不下去，因为她除了love一无所知，一无所有，一无所爱。这样狭窄的天地哪像一个天地！这样片面的人生观哪会得到幸福！无论男女，只有把兴趣集中在事业上、学问上、艺术上，尽量抛开渺小的自我（ego），才有快活的可能，才觉得活的有意义。未经世事的少女往往会存一个荒诞的梦想，以为恋爱时期的感情的高潮也能在婚后维持下去。这是违反自然规律的妄想。古语说，"君子之交淡如水"；

又有一句话说，“夫妇相敬如宾”。可见只有平静、含蓄、温和的感情方能持久；另外一句的意义是说，夫妇到后来完全是一种知己朋友的关系，也即是我们所谓的终身伴侣。未婚之前双方能深切领会到这一点，就为将来打定了最可靠的基础，免除了多少不必要的误会与痛苦。

你是以艺术为生命的人，也是把真理、正义、人格等等看做高于一切的人，也是以工作为乐的人；我用不着唠叨，想你早已把这些信念表白过，而且竭力灌输给对方的了。我只想提醒你几点：第一，世界上最有力的论证莫如实际行动，最有效的教育莫如以身作则；自己做不到的事千万勿要求别人；自己也要犯的毛病先批评自己，先改自己的。第二，永远不要忘了我教育你的时候犯的许多过严的毛病。我过去的错误要是能使你避免同样的错误，我的罪过也可以减轻几分；你受过的痛苦不再施之于他人，你也不算白白吃苦。总的来说，尽管指点别人，可不要给人“好为人师”的感觉。奥诺丽纳[3]（你还记得巴尔扎克那个中篇吗？）的不幸一大半是咎由自取，一小部分也因为丈夫教育她的态度伤了她的自尊心。凡是童年不快乐的人都特别脆弱（也有训练得格外坚强的，但只是少数），特别敏感，你回想一下自己，就会知道对待你的爱人要如何delicate，如何discreet了。

我相信你对爱情问题看得比以前更郑重更严肃了；就在这考验时期，希望你更加用严肃的态度对待一切，尤其要对婚后的责任先培养一种忠诚、庄严、虔敬的心情！

（一九六〇年八月二十九日）

【注释】

[1] 这里的喜讯是指傅聪打算与老师梅纽因的女儿弥拉成婚一事。　[2] 奥里维：奥里维与雅葛丽纳均为小说《约翰·克利斯朵夫》中的人物。奥里维是一位青年诗人，克利斯朵夫的挚友，正直且勇敢，在一次“五一”节示

威游行中，死于军警的乱刀之下。雅葛丽纳是一位富家千金，与奥里维相爱并结婚，但雅葛丽纳厌倦婚后的平淡生活，渴望浪漫，最终抛弃了丈夫孩子，与自己的情人离开。　[3] 奥诺丽纳：巴尔扎克小说《奥诺丽纳》的主人公。奥诺丽纳是一个单纯善良的女子，19岁时她嫁给了26岁的奥太佛，因不满自己在家庭中的从属地位，为追求独立、自由和激动人心的爱情，她抛弃了财产和丈夫，随情人出走，却又因失去财产而被情人抛弃。后来她回到丈夫身边，但仍然不能消解心中苦闷，最后抑郁而终。